繊維・アパレルの構造変化と地域産業

海外生産と国内産地の行方

加藤秀雄・奥山雅之［著］

文眞堂

はしがき

わが国の産業のなかで、繊維・アパレル産業ほど拡大と縮小の変動がみられるものはない。本書は、こうした繊維・アパレル産業を対象として、産業全体と各産地の構造変化との両方を描きながら、「産業－地域」の相互連関性を考察するものである。

本書に記す一連の研究は、2015 年、縁あって群馬県桐生市の実地調査に出かけたことに始まる。このとき、繊維・アパレル産業という産業の宿命か、いくつもの荒波によって形成された各企業の多様性に驚愕した。取引の様態も一つに集約できるものではなく、むしろ複雑多岐に亘り、理解するのにかなりの時間を要した。いまだに全貌を理解するには至っていないのが現実である。この後の研究は、加藤の「桐生だけみていたのでは、この変化は理解できない」という決意のもとでスタートする。

桐生から始まり、全国の繊維・アパレル産業地域を訪問した。また、産地だけでなく、東京、名古屋、大阪、京都など集散地、消費地の動向も実地調査した。さらに織物だけでなく、紡績、製糸、染色、整理加工、整経、縫製、専門商社、総合商社、繊維機械など、繊維・アパレルに関連するものであれば訪問した。訪問企業数は 5 年間で 300 を超えた。この間、中小企業論や産業論を専門とする加藤、中小企業経営と地域産業を研究する奥山だけでなく、中小企業の海外展開を研究する法政大学の丹下英明教授、マーケティングを専門とする岐阜大学の柴田仁夫准教授も研究グループに加わり、すでに 30 回以上を数える定期的な勉強会とともに、多面的な「産業的現実」の考察を重ねていった。本書ではこうした実地調査に基づいた「産業的現実」を描こうとしているが、本書におけるありうべき誤謬はすべて筆者の責任である。

本書の目的は、こうした拡大・縮小というプロセスをとおってきた繊維・アパレル産業を取り上げ、産業全体としてさまざまな変化が、繊維・アパレルの各分野、サプライチェーンを担う各企業、あるいは繊維・アパレルに関連する各産業地域の構造変化に与えるプロセスを分析し、そのメカニズムを解明することである。将来的には、縮小期の産業のあり方を探求し、わが国の成熟産業における競争力回復や産業地域活性化の理論として昇華させたいが、本書では、そのイントロダクションがやっと描けたにとどまる。

本書は２部、８章立てで構成されており、各部および各章は以下のとおりである。

第Ⅰ部は、繊維・アパレル産業の今後の発展を展望するために、川上から川下に至る生産・流通構造変化の全容を明らかにすることを強く意識し、各章を構成した。

第１章は、海外での日本向け衣料品生産の変化を、商社等の海外事業展開に焦点を当てながら整理する。商社等は、自らの得意とする生地供給、生地企画、製品流通、貿易などの事業にとどまらず、数多くのローカル企業、日系縫製工場、自社縫製工場などを組織して海外事業を強化してきたとともに、アパレルとの関係ではOEM（Originai Equipment Manufacturer）／ODM（Original Design Manufacturer）に踏み出すなど、その事業領域を拡大している。

第２章は、国内の生地生産をめぐる生産面と流通面の特質を、二つの視角から整理する。一つは、国内における生地生産がどのような時代背景の下で拡大、縮小してきたかである。二つは、全国の生地産地の縮小期における産地内商業資本の機能変化などの分析である。綿織物や合繊織物産地の商業資本は、量的縮小という厳しい経営環境のなかで、自らが生地企画者となることや、産地内にとどまることなく広域的な事業展開に踏み出すなど、その姿を大きく変えてきている。

第３章は、アパレル企業に着目し、今日のアパレル企業の企画体制、生産体制、販売体制を整理するとともに、アパレル企業の製品生産を支えてきた縫製業が、戦前、戦後の拡大期のなかでどのような地域的広がりと発展過程をたどってきたかを明らかにする。企画体制、生産体制、販売体制は、ファッションアパレルとユニフォームアパレルとでは大きく異なる。とりわけファッションアパレルにおいては、企画デザイン機能の外部化が進み、差別化を生み出しにくくなったことが、自らの弱体化を招いた。また縫製業は、明治以来の軍服等の制服生産における縫製加工技術が戦後の生産拠点の形成に繋がったとともに、「１ドルブラウス」に代表される衣料品輸出によって地域的広がりをみせていった。また、地域的な広がりは、戦前戦後の縫製加工技術を基礎とするものから、地域的連続性を越えた広域化、地方化が、人手確保の下で展開されるものへと変化していくこととなった。

第4章は、小売市場をテーマとし、小売市場におけるさまざまな小売業の事業展開の変化に焦点を当て、それらの持つ意味を整理していく。また、小売市場の変化が、繊維・アパレル産業全体の構造変化にどのように影響を及ぼしているかについて整理する。SPAに代表される小売業による「製品企画」への進出は、製品生産が海外に移るなかで、アパレル企業が備えていた製品生産に関わるノウハウを持たずとも、商社等を介在させれば、製品生産を可能にする外部環境が整備されたからにほかならない。こうした意味で、製品生産の海外化は、コスト構造の変化のみならず、アパレル産業内の取引構造の変化にも繋がっている。

第Ⅱ部は、需要の縮小や生産の海外化、あるいは生産技術の革新といった個別企業あるいは産地にとっての外的変化が、繊維・アパレル産地の構造にどのような変化をもたらし、またその変化がどのような問題を引き起こすのかを産地横断的に考察する。

第5章では、地域産業の構造変化の類型およびその構造変化を引き起こす諸要因とその一般的なメカニズムを考察する。産業地域の構造は、主体と関係性がその要素である。主体には、規模、多様性、完結性および地域外とのリンケージの担い手があり、関係性には、結合の有無・強弱、階層性、統合度と統合様態および地域外とのリンケージの集約度がある。これら要素相互の変化が産業地域の構造変化として現れる。またその変化は、産業地域内企業の経営行動と集積作用などを媒介とする。

第6章は、需要縮小という環境変化によって産業地域の内部構造がどのように変化するのかについて、和装産地を対象として考察したものである。そこで観察されたのは、需要縮小による地域外リンケージの「分散」と地域内リンケージの「垂直的統合」である。需要縮小のなかで、産地内外で流通を担う企業の在庫保有機能が低下し、産地の製造業者がその機能を肩代わりする。在庫という流通の一機能が産地の機業において製造機能と「統合」するようになる。くわえて、生産量および流通量の縮小に伴い、在庫リスクが顕在した産地流通（産地問屋・買継）が倒産・廃業し、機業と産地外の流通企業（集散地問屋や小売業）が直接取引するようになり、産地における地域外とのリンケージの担い手が製造業者へと変化する。他方、生産量の減少によって産地内の分業を担う関連生産業者が倒産・廃業することで分業体制が崩れ、分業していた生産機能の全部または一部が機業に「統合」される。このような産地内流通企業や関連生産業者の「非予定調和的な機能欠陥」は、集積内の取引構造を変化させ、集積作用を弱める。

第７章は、生産の海外化の進行によって産業地域の構造がどのように変化するかについて、縫製・アパレル産地を対象として考察した。そこで観察されたのは、生産の海外化の進行による地域内リンケージの「分離」である。日本の衣服市場では、1970年代の日米繊維交渉とドルショックによる円高を起点として、1980年代半ばのさらなる円高、1990年代当初のバブル経済の崩壊、2000年代後半のいわゆるリーマンショックなど、段階的に生産の海外化、輸入浸透が進んだ。こうした状況に伴い、産地内において、アパレル企業と縫製企業との間で、取引等の相互作用が行われる蓋然性がありながらも、海外を含めた他の地域と結びつくようになり、地域内のリンケージが失われる「分離」現象が発生する。「分離」もまた、集積作用を弱める。

第８章は、生産技術の革新によって地域産業の構造がどのように変化するかについて、ニット産地を対象として考察したものである。そこで観察されたのは、生産技術の革新による地域内リンケージの「非階層化」や「垂直的統合」である。生産技術の革新に対する産地の反応はさまざまなものがみられた。大きくは革新的技術を導入するのか、既存の技術によってそれに対抗しようとするのかに分かれる。ここで明らかとなったのは、他企業との相互作用が比較的少ない地域の企業ほど積極的に革新された生産技術を導入し、「統合」を進めていくという地域間の差異である。

また、本書の独自性は以下の各点に集約できる。

第一に、単に産業からの視点あるいは地域からの視点ではなく、その両面からわが国の繊維・アパレル産業の変化を描くことである。とくに、川下側の流通構造の変化が産業地域に及ぼす影響は必ずしも十分に分析されてこなかった。この点、第Ⅱ部では産業地域の問題を取り上げるが、ただ地域からのみ検討するのではなく、地域外の視点からも検討する。産業配置によって産業地域が規定される一方、産業地域内の各企業の経営行動がこうした産業配置にも影響を及ぼすというのが「産業的現実」である。

第二に、繊維・アパレル産業のなかの製品分野やサプライチェーンにおける位置による相違を把握し、この産業の複雑多様な側面を整理していくことである。たとえば、同じ繊維・アパレル産業のなかにあっても、ファッションアパレルとユニフォームアパレルではその形成過程、産業配置、個別企業の経営行動も大きく異なる。

第三に、各産業地域の相違は考慮しつつも、単独地域の課題や方向性を考察するのではなく、産業地域横断的な視角で研究を進めていく点である。こうすることによって、地誌的な研究のなかでも一般化できる理論を抽出することが可能である。

また、著者の加藤と奥山は、ともに東京都商工指導所という公的経営指導機関の勤務経験があり、常に中小企業の経営問題と向き合ってきた。この経験は貴重であり、反面、この勤務で得た中小企業をみる視点は体に染み付いている。それは、中小企業経営の多様性であり難しさである。この多様性と難しさというフィルターがあるからこそ、今後の方向性を軽々に断定できない歯切れの悪さもある。行間にこうした中小企業の多様性と難しさを感じてもらえたら幸いである。

最後に、本書の出版をお引き受けいただき、編集に尽力してくださった文眞堂の山崎勝徳氏に御礼を申し上げたい。また、校正を引き受けてくれた妻・奥山若子にも深く感謝したい。

2020年5月

奥山雅之

目　次

第Ⅱ部
繊維・アパレル産地の構造変化と諸問題

第Ⅰ部

繊維・アパレル産業をめぐる 生産・流通構造変化

わが国の繊維・アパレル産業[1]をめぐる生産・流通構造が変化し続けている。織物に代表される「生地生産」は、1985年のプラザ合意を境にした生地輸出の落ち込み、さらには90年代中頃からの海外衣料品生産における海外生産製生地調達の進展などを背景に縮小基調から脱せずにいる。今日では、一定の生産量を維持している国内生地産地は数えるほどになり、各地に点在する先進的な取り組みに挑戦し続けている中小生地メーカーが過度に注目される時代に突入している。

また、衣料品の国内市場における「国内製品生産（縫製加工）」の割合は、海外生産が本格化する90年代に大きく低下し始め、現在では1割を割り込んでいると推計できる（図1-1参照）。この間、国内各地の縫製業は、「アパレル企業」からの製品受注の激減と、それ以前の70年代から人手確保難に苦しみ続けていたことが重なり、規模縮小と廃業を繰り広げていくことになる。もちろん、これらの困難に直面しながらも様々な取り組みに挑戦している縫製業が散見されるが、大半の縫製業は人手不足と賃金水準の低さから脱せずにいるというのはいいすぎであろうか。

他方、国内小売市場に目を転じると、高級品市場で圧倒的な存在感を示していた百貨店の低迷、ユニクロに代表される製造小売業（SPAなど）の市場獲得の拡大、さらにはZOZOTOWNに代表されるネット販売の拡大など、小売市場をめぐる変化は凄まじいものがある。こうした小売市場変化の要因の一つに、衣料品の平均単価が、安価な海外生産品の輸入拡大とともに、大きく低下していることをあげておきたい[2]。

いったい、わが国の繊維・アパレル産業はどこに向かっているのであろうか。その方向は、産業の発展に繋がっているのであろうか。ここ5年ほどで、繊維・

アパレル関連企業[3]と業界団体を数多く訪問したが、この命題に対する答えを得るまでにはいまだ至っていない。むしろ、訪問を重ねれば重ねるほど、新たな疑問と研究課題が増え続けている。とはいえ、著者の研究の目的の一つは、繊維・アパレル産業の全容というか、全体の構造変化を可能な限り明らかにすることと、次代の発展の手がかりを得ることにある。この場合、ある局面、あるいは特定のテーマに絞り込みながら分析研究を積み重ねていくことになるが、そうした際にも、常に産業全体の構造変化を強く意識しておきたいと考えている。

そのために、第Ⅰ部では、できうる限り繊維産業とアパレル産業の過去と現在の全体像がイメージできるような内容を提示できればと考えたが、紙幅の関係もあり詳細な分析には至らなかった。たとえば、繊維産業における紡績業、合織メーカーなどの原糸・織布事業の分析、生地産地における染色整理業などの関連業種を含めての分析、そしてアパレル産業におけるアパレル企業、縫製業、各種小売業の詳細な事例分析などである。今後はこれを起点に、可能な限り繊維・アパレル産業の分析研究に踏み込んでいきたいと考えている。

［付記］第Ⅰ部は、以下の論文に大幅な加筆、修正を加えるとともに、新たに執筆した内容により、再構成したものである。

加藤秀雄（2017）「日本アパレル産業における商社等の海外製品生産事業の分析」『埼玉学園大学紀要　経済経営学部篇』第17号、pp.27-40。……第1章2、3、5

加藤秀雄（2018）「繊維・アパレル産業をめぐる生産・流通構造変化の特質と分析視角」『埼玉学園大学紀要　経済経営学部篇』第18号、pp.57-70。……第Ⅰ部の分析視角

加藤秀雄（2019）「わが国アパレル産業の国内生産拡大期における縫製業の立地特性」『埼玉学園大学紀要　経済経営学部篇』第19号、pp.39-52。……第3章2～4、第1章1

注

1　第Ⅰ部では、繊維産業とアパレル産業の定義づけを厳密にはしていない。広く繊維産業を意識しながら、特に衣料品に関わる産業に焦点を当てていることを断っておきたい。一般に、繊維産業という場合、広義では、アパレル産業を含み、狭義には含まないが、両者を厳密に分けることが極めて難しいと考えている。

2　貿易統計によると、輸入品の平均単価は、91年を100とすると、09年では52.4と低下している。それ以降は、平均単価は下げ止まりするが、量が増加するなど、国内市場での価格低下に影響し続けている。

3　ここでいう繊維・アパレル関連企業とは、川上から川下に至るすべての製造、卸売、小売に関わる企業である。

第1章

海外衣料品生産時代をめぐる
生産・流通構造変化の特質

海外衣料品生産の主役に位置づけられる商社等に着目して

日本国内の衣料品市場では、輸入品が溢れている。輸入額が2兆円を超えたのは2001年のことであり、2018年現在は2.7兆円、数量ベースでは国内市場のおよそ9割強を占めるほどに拡大している[1]。一方、衣料品（付属品を除く）の国内生産額（工業統計に基づく推計）は、バブル経済下の91年の6.4兆円（著者の推計）をピークに減少基調となり、17年には1兆円弱にまで落ち込んでいる[2]。また、国内の織物生産数量（繊維統計）[3]も、70年前後の70億㎡強から17年現在では10億㎡（捕捉率による推計では、15億㎡）[4]までに減っている。

こうしたデータを眺めると、繊維・アパレル産業をめぐる生産・流通構造が大きく変化してきたことが、おおよそ想像できよう。たとえば、大半の仕事が海外移管されたことによる国内縫製業の困難、衣料品用生地生産に関わってきた国内生地産地の困難、そして生地、衣料品の国内流通に関わってきた各種の卸売業の困難などがあげられる。

一方、日本向け衣料品の海外生産に踏み出した縫製業、アパレル企業、そしてそれを支援してきた総合商社などの海外製品生産事業は、生産量の拡大とともに発展し続けてきたのであろうか。残念ながら、現在では海外進出した企業のうち、縫製業、アパレル企業において海外事業を継続できているところは少ない。

ある意味、海外生産の脇役の位置にあったともいえる総合商社、繊維専門商社、原糸メーカー系商社など（以下では、商社等と略する場合がある）は、自らの得意とする生地供給、生地企画、製品流通、貿易などの事業にとどまらず、数多くのローカル企業、生き残り競争を潜り抜けてきた日系縫製工場、あるいは資本投入による自社縫製工場などを組織しての製品生産に踏み込むなど海外事業を強化してきたのである。そして、現在では、輸入品の6割弱なのか、あるいは7割を大きく上回っているのかの客観的かつ定量的なデータはないもの[5]の、商社等は、業界でいう「OEM事業」に取り組み続けている。さらに、企画デザイン等を含めての「ODM事業」にも踏み出すなど、その事業領域を拡大している。

本章では、そうした海外での日本向け衣料品生産の変化を、商社等の海外事業展開に焦点を当てながら整理していくことにする。とはいえ、商社等の海外製品生産事業の取り組みは、個々の企業により微妙に、ときには明確に異なっていることが少なくない。それゆえ、ここではそうした個別性を軽視しないものの、ほぼ多くの商社等に共通していると考えられる事業内容の整理に重きを置くこととしたい。

1．国内衣料品市場をめぐる国内生産と卸売業の推移

そうした商社等を焦点とした海外製品生産事業を定量的に理解しておくために、まず国内衣料品市場における国内生産品比率（逆は、輸入品比率）を既存統計により提示しておくことにする。また、金額ベースでの衣料品の国内生産や輸出入と、卸売業の事業所数の推移を概観しておくことにする。

(1)　国内衣料品市場における国内生産品比率の推移

図1-1は、衣料品の「国内生産品比率及び輸入品比率」を示したものである。繊維・アパレル業界では、日本繊維輸入組合が試算公表している「輸入浸透率」が広く使われている。試算開始年は90年であり、それ以降毎年、生産数量を「繊維統計（生産動態統計調査)」から、輸出入の数量を「貿易統計」から求めている。この試算結果は、業界のみならず、経済産業省から出されている各種繊維関連報告書にも採用されるなど、信頼できるデータとして用いられている。

にもかかわらず、著者達が独自の推計によって「国内生産品比率」を提示

するのは、国内の衣料品生産の位置、役割を、より実態に近い数値から理解する必要があると考えているからにほかならない。周知のように、全数把握に近い貿易統計と異なり、生産動態統計調査（月次では何々月報、年ごとには『繊維統計年報（～2001年）』『繊維・生活用品年報（2002～2012年）』『生産動態統計年報・繊維・生活用品統計編（2013年～）』として公表）の一つの目的は、毎月の生産量の変動をいち早く公表することにある。このため、調査対象が、全事業所ではなく、一定の条件の下に設定されている。このことを、丁寧に記載し、先の輸入浸透率が使われるならば何の問題もないが、引用が繰り返されるとデータ特性は忘れられ、数値のみが一人歩きすることになる。これが、統計データを扱う上で最も留意しなければならない点である。

著者は、公的統計が全事業所レベルでの生産数量を把握できる設計になっていないにもかかわらず、工業統計の製品出荷額、製品出荷数量、加工賃収入額などを、産業編、品目編の数値により推計するという徒労の作業を繰り返してきた。その最後に到達したのが、繊維統計と工業統計での基礎データとしての「従業者数」を比較することで「捕捉率」を求めるという推計方法である[6]。

この方法は、衣料品生産、具体的には労働集約的な縫製業であるという条件があってこそ採用できるものである。他の繊維関連業種や、他産業において生産設備の違いが生産性に大きく影響する場合は、こうした方法は採用しにくい。実際、第2章で取り上げる「織物製生地生産」の推計では、単純に従業者数の比較による推計方法を採用することには躊躇せざるを得ない。もちろん、縫製加工においても調査対象外となっている小規模企業の生産性を考慮する必要があるが、本書では、広く使われている「輸入浸透率」と、著者達の推計した「輸入品比率」が時代の変化をどれだけ定量的に示せているか、いや近づけているかを読者の皆様に判断してもらいたいと考えている。

さて、図1-2は、「工業統計」の衣服製造業の従業者数と「繊維統計」の衣服等の生産に関わる従業者数を対比したものである。これに基づく捕捉率と繊維統計の生産量で国内生産量を算出し、それを用いて推計した結果が、先の図1-1の「推計・国内生産品比率」であり、「推計・輸入品比率（参考の輸入浸透率）」である。

図1-1の「推計・国内生産品比率（逆数では、輸入品比率）」を眺めながら、

図1-1　品種別「推計・国内生産品比率」と「推計・輸入品比率」の推移

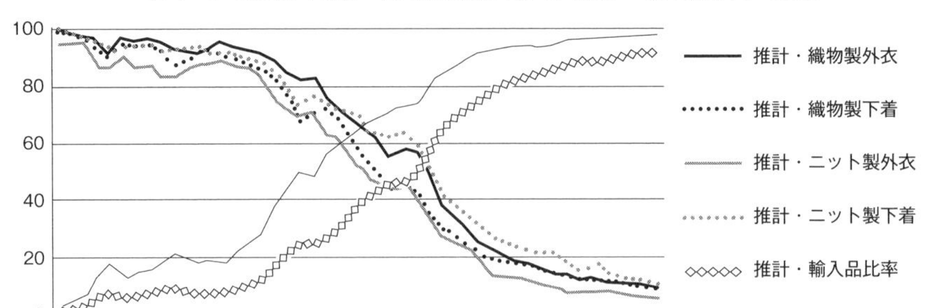

注：単位は、％。図1-2で求めた捕捉率に基づき、国内生産数量を試算し、貿易統計との比較で推計している。参考の「輸入浸透率」（日本繊維輸入組合）は、90年以降しか試算公表されていないため、89年以前は著者が同様のデータで試算したものを表示している。

資料：『工業統計表』各年版、『経済センサス』2011、15年版、『繊維統計年報』『繊維・生活用品統計年報』『生産動態統計調査 繊維・生活用品統計編』各年版、『貿易統計』各年版、より作成。

図1-2　繊維統計の衣服生産の捕捉率（工業統計との対比）の推移

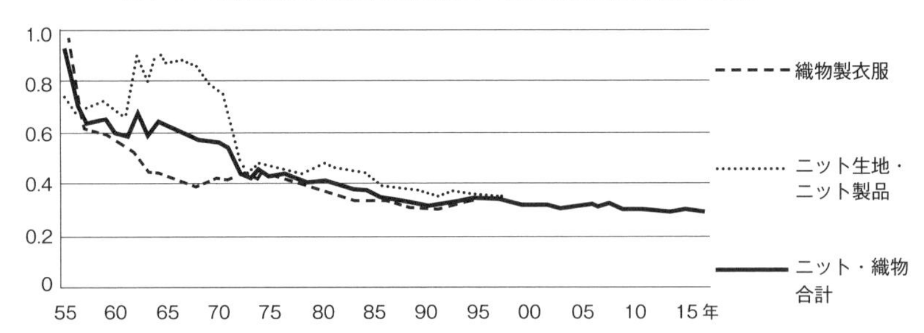

注：上記は、『工業統計表』の衣服製造業（ニット生地を含む）の従業者数に対する『繊維統計（生産動態統計調査）』の従業者数を対比させ、捕捉率としている。98年以降は、縫製品とニットが区分されず、「ニット・衣服縫製品」として公表されている。なお、『繊維統計』の調査対象は、ニットについては、51年以前は全事業所、52年以降は経5台以下、丸20台以下、横10台以下、縫製品ミシン20台以下は、1/10の標本調査。56年以降、台数は同じで1/20の標本調査。62年以降、経5台以下、丸30台以下、横30台以下、ミシン30台以下は1/20の標本調査。66年以降、経5台以下、丸・横4-20台、ミシン30台以下は1/20の標本調査、丸・横3台以下は裾切り調査。72年以降、経・丸・横従業者20人以下、縫製専業者は30人以下が裾切り調査。織物製衣服（縫製品）は、52年以降ミシン10台以下が1/10標本調査。56年以降10台以下は裾切り調査。69年以降従業者29人以下裾切り調査。

資料：『工業統計表』各年版、『経済センサス』2011、15年版、『繊維統計年報』『繊維・生活用品統計年報』『生産動態統計調査 繊維・生活用品統計編』各年版、より作成。

本章で分析する衣料品に関わる国内外生産の数量的変化を少し先取りして概観すると、次のようになる。

まず、国内衣服製造業の従業者数のピーク時である90年代初めの状況を、「90年時点」の「推計・国内生産品比率（輸入品比率）」で確認してみよう。参考にあげている日本繊維輸入組合の「輸入浸透率」は、90年時点で48.5%という高い比率を示していた。とはいえ、このバブル期の国内生産は人手不足に直面しながらも、国内全体を眺めると、地方圏、とりわけ東北、九州で十分ではなくとも従業者数を増やし続けていたことは、第3章で明らかにするところである。また80年代後半からの中国展開も品質などの様々な問題に直面しながら生産拡大に踏み出していくが、90年代に入りようやく国内市場への本格的投入が可能になりつつあったというレベルであり、90年代を通じての量的達成とはかなり距離があった。そうした時代状況を踏まえたとき、「推計・輸入品比率」が23.8%というのは、違和感のない水準にあるといえる[7]。

この後、日本アパレル産業の海外生産は、商社等の海外製品生産事業を中心に、一段と加速していくことになる。いうまでもなく、国内生産は急激な縮小基調へと突入する。その要因として、プラザ合意以後の円高を背景とした国内生産のコスト競争力の低下、バブル経済崩壊以降の国内市場の低迷などが指摘できるが、加えてアパレル産業における製品生産の構造的問題の解決に取り組むことなく先送りされ続けてきたことがあげられる。事実、国内市場の拡大とともに国内生産は拡大し続けてきたが、製品生産の主役が企画・デザインを手がけるアパレル企業なのか、縫製加工の縫製業なのかという点、いや両者の取引関係の問題、さらに人材確保に影響している縫製工の賃金問題というように、山積する問題が解決されないまま、時代は海外生産に活路を見出す方向に転じてしまったのである。

(2)　衣料品の国内生産と輸出入の推移

図1−3は、「工業統計表・品目編」の「衣服（繊維製身の回り品は除く）」の製造品出荷額、加工賃収入額と、「貿易統計」の「衣類（同付属品は除く）」の輸入額と輸出額の推移を示したものである[8]。ちなみに、「衣類」の輸入の大半は、何らかの形で日本企業が関与している海外生産品によって占められてい

図1-3 「衣服」の国内生産（出荷額ほか）と「衣類」輸出入額の推移

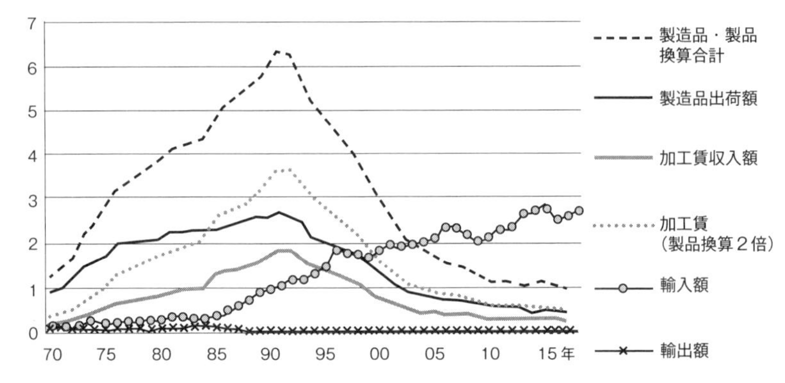

注：単位は、兆円。工業統計のデータは、70 － 80 年は、「1 － 3 人」を含めた全数、81 年以降は、「4 人以上」である。工業統計・加工賃収入額の 70 － 84 年は、ニット製衣服が含まれていない。貿易統計の 70 － 75 年は、衣類の付属品を含んでいる。

資料：国内生産の出荷額、収入額は『工業統計表・品目編』、輸出入は日本化学繊維協会『繊維ハンドブック』（元データは、「貿易統計」）各年版、により作成。

ることを指摘しておきたい[9]。

さて、これらのデータに基づき、国内における衣料品の生産の推移を理解していくことにしよう。ここでは、それを、以下の三つによってみていくことにする。

【製造品出荷額ベースでの推移】……まず、最終製品としての「製造品出荷額」については、バブル経済下の 91 年 2 兆 7395 億円をピークに、減少基調に入り、2002 年には 1 兆円を割り込み、2017 年には 4390 億円までに落ち込んでいることを確認しておこう。

【製造品出荷額と加工賃収入額合計での推移】……次に、製造品出荷額と加工賃収入額の合計によって生産推移をみてみよう。通常、加工賃については、同業種からの外注、下請として生産されるため、大半が製造品出荷額に含まれるが、アパレル産業の場合、卸売業としてのアパレル企業から生地等を無償支給されての賃加工が多くを占めているため、製造品出荷額に反映されないケースが多くを占めている。ここで、両者を単純に合計すると、91 年の 4 兆 5649 億円をピークに、2001 年 2 兆円を割り込み、2017 年 7028 億円に縮小していることが確認できる。

【製造品出荷額と加工賃の製品換算額での推移】……アパレル企業からの加工賃には、生地・染色代が含まれていない。それを含めての製品額に換算する場合、縫製加工代の2.5倍から3倍程度が製造原価にほぼ重なると考えられるが、同業者からの外注仕事も1～3割程度[10]あることを考慮して、ここでは換算率を2倍と仮定して推計する。

結果、91年は6兆3903億円、17年は1兆円弱になる。この生産規模は、第4章で検討する衣料品の国内市場規模が91年13兆円から17兆円、17年9兆円前後、そして「衣類」輸入額が91年1兆円、17年2.5兆円などを考慮したとき、ほぼ実態に近い水準にあるといえよう。

(3) 衣料品輸入拡大に影響される卸売業の事業所数等の推移

次に、本章で分析の焦点とする「総合商社」「繊維専門商社」「原糸メーカー系商社」と同様に、国内における生地あるいは製品（衣料品）の流通に関わってきた生地商、生地コンバーター、産元商社、産地問屋、買継商、集散地問屋、二次問屋（二次卸）、そして本章では分析の対象としては脇役にとどめることになるアパレル企業を含む「卸売業」の定量的な変化を確認しておくことにする[11]。

アパレル関連の卸売業は、機能別、規模別、地域別、段階別、販売方法別、販売先別、仕入先別、商品別、その他などで分類され、様々な呼び名が存在する[12]。そうした多様な存在の卸売業ゆえに、「商業統計」の公表データによりアパレル関連の卸売業を先の分類群ごとに把握することは難しく、大半は推測の域を出ないことに留意したい。

加えて、アパレル産業のある意味、主役ともいうべきアパレル企業が、デザイン、製品企画、発注量の最終決定[13]などを担ってきたが、政府統計では「卸売業」に分類されている点にも触れておきたい。これは、アパレル企業の多くが、出自が卸売業であったことと、製品生産としての縫製加工を外部に委託し、そして小売業にできあがった衣料品を販売するという業態が大半を占めてきたことなどを考慮してのことといえよう。ただし、こうした点は、今日のアパレル企業の多くが、縫製加工の現場である縫製業との関わり度合いを低下させているだけでなく、製品企画・デザインさえも、本章での主役の商社等に依存する割合を増やし続けていることなどを考慮すると、単なる卸売業へと回帰しているようにもみえる。

まず、表1-1に基づき衣料品の生地流通などを担ってきた「織物卸売業」の推移をみてみよう。ここに分類されている企業としては、産元商社、産地問屋、買継商など在庫、金融等の関わり方で分類されている生地産地の卸売業と、大都市を中心に立地する生地取引を手がける生地商、生地コンバーター、二次卸、繊維専門商社及び総合商社の生地部門[14]などがあげられる。

その「織物卸売業」の事業所数と商品販売額のピークは、91年であり、従業者数では72、76年となっている。このうち、商品販売額を物価等を考慮してみると、70年代から80年代初めにかけて取引がかなりの数量に及んでいたことが理解できる。ところで、産地の商業資本と中央等の生地取扱企業を含んでいる「織物卸売業」のピーク時に対する14年比は、事業所数で20.9、従業者数13.0、商品販売額11.6と、大きく落ち込んでいることが認められる。織物産地の商業資本の減少と低迷、そして中央における生地取扱企業の大幅減という実態を、このデータは明確に示しているといえよう。

表1-1　織物卸売業、衣服卸売業の推移

	1972	1976	1979	1982	1988	1991	1994	1997	2002	2007	2012	2014	ピーク時比（2014年）
織物卸売業（室内装飾繊維品を除く）5113	7,934	8,807	8,623	9,557	9,742	9,986	7,068	6,005	4,348	3,329	2,304	2,087	20.9
	113	113	98	96	96	99	70	53	36	24	16	15	13.0
	4,471	7,465	7,946	8,935	9,485	10,782	6,990	5,009	3,893	2,237	1,206	1,249	11.6
衣服卸売業 512	8,257	10,755	11,758	13,008	13,843	15,248	15,237	13,267	12,173	9,694	10,396	10,841	71.1
	127	161	164	177	204	212	215	184	150	126	124	127	59.1
	2,472	5,548	6,329	7,850	11,655	13,541	12,276	11,028	8,668	7,610	5,529	4,300	31.8
男子服卸売業 5121	2,610	3,197	3,270	3,471	3,343	3,588	3,699	3,350	3,099	2,453	1,668	1,783	49.7
	36	43	40	43	44	51	51	40	33	27	16	19	37.4
	510	1,114	1,247	1,920	2,162	3,151	3,004	2,494	1,829	1,514	763	991	31.5
婦人・子供服卸売業 5122	3,429	5,044	6,044	6,986	7,955	9,055	8,852	7,640	6,807	5,700	3,472	3,427	37.8
	53	80	84	99	123	130	130	114	88	80	57	45	34.8
	1,222	3,132	3,560	4,326	7,507	8,410	7,173	6,773	5,135	5,284	3,440	2,188	26.0
下着類卸売業 5123	2,218	2,514	2,444	2,551	2,545	2,605	2,686	2,277	2,267	1,541	1,208	1,177	43.8
	38	38	40	35	37	31	34	29	29	18	13	15	37.9
	740	1,302	1,522	1,604	1,986	1,980	2,099	1,762	1,704	812	636	517	24.6

注：上段は事業所数、中段は従業者数（単位：千人）、下段は商品販売額（単位：10億円）。網目はピーク時。
資料：経済産業省『商業統計表・産業編』各年版、より作成。

この間の織物の生産数量が大きく減少していく中で[15]、本章で取り上げる総合商社、繊維専門商社、原糸メーカー系商社の多くが、衣料品生産における海外事業に踏み出していったのに対し、ここに含まれていた卸売業の大半は、産地の縮小の前に、産地の卸売業だけでなく中央を含めて廃業、転業等に追い込まれていったことが否定できないだろう。その意味では、こうした困難を乗り越えた企業群の一つが、海外での製品生産事業に踏み出していった商社等ということになる。

次に、「衣服卸売業」の推移についてである。ここには、先に指摘したように多くのアパレル企業や、大都市に立地し全国の小売業を相手にする現金問屋などに代表される卸売業が含まれている。いずれが多くを占めているかは定かではないが、ここには衣料品の取引を流通段階別にいうと一次卸、二次卸なども含まれることになる。

この「衣服卸売業」は、主要取扱品によって、「男子服卸売業」「婦人・子供服卸売業」「下着類卸売業」に分けられている。こうした主要取扱品による業種分類がされているものの、多種多様な製品を取り扱っている企業も少なくない。また、ここに含まれているアパレル企業は、百貨店向け製品企画を主とする企業、専門店を主とする企業、さらには量販店を主とする企業を構成するなど、実に多様な製品事業展開を特徴としている[16]。

この点、「衣服卸売業」の事業所数、従業者数、商品販売額のピークは、それぞれ 91、94、91 年となっている。そして、そのピーク時に対しての 14 年比は、それぞれ 71.1、59.1、31.8 である。事業所数、従業者数に比較し、商品販売額のピーク時比が相対的に低いのは、安価な海外生産品（輸入品）が市場を占拠してきたことが大きく影響していると考えてよいだろう。いずれにしても、衣料品の輸入拡大によって、国内生産品の流通を担う卸売業が、極めて困難な状況に陥っていったことを、このデータから推測することができよう。

２．商社等の繊維事業の変化

次に、本章の論点ともいうべき、生地・衣料品の取引に様々な形で関わっていた総合商社、繊維専門商社、原糸メーカー系商社が、衣料品生産の海外化に伴い、どのように自らの事業内容を変えていったかに焦点を当てながら、アパレル産業の海外生産の動向を整理していくことにする。

先に指摘したように衣料品の海外生産時代の到来は、海外生産事業に踏み出す商社等もあれば、海外に踏み出すことができず国内での事業展開にとどまらざるを得なかった卸売業も少なくなかった。ここでは、そのうち海外に踏み出していく商社等の国内外における繊維関連の事業内容を、簡単に整理しておくことにする。

まず、繊維産業における国内生産時代の商社等の主な事業内容についてである。一つは、素材事業があげられる。素材のうち合織繊維を除き、絹、綿、羊毛などの天然繊維の大半は輸入である。ここに、素材をめぐる輸入業務と国内での流通業務をみることができる。一方、合織繊維については、国内合織メーカーのファイバー事業（糸売り）の流通に関わってきたことが知られている。しかし、今日では、天然繊維、合織繊維による国内生地生産が大きく減少していることもあり、その供給を担う素材事業は縮小している。

二つは、生地事業があげられる。織物製、ニット製の如何にかかわらず生地流通の一端を商社等は担ってきた。このうち、合織生地については、合織メーカーチョップ品の取扱いのみならず、自社の企画の下に「糸買い生地売り」にも踏み出していた。そのいずれであろうとも、アパレルメーカーの企画デザインに基づく生地を供給（ときには、企画提案を含めて）することが生地事業の一つの柱である。もう一つの柱である生地輸出事業は、国内生地生産が活発な時代においては、商社等だけでなく、生地商、生地コンバーター、二次卸などの生地卸売業の主力事業そのものであった。それがいまや、国内生産の縮小を背景に、国内における生地流通事業は大きく縮小している。

三つは、金融事業があげられる。金融事業は、衣料品完成に至るまでの素材調達から糸づくり、生地生産、縫製加工という１年を超える長い期間における金融支援を主にしている。この点、すべての取引段階において金融面を与信管理を含めて支援する商社等の姿が見え隠れしていたというのがアパレル産業の特徴の一つでもある。

次に、本章の焦点ともいえる海外生産時代に入ってからの商社等の主な事業内容である。なお、この時代の事業内容については、次節以降での分析にも重なるので、簡単な記述にとどめておきたい。

一つは、素材、生地、製品に関する貿易、供給、流通事業が、国内生産を舞台に繰り広げられるのではなく、海外生産を焦点に展開されていったことがあげられる。特に、海外生産の下での生地輸出、製品輸入事業は、商社等の最も得意とした事業であったことはいうまでもない。

二つは、金融事業を広義に捉えると、海外法人への資本参加、及び生産設備の貸与などを含めて金融面の事業領域、事業内容が多面的な広がりをみせたことがあげられる。少なくとも、この海外縫製工場への資本参加、あるいは設備貸与などは、商社等が生産場面へ深く関わっていく一つの契機であったかも知れない。

三つは、本章の焦点ともいえる海外での製品生産事業の取り組みがあげられる。国内では、アパレル企業と縫製業の間に、生地供給、生地企画、金融支援という形で関わっていたのが、海外ではそれに加えてアパレル企業が担っていた製品生産における縫製工場の管理や、縫製工場運営に直接・間接に関わっていく製品生産事業を築き上げていくことになったのである。この製品生産事業を、業界では、「OEM」と呼んでいる。

以上のような商社等の事業内容を踏まえながら、海外における商社等の事業展開の取り組みと変化を、以下の時代区分にしたがってみていくことにする。

3．商社等の海外製品生産事業の前史

わが国の繊維・アパレル産業の海外展開が本格化していく契機は、80年代後半の中国進出に求めることができる。それが、60年代、70年代に始まる香港、韓国、台湾などで展開した衣料品生産の規模とは比べようもないほどの生産規模に拡大していったことは周知のとおりである。ここでは、そうした中国展開よりもいち早く取り組まれていた海外生産を、衣料品生産の補完的位置にあった商社等が、次の時代の中国展開では徐々に主役に躍り出ることになった背景を明らかにしていくことにする。その意味では、日本繊維・アパレル産業の海外生産を、生産者ではなく、商社等の商業資本がどのように関わり、その内容を変化させていったかに焦点を当てることになる。

(1) 1950年代中盤からの1ドルブラウスブームの下での総合商社

わが国の衣料品生産、とりわけ縫製業の全国化の契機として、第3章では衣料品輸出事業としての1ドルブラウスブーム[17]を背景とした縫製業の発展と、60年代以降に拡大発展する既製服化とファッション化をあげ、それぞれについて論じている。このうち、1ドルブラウスブームが、国内生産体制の充実に繋がったというだけでなく、日本繊維・アパレル産業における海外生産への歩みという点において、直接・間接的な影響をもたらしていたことを、ここでは取りあげておきたい。

それは、55年の1ドルブラウスブームの頃に、アメリカの輸入規制の動きを敏感に受け止めた総合商社が、次なる事業展開に迅速に踏み出していったことに求められる。アメリカ輸出の端緒は、東洋棉花（トーメン、現豊田通商）をはじめとする総合商社と紡績業（東洋棉花の場合、鐘紡）の縫製下請体制のもとでの輸出といわれている[18]。そして、この輸出事業は一気に他の総合商社、紡績業、縫製業に広がっていく。これらが、総合商社の輸出事業として拡大していったことはいうまでもない。しかし、輸出規制が実施され強化されると、衣料品輸出事業の先行きを懸念した総合商社は、新たなアメリカ向け衣料品輸出体制を模索していくことになる。

それが、当時、世界最大の縫製拠点であった香港での第三国生産によるアメリカ輸出という事業の立ち上げであった[19]。具体的には、日本の綿織物を香港に輸出し、二次製品としての衣料品をアメリカへ輸出するという事業である。こうした事業は、香港をはじめ、韓国、台湾における保税地区での加工貿易へと広がっていく。この点、韓国では、香港に遅れ62年において保税加工による衣類輸出事業が開始される。ただし、65年の日韓条約締結までは、すべて在日韓国人への委託（伊藤忠商事、丸紅、東洋棉花などの日本商社への名義貸し）で進められる。それは、日本から生地を持ち込んでの賃加工、そして大半をアメリカへ輸出するという海外製品生産事業であった[20]。

こうした第三国生産は、総合商社の海外事業を、単なる日本からの生地輸出事業やアメリカへの衣料品輸出事業にとどめることなく、品質向上対策として生産関与に踏み出していかざるを得なくなっていく。その一つが、日本で取引等の関係があったアパレル企業、あるいは縫製業の協力の下での技術指導であった。こうした生産関与の経験こそが、次なる日本向け海外製品生産事業へと直接・間接的に繋がっていったのではないだろうか。

(2) 第三国生産から国内市場向け生産事業に転じていく時代状況

続く70年代に入ると、第三国生産による海外輸出事業は、当事国の政治状況、経済的発展等の変化を背景に維持することが困難になっていったようである。一つは、第三国の自国企業による輸出事業体制が整ってきたこと、二つは、綿二次製品である衣料品に対する米国の輸入規制がアジア諸国を含めて強化され続けてきたことなどがあげられる。

そうした時代状況の変化を常に先取りした事業展開に取り組む総合商社は、第三国生産拠点であった香港、韓国、台湾での衣料品生産事業を、アメリカ向け生産の縮小をカバーすべく、日本向け生産事業へと転じさせていったように思える。

さて、こうした時代の商社の役割とは、どのようなものであったであろうか。この点を、東洋経済新報社の『海外企業進出企業総覧・国別編』の80年版、

表1-2　衣料品をめぐる海外法人設立の資本構成と法人数の状況

進出国（国名）	海外法人数						進出時資本割合（掲載法人の平均）														
	80年版法人数	02年版		16年版			80年版					02年版					16年版				
		80年版	02年版	80年版	02年版	16年版	資本掲載	日本100%	商社参加	日本トップ	現地資本	資本掲載	日本100%	商社参加	日本トップ	現地資本	資本掲載	日本100%	商社参加	日本トップ	現地資本
	社	社	社	社	社	社	社	社	社	%	%	社	社	社	%	%	社	社	社	%	%
中　国	–	–	186	–	50	38	–	–	–	–	–	184	69	86	62	26	36	27	6	91	8
韓　国	22	3	3	2	1	1	20	1	6	41	56	3	0	1	56	40	1	1	0	100	0
台　湾	13	2	5	1	3	0	13	1	3	43	49	5	3	0	74	20	–	–	–	–	–
香　港	9	0	11	0	1	3	9	1	4	24	71	11	5	4	60	29	3	2	0	85	15
タ　イ	2	1	12	1	5	4	2	0	0	40	51	12	0	7	39	45	2	0	1	49	51
インドネシア	–	–	18	–	5	4	–	–	–	–	–	18	0	0	49	29	4	1	1	75	17
フィリピン	7	0	–	0	–	–	5	0	2	32	66	–	–	–	–	–	–	–	–	–	–
ベトナム	1	0	11	0	8	10	1	0	1	15	85	11	4	3	72	4	9	7	5	88	7

注：海外法人数の表記は、たとえば「02年版」の下段左の80年版が継続法人数を、下段右の02年版が80年版にはなく新たに掲載された法人数を示す。また、各年版の「資本掲載」法人数とは一致しない。

資料：東洋経済新報社『海外進出企業総覧・国別編』1980年版、2002年版、2016年版、より作成。

表1-3　70年代頃の韓国に設立された現地法人の概要

現地法人名	80年版	事業内容	従業員	日本人	日本側企業・資本割合			現地資本	投資目的	02年版
					日本側トップ企業名	割合	他社			
東洋縫製	69	スラックス、コートの縫製	200	1	牧村	49		51	c	×
韓国友愛	70	メリヤスシャツの生産	−	−	友愛・岩竜繊維	100		0	e	×
ソウル縫製	70	紳士服の製造	−	−	アルパーカ縫製	64		−	c	×
東都衣料	70	ジャケットの縫製、販売、年産60万ダース	360	−	トーメン	25	鐘紡24	51	c	×
Korea Wacoal Textile	70	婦人洋装下着の製造	485	3	ワコール	49		51	ch	○
韓国エフワン	71	紳士用背広の生産	−	−	エフワン	−		−	c	×
善山繊維	71	合繊トレパン、スラックス、ジャンパー縫製	788	1	伊藤忠商事	38		63	ce	×
Hanil Textole	72	メリヤス肌着製造、年産50万デカ	500	5	福知山グンゼ	23	三井物産11.1、河田産業7.8、丸糸商店7.8	50	ci	○
エクセル産業	73	ニット衣料	−	0	ノブヤ商店	50		51	-	×
Nam Mi Fashion	73	婦人用下着の製造	300	−	美成産業	49		51	ceh	×
漢和繊維	73	シャツ製造、19.6万ダース	450	1	ヤマトシャツ	45		55	chj	×
三陽繊維	73	各種メリヤス製品の製販、輸出	93	2	トーメン	29	小杉産業20	51	cd	×
ソウル双葉	73	セーター等の生産	−	−	双葉商事	49		51	c	×
大南通商	73	ニットセーター、月産3万枚	−	−	南	40		−	-	×
Elegant Manufacturing	73	セーター製造、年産40－50万枚	350	2	エリガン	40		60	ch	×
吉中産業	73	作業服、園児服	180	−	中村被服	40		−	-	×
Woom Nylon Industrial	73	繊維二次製品の生産	540	4	厚木ナイロン工業	40		60	ch	×
和信レナウン	73	紳士服、ニットシャツの製造	1200	7	レナウン	30	クラレ10	60	ch	×
DAE Jong Industrial	74	紳士スラックスの縫製	100	−	ベルファイブ	36	牧村4	60	d	×
韓栄繊維	74	紳士用スラックスの生産	140	−				−	j	×
Kyungduk Ind.	75	紳士用ドレスシャツ、カジュアルシャツの製造及び輸出	280	1	シルバーシャツ早瀬	10	兼松江商10	80	ch	×
Self Corp of Korea	76	繊維二次製品の製販	100	1	大西衣料	30		70	ceh	×

注：資本割合については、小数点以下を四捨五入して表示している。投資目的の記号の意味は、表1－4に示すとおりである。投資目的の内容は、表1－4に示している。02年版の「○」は、当該法人が掲載されていることを、「×」は掲載されていないこと（存続していないことか）を示す。

資料：東洋経済新報社『海外進出企業総覧・国別編』1980年版、2002年版、より作成。

02年版、16年版に基づき作成した表1-2にみてみよう。これは、アジア地域における「衣料品（靴下等の付属品を除く）」の生産を手がける海外法人を国別に抽出した結果である。このうち80年版は、79年以前の海外進出状況を示しているが、主な進出先としては、韓国、台湾、香港、フィリピンなどが確認できる。この当時の進出状況について、縫製業、アパレル企業、総合商社、繊維専門商社などに問うたところ、特に韓国では、70年代において、技術指導を含めた海外事業の取り組みが開始されていたようである。その頃は、アパレ

表1-4　織物卸売業、衣服卸売業の推移

記号	投　資　目　的	回答
a	原材料確保	0
b	資源が豊富で現地生産が容易	0
c	労働力利用	16
d	現地政府の産業育成保護政策上、現地生産が有利	1
e	現地、第三国市場への販路拡大	4
f	情報収集	0
g	その他	0
h	販売先・日本	7
i	販売先・現地	1
j	販売先・第三国	2

資料：東洋経済新報社『海外進出企業総覧・国別編』1980年版、より作成。

図1-4　70年代、80年代の国別衣料品輸入数量の推移

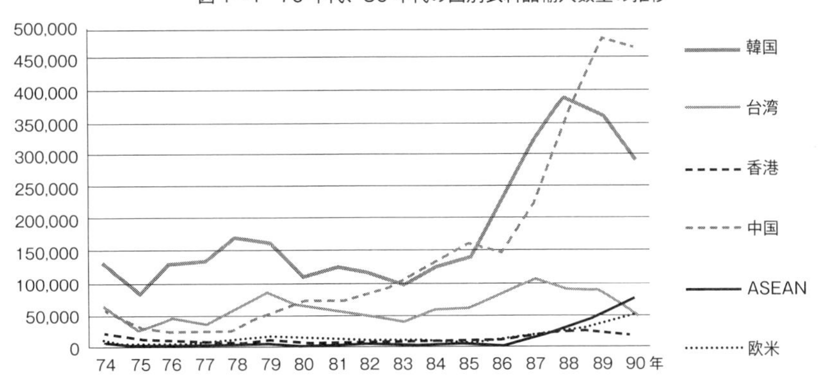

注：単位は、千点。
資料：日本化学繊維協会『繊維ハンドブック』（元データは、「貿易統計」）各年版、より作成。

ル企業と韓国企業との合弁が大半であったが、商社等が金融面だけでなく、生産面に何らかの形で関わりはじめていく時代でもあった。

この点、80年版で最も多く法人が設立された韓国を抽出した表1-3を眺めると、商社等の出資のケースは、22法人のうち6法人にすぎない。しかし、資本投下がなくとも、貿易業務、海外市場動向把握に長けた総合商社が、生地、製品等の輸出入業務に深く関わっていったというのはごく自然の流れではなかっただろうか。

また、当時の進出目的は、表1-4にみられるように、60年代欧米向け輸出の第三国貿易を目的とするものではなく、「労働力利用」16法人、そして「販売先・日本」7法人というように大きく変化していることが認められる。いずれにしても、労働力利用が圧倒的であるというのは、日本国内の労働コストの上昇だけでなく、80年代に顕著になってくる縫製業における労働力確保問題に直接・間接的に繋がっているのではないだろうか。

ちなみに、70年代、80年代の国別衣料品輸入数量の推移は、図1-4に示すとおり、韓国、台湾に対して、改革開放による市場経済に移行された78年を起点とし、80年代半ばから急角度で拡大する中国の存在が徐々に大きくなり始めていたことが認められよう。

4．衣料品の海外生産の本格化とその後の歩み

(1) 中国生産時代への突入

時代は、80年代半ばから中国が海外生産、海外進出の焦点になることで一変する。それは、低賃金で豊富な労働力の確保が見込める中国へ、日本の衣料品生産がなだれ込んでいく転換期でもあった。また、同時期、韓国においても本格的な取り組みの兆しが見え始めるが、人件費の高騰と激しい労働争議問題が深刻化するなどして一気に冷え込み、気がつくと中国一辺倒という時代に突入していくことになる。

この点を、再び表1-2で確認してみよう。まず、80年代後半と90年代を通じての中国進出である。衣料品生産を手がける海外法人を抽出した結果である184法人（資本割合掲載外を含めると186法人）のうち、日本企業で資

本100％（単独以外を含む）を数えるのは69法人（37.5％）で、残りの115法人（62.5％）は中国企業との合弁であった。また、商社等の出資は、86法人（46.7％）を数えていたことが注目される。

こうした商社等の出資は、縫製業、アパレル企業の資本不足を補うという面もあろうが、海外生産に国内取引以上に関わっていくという強い意志を示した結果であるともいえる。さらに、出資以外の機械設備の貸与を含めての金融支援にも踏み込むなど、国内全盛時代とは異なった事業展開をみることができる。ときには、アパレル企業に対して、縫製技術、生産管理などの技術者派遣を含めてサポートしていくこともあったようである。

ところで、中国における合弁会社の設立については、中国側の政策的な意図を反映しているのに対し、商社等の出資については日本側の事情が影響していると考えられる。特に、80年代後半から90年代の中国進出については、圧倒的に中小企業が多く、海外活動のサポートを商社等に依存せざるを得なかったという事情と、国内における人手確保難による生産力拡大の限界を海外事業でカバーしようとする商社等の事情とが一致したことも日本側の理由の一つにあげられる。

ちなみに、80年代後半から90年代の初期に取り組まれた中国生産の多くは、高級・高額品の百貨店向けではなく、手頃な価格帯を構成する総合スーパーに代表される量販店向けが大半であった。このことは、量販店向けの手頃価格帯の縫製加工を手がける岐阜の縫製業が、地域のリーダー[21]の下に大挙して進出していったことに重なる。そうした縫製業に対する商社等の関わりは、縫製加工等の生産面では少ないが、生地供給、貿易業務、金融支援などに及んでいたようである。こうした時代を経る中で、商社等は、次第に生産面に近づき、次なる海外での製品生産事業に主体的に取り組むための条件を整えてきたといえよう。また、少し遅れるものの、百貨店向けのアパレル企業の一部にも、中国生産品の取扱を増やすという動きが現れるなど、急速に海外生産品の時代へと突入するなど、国内縫製業の存立基盤が大きく揺れ動きはじめるのであった。

(2) 商社等による製品生産（OEM）事業時代への突入

続く、90年代中頃から中国での衣料品生産環境は、大きく変化していくことになる。

一つは、生地の現地化が進展していったことがあげられる。衣料品の生地は、天然素材としては、綿織物、綿ニット、毛織物などがあげられるが、量的には合繊織物が圧倒的に多い。90年代、台湾ほかの合繊メーカーが相次ぎ中国に進出することで、中国内での原糸生産、合繊生地生産の品質向上が急速に進む。それを追いかけるべく日本合繊メーカーなども中国進出に踏み出していくことになる[22]。結果、日本向け衣料品の生地の多くが、中国現地生産品へと切り替わっていったのである。こうした生地の現地調達は、2000年代に入り一段と顕著になっていく[23]。もちろん、今なお、中国では生産できない生地が日本から送り込まれているように、すべての生地調達が現地化しているわけではない[24]。

二つは、ローカル資本の縫製業が、独立等により爆発的に設立されてきたことがあげられる。この影響は、日本からの進出を鈍化させるだけでなく、すでに進出していた日系縫製工場の存立に多大な影響を及ぼすことになった。ローカル企業と日系企業のコスト競争力の差は埋めようもなく、日系工場の多くが撤退等を余儀なくされていったのである[25]。先の表1-2によると、02年版（01年時点）で操業していた日系184法人は、次の時代区分である10年代の動向を含んでいるが、16年版（15年時点）で操業を継続していたのは、わずか50法人（27.1%）にすぎない。しかも、継続法人であっても、従業者1,000人規

図1-5　衣料品国別輸入数量の推移

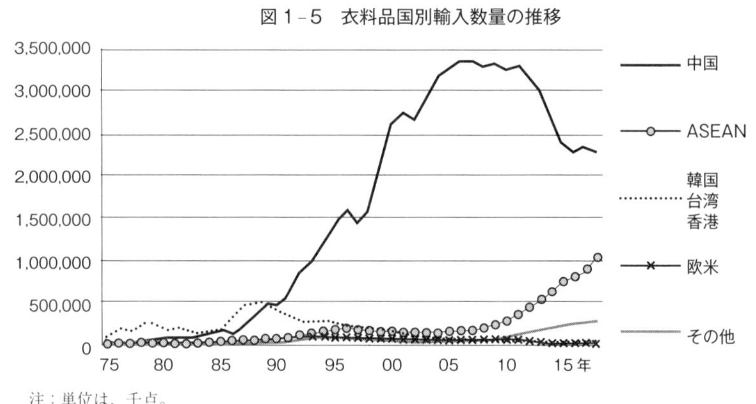

注：単位は、千点。

資料：日本化学繊維協会『繊維ハンドブック』（元データは、「貿易統計」）各年版、より作成。

模の縫製工場はほとんどみられなくなり、百人単位に縮小しているというのが大半のようである[26]。これも、2000年代に顕著になっていった変化といえよう。

三つは、増加するローカル企業の縫製工場を焦点に、日本向けの製品生産が拡大し続けたことがあげられる[27]。その製品生産の中心に位置し、ローカル企業を組織していたのが、商社等の中でも特に総合商社であり、そうした製品生産（OEM）事業の取り組みは、90年代の比較的早い時期であったといわれている。一方、繊維専門商社については、企業によって大きく異なるが90年代においては、いまだ国内と同様に海外事業は生地供給にとどまることが多く、OEM事業に本格的に踏み出すのは2000年代まで待たねばならなかったようである[28]。当時、日本向け製品生産を手がける中国ローカル企業の品質向上は、発注企業かつ管理企業である商社等が製造現場に縫製技術者、生産管理者などを送り込み指導を重ねることで実現できたといっても過言ではない[29]。

四つは、商社等が日本企業の海外進出を支援するだけでなく、自らが主体となった縫製工場、たとえば自社100％資本の縫製工場を設立していくという展開がみられるようになったことがあげられる。数そのものは多くはないものの、商社等の海外製品生産事業が、単なる日本のアパレル企業と海外の縫製業を仲介させるというレベルではないことを象徴する取り組みであると位置づけることができる[30]。

いずれにしても、商社等はそれまでの貿易業務を含めた流通事業、金融事業に加えて、明らかに製品生産事業を、この時期から本格的に取り組んでいったといえるのである。それは、日本市場に投入される海外生産品数量が、国内生産を上回るだけでなく、明らかに凌駕するほどに拡大していったことが理由の一つにあげられる。しかも、海外生産といえば量販店向けが主流であったが、この頃になると専門店向け、さらには百貨店向けなども着実に広がり、製品生産事業の拡大に繋がったといえよう。

さらにいえば、小売市場における消費行動の変革をもたらしているユニクロ等のSPA[31]などの拡大発展により、従来の百貨店向けアパレル企業と百貨店の下でのコスト構造に対する消費者の信頼が打ち砕かれ、その結果海外生産品の市場拡大をもたらしたとの見方もできよう。

そうした国内小売市場の変化を見通した商社等は、OEMに対する国内の事業体制を再構築していくことになる。事実、関西圏、名古屋圏に拠点を構えてきた商社等の多くが、大手アパレル企業をはじめ、多くのアパレル企業、量販店、SPAなどの本社等が立地する東京圏に、製品事業部門の重心を移していったのである。

ところで、こうした中国を焦点とした商社等による製品生産事業を軸とした海外生産の広がりは、アパレル企業の縫製加工に対する管理業務の縮小、撤退だけでなく、企画デザイン部門の縮小に繋がっていくことになるとは驚きの何ものでもない。むしろ、生産面の管理を外部依存することで、企画デザイン面の強化が図れたのではないかと想像したが、現実は逆の方向に向かっていったようである。結果、商社等の製品生産事業はOEMにとどまらず、デザイナーの採用、契約などによる企画デザイン提案を含めてのODM事業に踏み出していくのであった。その理由の一つは、海外生産品の普及に伴う市場価格の大幅低下によるアパレル企業の業績悪化であった。

(3)　チャイナプラスワン時代と商社等の事業展開の行方

こうした商社等の海外製品生産事業をもって、日本の衣料品の海外生産ビジネスをすべて説明できるほど、アパレル産業をめぐる国内外の生産・流通構造は単純ではない。時代は、さらに変化を続けている。ここでは、2010年代、いやもう少し前からの変化と、新たな変化の兆しをみていくことにする。

一つは、チャイナプラスワンという中国生産一辺倒であったことによるカントリーリスクを回避しようとする動きが業界全体に広がってきたことがあげられる。もともと、日本の衣料品生産は、韓国、台湾、さらには香港における縫製加工に基づく海外生産と、タイ、インドネシアを焦点とした日本の原糸メーカーによる原糸生産と生地生産、そしてそれを意識した縫製加工による衣料品生産という流れをみることができる。その意味では、東アジアを視野に入れた繊維産業の海外生産が、ようやく衣料品生産を含めた広域展開に本格的に歩み出したということになる。

しかし、中国リスクを回避するためのチャイナプラスワンの取り組みは、容易ではなく、進出国それぞれが異なった課題を抱えている。それを生産面に限っていうと、ベトナム、ラオス、ミャンマー、カンボジア、フィリピン、バングラデシュなどでは生地の現地調達ができないのに対し、タイ、インドネシアでは日本原糸メーカーからの調達体制が十分ではないものの整っているという違いが指摘できる[32]。

加えて大半が、日系縫製工場[33]のみでは生産力が不足していることもあり、ローカル企業、あるいは中国系、韓国系、台湾系の縫製工場を組織することが条件づけられている。しかし、日系以外の縫製工場の多くは、生産ロットが大きく、日本向けに比べ品質面のチェックが厳しくない欧米向けの衣料品生産を手がけてきたこともあり、商社等の苦労は並大抵のことではないようである[34]。このため、中国回帰と東南アジア等への生産移管が何度も繰り返されるなど、国際レベルの地域戦略の方針が、今なお揺れ動いている。

ところで、こうしたチャイナプラスワンの焦点である東南アジアなどでの品質向上は、縫製工場に任せるだけでは十分ではなく、中国進出時と同様に技術者、生産管理者を派遣するという体制を整えている。ただし、中国進出時代と異なるのは、日本人技術者等を派遣しようにも人材不足により、中国縫製業の中国人技術者を派遣せざるを得なくなってきていることである。確実に、国内縫製業の縮小という問題が、海外生産における技術者派遣に影響している。

二つは、商社等の製品生産事業が、品質、コスト、納期を焦点とした受注競争の時代から、より高度な選択肢を用意した提案の下での受注競争に突入していることがあげられる。たとえば、ある企画デザインの下での製品生産を例にしたとき、これまでもコスト、品質、納期を、生産国、生産工場ごとに提示し、それに基づき、アパレル企業等が最終選択を行うという関係がみられたが、今や、そうした選択肢の提示では十分ではなく、一歩進んだ最も適切なる提案が求められるように変化しつつある。

それは、先のような多くの選択肢を用意した提案は、どこの商社等も同様に行うなど、それだけではアパレル企業等にとって魅力的ではないという時代を迎えているからにほかならない。少なくとも、製品生産の管理等を商社等に依存してきたことで、たとえ、わずかながらデザインは異なっていようとも、ものづくり面では同質の製品しかできあがってこないというように差別化からはほど遠いことをアパレル企業等が意識しはじめたからかも知れない。もちろん、衣料品すべてがそうした段階に踏み込んでいるわけではない。製品によっては、コスト優先であったり、品質優先であったりというように求められる要求は、今なお異なっている。とはいえ、時代は、着実に商社等の競争激化に入り、他社とどう差別化していくかが強く問われはじめていることに間違いはない。

5．商社等の海外製品生産事業の特質

ここまで商社等の海外製品生産事業に焦点を当てながら、日本のアパレル産業の海外展開をみてきたが、その特質は次のように集約することができよう。

一つは、国内生産時代、原糸生産から製品生産に至る取引場面において、特に金融面で関わっていた総合商社、繊維専門商社、原糸メーカー系商社などの商社等が、海外生産時代の高まりとともに、アパレル企業からのOEM・ODMとしての海外製品生産事業を拡大強化し、海外生産の主役に転じてきたことがあげられる。

特に、80年代中頃から取り組まれ、90年代に本格化する中国進出では、アパレル企業、縫製業の海外事業に対する「補完者」から、「生産管理機能」を内部化するなどして「生産者」として衣替えしていくことになる。さらに、日系縫製工場の支援のみならず、ローカル企業等を数多く組織したり、合弁縫製工場、独資縫製工場を主体的に設立するなど、海外を舞台とした日本市場向け製品生産の主役としての確固たる地位を確立してきたのである[35]。

もちろん、大手商社等のみが海外生産を手がけるのではなく、多くの縫製業も大挙して中国進出していったという事実を忘れるものではない。また、国内において縫製部門を備えていたアパレル企業[36]の中国進出も活発に繰り広げられてきたことなどの分析研究は重要であると考えているが、中国における日本向け製品生産の多くが、ローカル企業を焦点とするように変化したことで、日系縫製工場が撤退、縮小に追い込まれていったことにも注目しておきたい。

二つは、わが国の海外生産が中国一辺倒から、チャイナプラスワンへの取り組みに基づきASEAN地域、南アジア[37]へと広がり、さらに現在ではアフリカ[38]が視野に入っていることがあげられる。ただし、中国以外での生産については、生地調達の現地化が難しいケース[39]、技術的な課題を抱えているケース、量産対応に規定されているケースなどがみられるように、中国とは異なる役割が与

えられているようである。また、日本向け生産を手がける縫製工場は、日系縫製業だけでなく、中国、韓国、台湾資本の工場を含めての競争関係に入っていることが指摘できる。時代は、中国での生産を維持する一方、新たな国際的な広がりを伴いながら複雑性を一段と増している。

ところで、今日の中国における日本市場向けの縫製工場の多くは、従業者100人、200人ほどの規模が占めるように変化している。そこで働く縫製工も、人手不足と重なり、ベテランが多くを占めるなど高年齢化しているという[40]。このように、中国での製品生産環境は、日本の小ロット生産に対応できる小規模化に著しく、かつてとは明らかに異なってきている。もちろん、今なお中国において、数千人規模の縫製工場も存在するが、それらは欧米アパレル企業向けとか、日本企業向けではユニクロなどの量産品を手がけているようである。

いずれにしても、こうした実態分析を積み重ねることが、わが国の繊維産業・アパレル産業の生産・流通構造変化を明らかにするだけでなく、今後の発展に向けての示唆を得ることに繋がると考えている。特に、これまで生産管理、生産技術面を強化しOEM、ODMを拡大してきた商社等の海外製品生産事業の展開が、次代の中でどのように変化し、それがわが国の繊維・アパレル産業の生産・流通構造にどのように影響していくかを見通すことは極めて重要であるといえよう。

注

1 「貿易統計」の衣類のみの金額。付属品は除いてある。
2 本章1.（2）で推計している。
3 「工業統計表・品目編」において、出荷数量が㎡表示されている品目の合計。
4 第2章で、推計している。
5 ここでは、客観性に乏しいものの、日本の海外衣料品生産のうち、OEMがどれほどでの割合を占めているかを推計しておくことにする。2017年の貿易統計による衣類の輸入額は、約2.7兆円である。これに対し、総合商社、繊維専門商社、合繊メーカー系商社を含めた企業の上位10社で、1.1兆円前後、11－20位で0.4－0.5兆円ほど、OEMメーカーを含めた30位以下で0.1－0.2兆円とすると、合計で1.6－1.8兆円と推計できる。これは、先の2.7兆円の59－67％を占めていると試算できる。
6 この推計方法は、本書の共著者である奥山雅之氏の提案に基づいている。
7 衣料品の輸入数量は、90年9.7億点、2018年38億点ということを踏まえてみても妥当な水準である。
8 ちなみに、ここでの金額表示は、物価等の変動を加味することなく、生データに基づいている。したがって、70年代、80年代の金額については、それぞれの時期における物価等の変動を理解し、量的な推移をイメージしておくことも重要である。
9 もちろん、欧米の高級ブランド品あるいは欧米SPA店舗への輸入も一定程度認められるが、その割合はわずかでしかない。

10　縫製業間の外注（下請）取引は、時代によって大きく異なっている。バブル経済期までは、拡大生産が続いていたこともあり、外注利用は活発であったと考えられる。しかし、バブル経済崩壊後は、仕事量の減少を背景に、外注利用から内製化へと転じた。それゆえ、加工賃が製造品に含まれる割合は、たとえば前者が3割で、後者が1割程度というように減少したと推測することができよう。

11　ただし、総合商社、繊維専門商社については、生地取引よりも製品売上が上回っているケースが大半であり、産業分類によるデータ集計では、生地取引の金額が低く抑えられる傾向にあると考えられる。

12　岩崎（2017）pp.56-57。

13　業界では、アパレル企業、量販店などの誰が、生産数量最終決定者であり、その数値に責任を持つかの議論が重ねられてきた。そうした点は、「繊維産業流通構造改革推進協議会」（2017年5月1日訪問）で当事者企業を交えて適正化を図る努力が積み重ねられている。

14　ただし、繊維専門商社及び総合商社の生地部門は、独立した事業所を構成しているケースもあるが大半は、製品部門が売上的に大きく上回っている企業が多く、ここでの「織物卸売業」に含まれるケースは、稀ではないかと考えている。

15　織物等の生地生産については、第2章で取り上げている。

16　衣料品生産の9割前後が海外生産であるのに対し、百貨店アパレルでは、国内生産の割合が相対的に高い。たとえば、イトキン（2017年8月7日訪問）では百貨店向けでは40%、うちミセス物は、50－60%、量販店向けは大半が海外、三陽商会（2017年8月8日訪問）では金額ベースで40%、数量ベースで30%国内生産であった。

17　藤田（1973）、富澤（2018）、が有益である。

18　東棉（1960）p.222、鐘紡（1988）pp.611-616、富澤（2018）pp.83-111、に詳しい。

19　東洋棉花の香港展開については、詳細なデータは確認できていないが、拠点を構えたこと、また香港縫製業を組織しての衣料品生産に踏み出していったことを豊通ファッションエクスプレスから聞き取ることができた（2018年9月27日訪問）。

20　板木（1984）p.367。

21　サンテイのリードの下に、30－40企業、120－130工場が相次いで進出、設立されたようである（岐阜婦人子供服工業組合、2017年7月14日訪問）。

22　東レ（2018）pp.506-507。

23　中国における日本向け製品生産（縫製加工）の生地については、90年代中頃までは、日本から輸出していた。これは、中国で調達できる生地の品質上の問題や、日本製生地を使っての製品輸入の関税の優遇処置（暫定8条）が背景にあるが、90年中頃以降は、安価で品質が向上した中国製の生地が採用されていくことになった。

24　中国で生産されていない生地を輸出するとか、アパレル企業の要望というケースが多いようである。

25　先に岐阜から中国に進出した企業（30－40社）と設立された工場のうち、現在残っているのは、中国以外にも展開できる力を備えている縫製業のみである。その数は、5－6社ほどである。他は、撤退を余儀なくされ、事業継続が困難になっている。

26　こうした中国における縫製工場の規模がかつてとは比べられないほど小さくなっているのは、日系のみでなくローカル企業も同様である。ただし、ローカル企業は大きく二つに分かれる。国有企業系の縫製業や欧米向け量産品を手がける工場は、千人単位を今なお維持している一方、独立創業により設立された企業は、百人単位にとどまっているケースが多い。

27　商社等が組織する中国ローカル縫製工場は、それぞれピーク時には主力工場が百工場弱、総数では数百工場数えていたという（伊藤忠商事は、2017年1月24日と2月17日、日鉄住金物産は、2016年12月20日訪問）。

28　とはいえ、現実の商社等の海外展開の取り組みは多様であり、繊維専門商社のモリリンは、90年にインドネシアの協力工場に夏物ワンピースを現地生地を使って生産開始した。92年には、中国で生産開始した（モリリン（2003）pp.144-145、2018年3月20日訪問）。

29　現在の中国ローカル企業の縫製技術レベルは、日本と比べ遜色ないといわれている。しかし、今日でもその製造現場で日本から派遣された技術者が監視を続けていることは、そうした監視なくしては品質維持が難しいという現実にも留意しなければならない。ただ、2000年代に求められていた品質要求と現在のそれとは、比べようもないほど高くなるなど、常に要求が高くなり続けているということも忘れてはならない。また、中国は、チャイナプラスワン地域に比べると遙かに高い技術力を備えるが、縫製従事者の年齢層が、年々高くなっていることが懸念材料として指摘されている。

30　たとえば、『海外進出企業総覧・国別編』2002年版と2016年版によると、中国において独資で縫製工場を展開していた商社等は、住友物産、双日、日鉄住金物産、タキヒヨーなどである。

31　SPA（specialty store retailer of private label apparel）とは、製造小売業といわれるが、時代とともに変化する事業内容を考慮すると、そうした定義にこだわることなく、今日の小売業あるいは卸売業が、どのような機能を備えているかの分析がより重要であると考えている。

32　これら地域の縫製技術のレベルは、中国と比べるとかなり低いようであるが、その一方で自動化設備などを積極的に導入した生産体制を整えているようである。従事者の技能の向上をカバーするための自動化というように位置づけることができる（イトーヨーカ堂、2017年8月31日訪問）。

33　チャイナプラスワンで存在感を示している企業としては、「アジアアパレルものづくりネットワーク」の会員企業があげられる。小島衣料、サンテイ（2017年7月13日訪問）、奥田縫製、ロックス（2017年6月30日訪問）をはじめ、縫製以外の企業を含めて、31社の会員で構成されている。

34　こうした商業資本の商社等に対して、生産者である縫製業による東アジア展開は、縫製技術の優位性を背景に、国内を越える高品質の製品生産を実現するなどの成果をあげている企業も散見される。東京では、昭島の昭和インターナショナル（2019年11月1日訪問）、八王子の美ショウ（2019年11月14日訪問）、あきる野市のサンプリーツ（2019年11月28日訪問）などの展開は、従来の国内外生産の構図を大きく超えている事例といえよう。

35　日本のアパレル企業、縫製業の多くは、それが大手といえども、海外事業を展開するという点での人材とか、海外市場を踏まえた経営であるとか、また資金的な余裕という点で、自らが全面的に取り組むには、乗り越えなくてはならない壁が多かったようである。それが商社が脇役から主役へと転じた理由の一つでもある。

36　アパレル企業の大半は、自社では縫製工場を持つことなく、外注としての縫製工場を組織して製品生産をしていたが、一部の大手アパレル企業では、国内に自社縫製工場を構えている例もみられる。イトキン、三陽商会、ダーバンなどが知られているが、紳士服とか学生服等については、自社縫製工場を構えるのが一般的であった。

37　バングラデシュ、インドなどを指す。

38　ユニクロは、2018年中にもエチオピアで試験生産を始めるという（日本経済新聞、2017年12月27日付）。また、中国、台湾などの縫製業では、ASEANで展開する生産ロットよりも、さらに大きなロットについては、中国の10分の1の人件費のケニア、ザンビアに進出している例もあるという（ティーオーの李社長より、2017年10月20日訪問）。

39　中国以外で生地調達が可能なのは、早くから原糸メーカーが進出していたインドネシア、タイなどである。

40　中国では、賃金の高い他の産業の工場に人手が吸い寄せられ、縫製工場には人が集まらないという状況に陥っていく。まさに日本と同じような道を歩んでいる。

第2章

わが国における生地生産の拡大と縮小の構図

わが国における織物、ニットからなる生地生産が、縮小基調から脱することができずにいる。事実、織物製生地の生産数量（面積ベース）は、「繊維統計（生産動態統計調査）」によると、1970年前後には、70億㎡を超えていたが、2017年には、10億㎡（公表値、著者の推計[1]では、17年15億㎡強）にまで落ち込んでいる。また、ニット生地も、「工業統計」でみると、70年代、80年代を通じて変動幅は大きいものの25万トン前後で推移していたが2000年代後半からは10万トン（推計できず）を割り込むことが多くなっている[2]。

この点、生地産地を対象とした生産・流通構造変化の詳細かつ特定テーマ別の分析については、本書第Ⅱ部に譲ることとし、本章では国内の生地生産をめぐる生産面と流通面の特質を、次の二つの視角から整理しておくことにする。

一つは、国内における生地生産がどのような時代背景の下で拡大、縮小してきたかを生産数量の推移によって理解しておきたい。この場合、織物生地については、「繊維統計（生産動態統計調査、織物月報、繊維統計年報などとして公表）」と「工業統計」の二つの調査対象に基づく捕捉率を考慮し、「繊維統計」に推計値を加えながら、全体的な生産数量の推移を提示しておくことにする。ただし、分析の対象としては、国内各地における生地産地の集積状況を理解するに足りる90年代までを主として、その後については概観しておくにとどめておきたい。

二つは、全国の生地産地の拡大発展期において形成された生産・流通構造の特質について、縮小期における産地内商業資本の事業展開などに焦点を当てた特定産地の分析を通じて理解していくことにする。

１．統計データからみた国内生地生産と輸出量の変化

まず、はじめに国内の繊維生産を一次製品としての「織物生地」「ニット生地」に焦点を当てながら、都道府県レベルで理解するとともに、生地輸出などの推移についても概観しておくことにする。

(1) 織物生産数量の推移と調査対象変化に伴う生産数量の推計

図２-１は、「繊維統計（生産動態統計調査）」に基づいた、わが国の織物生産数量の推移を示している。これによると、1957年には戦前のピークであった37年の57億㎡を上回り、そして60年から86年に至る期間ではほぼ60億㎡を超える生産数量を誇っていたが、87年に60億㎡を割り込み、93年に40億㎡台に、95年に30億㎡台へと落ち込んでいることが認められる。

その後も、減少を続けるが、その生産数量は、繊維統計の捕捉率の低下を背景に、公表データが急速に実際の生産数量から乖離していくことになる。それを示しているのが、表２-１である。いうまでもなく、わが国において製造業を対象とした主要統計は、長年にわたって年単位での全数調査が実施されて

図２-１　織物生地の生産数量の推移（公表値と推計値）

注：単位は、千㎡。調査対象は、業種別に、図２－２の注に示したとおりである。しかし、繊維統計と工業統計の従業者数を比較すると、72年以降従業者９人以下の裾切り調査であるにもかかわらず、90年過ぎまで、ほぼ全数調査が行われていたことが推測できるなど、不明な点が多い。なお、推計値については、表２－１に基づいてプロットしている。

資料：『繊維統計年報』『繊維・生活用品統計年報』『生産動態統計調査 繊維・生活用品統計編』各年版、『工業統計表・産業編』各年版、より作成。

表 2-1　織物生地の国内生産と輸出と国内消費（国内生産の推計を含めて）

			1990	1995	2000	2003	2005	2008	2010	2017
国内生産	繊維統計の生産数量	①	5,587,170	3,803,591	2,644,976	2,031,182	1,837,167	1,553,767	982,553	1,022,498
	捕捉率（従業者数・対工業統計）	②	99.0	98.2	87.1	89.3	87.8	78.2	32.8	32.8
	捕捉率の軽減値（小規模考慮）	③= 100 −（100 −②）／2	99.5	99.1	93.5	94.6	93.9	89.1	66.4	66.4
	補足率②による推計値	④=①／② ＊ 100	5,645,633	3,872,419	3,037,710	2,275,324	2,093,094	1,985,725	2,995,588	3,117,372
	捕捉率③による推計値	⑤=①／③ ＊ 100	5,616,250	3,837,697	2,827,772	2,146,333	1,956,798	1,743,388	1,479,748	1,539,907
輸出貿易統計		⑥	1,909,143	1,532,740	1,591,377	1,380,407	1,290,678	1,147,816	902,223	828,425
国内消費	元データに基づく消費数量（上限）	⑦=①−⑥	3,678,027	2,270,851	1,053,599	650,775	546,489	405,951	80,330	194,073
	同上の国内消費比（上限）	⑧=⑦／① ＊ 100	65.8	59.7	39.8	32.0	29.7	26.1	8.2	19.0
	推計下限値に基づく消費推量	⑨=⑤−⑥	3,707,107	2,304,957	1,236,395	765,926	666,120	595,572	577,525	711,482
	同上の国内消費比（下限）	⑩=⑨／⑤ ＊ 100	66.0	60.1	43.7	35.7	34.0	34.2	39.0	46.2

注：単位は、千㎡、%。捕捉率③は、人数の差の影響を 1/2 として求めたものである。推計の下限値となる。
資料：『繊維統計年報』『繊維・生活用品統計年報』『生産動態統計調査 繊維・生活用品統計編』各年版、『工業統計表・産業編』各年版、より作成。

表 2-2　繊維統計と工業統計による捕捉率算出データ

			1990	1995	2000	2003	2005	2008	2010	2017
繊維統計	生産数量		5,587,170	3,803,591	2,644,976	2,031,182	1,837,167	1,553,767	982,553	1,022,498
	従業（事）者数		139,528	91,514	53,528	44,086	38,010	32,046	11,317	8,932
	捕捉率		99.0	98.2	87.1	89.3	87.8	78.2	32.8	32.8
工業統計	従業者数	合計	140,988	93,170	61,476	49,385	43,305	40,955	*34,475*	*27,229*
		10 人以上	65,971	42,585	28,315	23,698	20,646	21,097	16,526	15,728
		4-9 人	29,916	18,400	12,007	8,965	7,984	7,501	5,665	3,657
		1-3 人	45,101	32,185	21,454	16,722	14,675	12,357	12,284	7,844
	製造品出荷額等	合計	1,783,025	1,152,446	738,397	581,721	495,886	504,607	*354,493*	*289,475*
		10 人以上	1,361,701	869,777	551,228	450,947	380,983	394,527	277,391	212,834
		4-9 人	276,112	182,771	121,984	81,831	72,343	71,132	49,771	41,509
		1-3 人	145,212	99,898	65,185	48,943	42,560	38,948	27,331	35,132
		うち、加工賃収入	290,030	211,620	146,276	128,091	104,910	96,770	59,707	60,230

注：単位は、千㎡、人、%、百万円。2010、17 年の「1 − 3 人」（斜字）は、工業統計による推計値である。
資料：『繊維統計年報』『繊維・生活用品統計年報』『生産動態統計調査 繊維・生活用品統計編』各年版、『工業統計表・産業編』各年版、より作成。

きた「工業統計」と、毎月の生産変動を迅速に把握することを目的とした「各種月報（繊維統計）[3]」をあげることができる。両統計における織物業の従業者数を、90年、95年の工業統計を100としたとき、繊維統計は99.0、98.2というように、ほぼ両者は重なっている。それが、2000年87.1、03年89.3、05年87.8、08年78.2と徐々に乖離しはじめ、10年、17年ではともに32.8という大きな差をみせている。

こうした繊維統計の90年代の捕捉率の高さと、2000年代以降の低さの背景を、正確に指摘することはできないが、次のように理解することもできよう。

まず90年代までの捕捉率の高さについては、本来、繊維統計の織物業の調査対象は、72年以降「従業者９人以下」の裾切り調査であり、工業統計を大きく下回ることが予想されるが、調査集計を業界組合に委託することが一般的であったことから、調査対象の大臣指定枠で捕捉され続けてきたことが背景にあるのではないかと推測している[4]。

他方、2000年代の捕捉率の大幅低下については、生産減とともに、組合からの脱退、組合自体の解散など業界組織をめぐる環境変化と、工業統計の「従業者数１－３人」をめぐる調査対象取り扱いの変化[5]など、小規模企業をめぐる統計上の調査環境が劇的に悪化してきたことが影響していると考えられる。ただし、これらは、あくまでも著者の推測の域を出るものではないことを断っておきたい。

さて、図２-1、表２-1、２は、生産数量が実態から徐々に乖離しはじめる2000年以降の生産数量の「推計値」の算出方法と考え方を示したものである。ここでの「推計値・上限」は、従業者数のみの比較による捕捉率②に基づいての推計、「推計値・下限」は調査対象外と重なる小規模企業の生産性（試算では、およそ1/4程度となる。なお、数値は捕捉率で変化する）を考慮して推計である。図２-1を眺めると、「推計値・上限」を採用すると、10年、17年の生産数量が08年を大きく上回ることもあり、緩やかな推移を示している「推計値・下限」を採用しておくことにする。

こうした推計に基づく生産数量は、05年20億㎡弱、08年17億㎡、10年15億㎡弱、17年15億㎡強となる。ちなみに、ここでの「推計値・下限」を用いての織物製品の国内消費割合は46.2％、輸出割合は53.8％と試算することができる。

(2) 製品（品目）別織物生地の生産数量の推移

次に、織物生産の推移を製品（品目）別にみてみよう。なお、先に織物生産の全体については、捕捉率の低下を理由に推計値を提示したが、ここでの製品（品目）別では、従業者数が工業統計では産業別、繊維統計では製品（品目）別に公表されており、異なるデータに基づき推計することは適切ではないとの判断により、推計値を提示することを断念している。とはいえ、実際の生産数量は、製品（品目）別でも、公表値を上回っていることは理解しておく必要がある。

図2-2によると、戦前における織物生産は、圧倒的に「綿織物」によって占められていた。その需要の大半は、衣料用であった。戦後も同様に「綿織物」が60年代まで最大生産量を誇り、また綿織物産地で生産される「スフ織物」も50年代後半から60年代を通じて10億㎡前後に達していたことが認められる。この綿・スフ織物については、産地が全国に広がっていることが知ら

図2-2　製品別織物生地の生産数量（推計なし）の推移

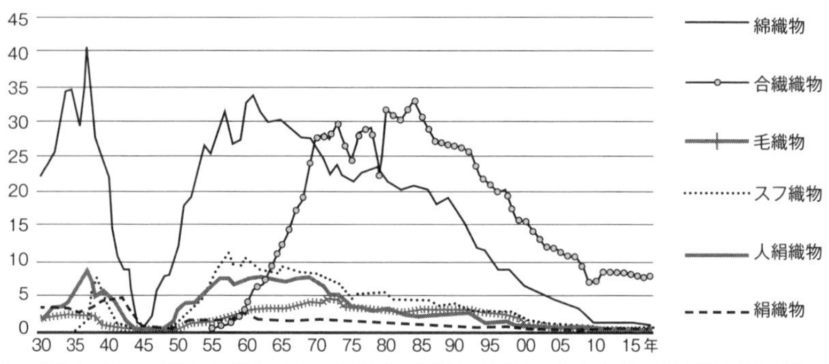

注：単位は、億㎡。調査対象等は、1952年以前が全事業所、52年4月から55年12月が標本調査（綿スフ織機20台以下抽出率1/10、絹人絹10台以下抽出率1/10、毛5台以下抽出率1/10）。56年から71年までが、それぞれ織機台数以下は同様で、抽出率が1/20に変更した標本調査。72年以降は、従業者10人以上、及び大臣指定、2以上の事業所を有する企業を調査対象とし、それ以下は裾切りされている。したがって、72年以降については、原則とおりであれば、実際の生産数量を下回ることになる。なお、合繊織物は、長繊維が絹人絹に、短繊維が綿スフの調査対象基準が用いられている。ただし、実際の調査対象は、大臣指定での組合一括で調査されることも多く、これらとは一致しない。

資料：『繊維統計年報』『繊維・生活用品統計年報』『生産動態統計調査 繊維・生活用品統計編』各年版、より作成。

れている。とりわけ、大量生産品について、紡績業によるチョップ品等[6]に象徴される産地の組織化[7]が、産地内外の商業資本を基軸に展開されていたことに注目しておきたい。

一方、高級品・高額品の絹織物については、西陣、丹後、桐生など多くの著名な産地を数えることができるが、生産数量からみると多くて2億㎡強にとどまっていた。ただし、生産数量は少なくとも、金額的には、絹織物のウェイトが大きく跳ね上がることはいうまでもない。

さて、戦後、飛躍的な生産拡大がみられるのが、衣料品のみならず多種多様な用途に広がる合繊織物である。60年代に入ると急角度で生産量は増え続けるが、その一方で韓国、台湾の追い上げにより生産量は伸び悩むことになる。しかし、80年代には新合繊の開発などもあり、30億㎡台に達する。その後、プラザ合意後の円高を背景に、生産数量は84年の33億㎡をピークに縮小基調に入り、86年には30億㎡を割り込み、96年には10億㎡台へ、09年には10億㎡も割り込むことになる。

この合繊織物については、長繊維合繊織物では福井、石川を中心とする北陸産地や、各地の絹、人絹産地などで生産されていた。とりわけ、北陸産地については、合繊メーカーの系列体制の下でのチョップ品、また総合商社等の企画品などが、大規模、中規模機業を中心に組織され大量に生産されていた[8]。また、合繊織物は、たとえば和装絹織物産地である丹後においては、丹後ちりめんの技術的系譜の下での服地、風呂敷用の合繊ちりめんが生産されるなど、個性的かつ多様な合繊織物が国内各地で手がけられていったのである[9]。

他方、短繊維合繊織物については、紡績糸[10]ということもあり、紡績業の影響下（系列等）にある綿織物産地での生産というのが一般的な姿であったようである。ただし、合繊織物や綿織物などの統計的な分類は、混紡や混織において、割合の高い素材に分類された結果にすぎず、各種織物には合繊糸が織り込まれているケースが少なくないことに留意しなければならない。

(3) 1990年代までの織物製品（品目）別の生産上位都道府県の推移

次に、国内の織物生産を産地別に理解するのではなく、都道府県単位で生産数量と国内シェア（構成比）の推移を、1960年、70年、80年、90年、98

年を取り上げみていくことにする。98年を最後にしているのは、99年以降の『繊維統計年報』には、都道府県別の生産数量が公表されていないことが最大の理由である[11]。

また、これらの年の数値をみることで、都道府県別の生産数量の変遷等だけでなく、生産量の大幅減となっている今日を理解する手がかりを得ることにも繋がると考えているからにほかならない。ただし、この後の20年の変化は激しく、現在に至っては、都道府県レベルというより、国内産地個々を眺めても、限られた産地と、産地とは名ばかりでわずかな企業のみが存続しているという状況下にあることを念頭に置きながら、90年代までの生産実態をみていくことにする。

①綿織物

綿織物の都道府県別生産上位の推移については、次の点に注目しておきたい。

一つは、掲載している「年」すべてにおいて、「愛知」が最大であることである。事実、70年、80年、90年を通じて全国の3割前後を占めるなど圧倒的な綿織物地域であったといえよう。愛知は、古くから綿花の生産地であるとともに、「三河木綿」と呼ばれる伝統的な織物産地であり、多くの産地を擁していたことが、こうした結果に繋がっているのではないだろうか。現在、愛知は、全国組織である日本綿スフ織物工業組合連合会[12]に加入している産地組合が、19組合のうち5組合を数えるなど、かつての綿織物生産拠点としての姿を今なお残しているように思える。ちなみに、加入組合は、知多綿スフ織物構造改善工業組合[13]、三州綿スフ織物構造改善工業組合[14]、尾州綿スフ織物工業組合[15]、尾北綿スフ織物工業組合[16]、江南綿スフ織物工業組合[17]である。これらの組合員の製品分野は、かつての三河木綿というのではなく、産業資材、家庭用、衣料用と様々な分野に広がっていることが認められる。

ところで、著者は、愛知の綿織物といえば、蒲郡を思い浮かべるが、先の連合会に加入していた産地組合の一つである構造改善事業の下で組織された三河綿スフ織物構造改善工業組合は解散し、脱退に至っているが、もう一つの協同組合法に基づく三河織物工業協同組合[18]は、現在も活動中である。ただし、衣料用の三河木綿ではなく、カーテンほかが圧倒的に占めているというように、

表２-３　綿織物の都道府県別の生産数量の上位の推移

順位	1960			1970			1980			1990			1998		
	都道府県	千㎡	構成	都道府県	千㎡	構成	都道府県	千㎡	構成	都道府県	千㎡	構成	都道府県	千㎡	構成
1	愛知	821,036	27.5	愛知	764,650	32.6	愛知	704,666	32.0	愛知	519,258	29.4	愛知	178,417	21.2
2	大阪	729,885	24.5	大阪	486,137	20.7	大阪	494,392	22.5	大阪	323,840	18.3	兵庫	163,343	19.4
3	静岡	366,903	12.3	静岡	259,075	11.0	静岡	245,034	11.1	兵庫	189,140	10.7	大阪	142,123	16.9
4	兵庫	215,905	7.2	兵庫	224,680	9.6	兵庫	139,578	6.3	静岡	182,061	10.3	静岡	83,529	9.9
5	愛媛	113,459	3.8	岡山	65,886	2.8	岡山	92,984	4.2	岡山	94,180	5.3	島根	52,275	6.2
6	岡山	112,325	3.8	富山	64,800	2.8	島根	67,288	3.1	島根	72,929	4.1	岡山	36,003	4.3
7	三重	67,158	2.3	島根	51,678	2.2	富山	58,297	2.6	富山	58,125	3.3	熊本	34,975	4.2
8	富山	54,932	1.8	滋賀	51,079	2.2	滋賀	56,756	2.6	徳島	37,997	2.2	徳島	29,081	3.5
9	滋賀	52,941	1.8	埼玉	34,542	1.5	佐賀	43,056	2.0	佐賀	28,397	1.6	富山	27,641	3.3
10	広島	50,837	1.7	奈良	33,477	1.4	熊本	37,702	1.7	滋賀	25,579	1.4	滋賀	15,305	1.8
	ほか	396,013	13.3	ほか	312,875	13.3	ほか	262,245	11.9	ほか	233,712	13.2	ほか	79,583	9.4
合計		2,981,394	100.0		2,348,879	100.0		2,201,998	100.0		1,765,218	100.0		842,275	100.0

注：2018 年の国内生産数量は、106,946 千㎡（捕捉率低下を補正した推計なし）。60 年比、3.6％。
資料：『繊維統計年報』各年版、より作成。

これまた生産環境の変化を伺わせる製品構成にある。

二つは、２位から４位の３府県が順位を変えながらも上位に位置していることがあげられる。60 年時点では、「大阪」「静岡」「兵庫」の順であったが、98 年時点では、「兵庫」「大阪」「静岡」の順に変わっている。これらを先の連合会加盟組合でいうと、「兵庫」では輸出用の綿織物を手がけていた西脇を中心とした播州織工業組合[19]、「大阪」では泉州織物構造改善工業組合[20]、大阪南部織物構造改善工業組合[21]、「静岡」では遠州綿スフ織物構造改善工業組合[22]、浜松織物協同組合[23]、天龍社綿スフ織物構造改善工業組合[24]などが、今なお加入している。

三つは、順位としては 60 年以降、6、5、5、5、6 位と推移している「岡山」があげられる。ウェイト的には、90 年、98 年で 4％強といったところである。現在、岡山県織物構造改善工業組合[25]と備中織物構造改善工業組合[26]が連合会に加盟している。前者は、デニム、帆布などに対して、後者はデニム生産に特徴づけられる産地である。なお、98 年までの上位県には登場しない「広島」が、現在では岡山とともにデニム産地としての生産展開を進めていることがあげられる。先の加入組合としては広島県織物構造改善工業組合[27]である。

とはいえ、表に注記したように、2018 年の綿織物の生産数量は、106,946 千㎡（推計せず）であり、60 年比でわずか 3.6％に落ち込むなど、生産低迷とかで表現できないほどの構造変化が、国内各地の綿織物産地で起こったことが想像できよう。今日、その生産規模は縮小したといえども、産地として存続し、様々な生き残り策を講じている点に注目していきたい。

②スフ織物

スフ織物については、先の綿織物産地に多くが重なるが、「愛知」の構成比が、圧倒的であるという一言に集約することができる。とりわけ、産業資材等の生産に関わる企業によって組織されている「三州綿スフ織物構造改善工業組合」に象徴されるように、非衣料分野での事業展開に特徴づけられるといってよいだろう。

ちなみに、2018年の生産数量は、わずか5.3%（推計せず）であり、先の綿織物を含めて考慮すると、国内各地の綿スフ織物産地の疲弊がどれほどのものであったかが理解できよう。

③毛織物

ここでの毛織物[28]についても、最大というよりも圧倒的な構成比を示しているのが「愛知」である。とりわけ、80、90、98年は、6割強から7割強というように他の追随を許してはいない。第2位に「岐阜」が位置しているが、これ

表2-4　スフ織物の都道府県別の生産数量の上位の推移

順位	1960			1970			1980			1990			1998		
	都道府県	千㎡	構成	都道府県	千㎡	構成	都道府県	千㎡	構成	都道府県	千㎡	構成	都道府県	千㎡	構成
1	愛知	274,954	31.9	愛知	309,693	45.7	愛知	336,051	61.5	愛知	264,726	61.6	愛知	181,951	66.5
2	大阪	236,764	27.5	大阪	155,655	23.0	大阪	76,948	14.1	大阪	49,087	11.4	大阪	39,487	14.4
3	兵庫	88,259	10.3	奈良	52,539	7.7	岐阜	30,433	5.6	岐阜	27,301	6.4	岐阜	14,112	5.2
4	奈良	34,050	4.0	岐阜	31,589	4.7	栃木	15,863	2.9	福井	17,006	4.0	栃木	7,700	2.8
5	岡山	29,925	3.5	兵庫	22,696	3.3	京都	13,699	2.5	栃木	14,086	3.3	京都	6,413	2.3
6	岐阜	27,528	3.2	京都	17,107	2.5	福岡	12,272	2.2	静岡	11,613	2.7	福井	4,903	1.8
7	福井	19,426	2.3	栃木	16,178	2.4	熊本	10,582	1.9	岡山	9,006	2.1	静岡	1,035	0.4
8	愛媛	16,279	1.9	福岡	12,715	1.9	静岡	8,499	1.6	京都	7,116	1.7	石川	904	0.3
9	栃木	12,751	1.5	埼玉	9,233	1.4	兵庫	8,276	1.5	富山	4,381	1.0	群馬	463	0.2
10	埼玉	12,219	1.4	福井	8,972	1.3	岡山	8,121	1.5	福岡	4,089	1.0	滋賀	196	0.1
	ほか	108,571	12.6	ほか	41,799	6.2	ほか	25,478	4.7	ほか	21,365	5.0	ほか	16,263	5.9
合計		860,726	100.0		678,176	100.0		546,222	100.0		429,776	100.0		273,427	100.0

注：2018年の国内生産数量は、45,527千㎡（捕捉率低下を補正した推計なし）。60年比、5.3%。
資料：『繊維統計年報』各年版、より作成。

表２-５　毛織物の都道府県別の生産数量の上位の推移

順位	1960			1970			1980			1990			1998		
	都道府県	千㎡	構成	都道府県	千㎡	構成	都道府県	千㎡	構成	都道府県	千㎡	構成	都道府県	千㎡	構成
1	愛知	139,325	44.0	愛知	98,047	38.1	愛知	198,610	67.5	愛知	247,088	73.8	愛知	159,188	74.8
2	岐阜	39,765	12.6	岐阜	63,546	24.7	岐阜	40,914	13.9	岐阜	43,757	13.1	岐阜	29,000	13.6
3	三重	10,329	3.3	静岡	32,109	12.5	静岡	16,958	5.8	三重	15,765	4.7	三重	10,123	4.8
4	兵庫	8,898	2.8	三重	12,430	4.8	兵庫	12,865	4.4	兵庫	12,859	3.8	大阪	1,398	0.7
5	群馬	4,716	1.5	兵庫	9,556	3.7	三重	10,118	3.4	静岡	3,632	1.1	山梨	1,142	0.5
6	東京	4,341	1.4	大阪	8,483	3.3	大阪	5,551	1.9	大阪	3,626	1.1	京都	946	0.4
	ほか	109,010	34.5	ほか	33,089	12.9	ほか	9,176	3.1	ほか	8,208	2.5	ほか	11,065	5.2
合計		316,384	100.0		257,260	100.0		294,192	100.0		334,935	100.0		212,862	100.0

注：2018年の国内生産数量は、25,364千㎡（捕捉率低下を補正した推計なし）。90年比、7.6％。
資料：『繊維統計年報』各年版、より作成。

は行政区域の違いにすぎず、地域的には一つの地域として理解することができる。

ちなみに、現在の毛織物の全国組織は、愛知県一宮市に所在する「日本毛織物等工業組合連合会」であり、加入組合は「尾西毛織工業組合（一宮市、組合員61）」、「尾北毛織工業組合（一宮市、組合員14）」、「津島毛織工業組合（津島市、組合員61）」、「名古屋毛織工業組合（名古屋市、組合員９）」が愛知県で、残り１組合が「岐阜県毛織工業組合（羽島市、組合員８）」という構成である。

今日なお、毛織物については、尾州、尾西地区、一宮とかといわれるように圧倒的な位置にあるが、かつての生産規模からすると厳しい状況が続いている。

④合繊織物

1970年以降、合繊織物の生産数量が綿織物を上回り、現在に至るまで国内生産数量の多くを占め続けている。その生産拠点は、長らく合繊メーカーの系列体制に組み込まれてきた「福井」「石川」などの北陸産地が突出している。合繊織物のうち、長繊維織物については、８割強が北陸産地で生産されてきた。しかし、大量生産の合繊織物は、最先端の機能性など特殊生地を除いた大半が、海外生産の時代に突入し、これら産地においてすら、量的対応は極めて例外的になっている[29]。

次に、「愛知」が第３位（70年以降）に位置している点が注目される。その

表2-6　合繊織物の都道府県別の生産数量の上位の推移

順位	1960			1970			1980			1990			1998		
	都道府県	千㎡	構成	都道府県	千㎡	構成	都道府県	千㎡	構成	都道府県	千㎡	構成	都道府県	千㎡	構成
1	福井	69,541	18.0	福井	495,880	20.1	福井	730,509	23.1	福井	754,892	28.3	福井	505,995	29.0
2	石川	59,574	15.5	石川	395,298	16.0	石川	658,835	20.9	石川	526,694	19.7	石川	388,434	22.3
3	大阪	37,902	9.8	愛知	289,657	11.7	愛知	406,236	12.9	愛知	324,817	12.2	愛知	197,317	11.3
4	愛知	36,066	9.4	静岡	188,421	7.6	兵庫	234,910	7.4	大阪	167,957	6.3	富山	103,170	5.9
5	岡山	32,641	8.5	兵庫	157,497	6.4	静岡	231,308	7.3	静岡	156,583	5.9	大阪	92,408	5.3
6	山梨	20,468	5.3	岡山	145,342	5.9	大阪	168,755	5.3	新潟	120,195	4.5	新潟	78,120	4.5
7	滋賀	19,153	5.0	大阪	138,121	5.6	新潟	133,797	4.2	兵庫	108,816	4.1	滋賀	55,940	3.2
8	新潟	16,383	4.3	新潟	83,646	3.4	岡山	112,165	3.6	富山	91,497	3.4	静岡	42,085	2.4
9	岐阜	14,184	3.7	富山	82,509	3.3	富山	70,339	2.2	滋賀	76,307	2.9	茨城	30,836	1.8
10	広島	13,400	3.5	岐阜	73,965	3.0	岐阜	51,155	1.6	岡山	43,777	1.6	岡山	24,442	1.4
11	富山	13,169	3.4	滋賀	68,683	2.8	滋賀	47,393	1.5	茨城	30,565	1.1	兵庫	18,927	1.1
12	徳島	11,542	3.0	愛媛	47,588	1.9	三重	29,901	0.9	奈良	23,478	0.9	岐阜	18,625	1.1
13	愛媛	5,744	1.5	広島	47,324	1.9	広島	28,743	0.9	福島	22,105	0.8	栃木	14,779	0.8
14	埼玉	5,155	1.3	福島	32,845	1.3	茨城	24,200	0.8	京都	19,403	0.7	山形	14,078	0.8
15	栃木	4,928	1.3	三重	27,695	1.1	栃木	21,943	0.7	広島	18,993	0.7	山梨	13,962	0.8
	ほか	25,617	6.6	ほか	192,726	7.8	ほか	208,372	6.6	ほか	181,805	6.8	ほか	144,128	8.3
合計		385,467	100.0		2,467,197	100.0		3,158,561	100.0		2,667,884	100.0		1,743,246	100.0

注：2018年の国内生産数量は、807,722千㎡（捕捉率低下を補正した推計なし）。80年比、25.6%。
資料：『繊維統計年報』各年版、より作成。

生産の大半は、ポリエステルであるが、毛織物の代替品として開発されたアクリル織物については、生産数量の５割前後を保っているという点で地域性をみることができる。

その他では、長繊維織物が絹人絹織物産地と、短繊維織物が綿スフ織物産地と重なっているようにみえる。こうした点については、各産地レベルでの生産構造変化の分析研究によって明らかにされるべきであり、ここでは全国的な広がりにあるという点を指摘するにとどめておきたい。

ちなみに、合繊織物の2018年の生産数量は、80年比で25.6％（推計せず）という厳しい状況であるが、合繊の用途の広がりなどを背景に、他の織物に比べると落ち込みの程度は軽いということもできる。とはいえ、生産数量が４分の１になるなど、大量生産拠点であった北陸産地をはじめ各産地の生産構造が大きく変化していったことはいうまでもないだろう。

⑤絹・絹紡織物と人絹織物について

最後に、絹・絹紡織物と人絹織物を手がけている絹・人絹織物産地の都道府県別の特徴を眺めてみよう。

まず、天然繊維としての絹織物と絹紡織物の産地についてである。ちなみに、絹紡とは長繊維の生糸を製造する際に出る副繭糸を紡績した短繊維を使用した織物[30]であり、量的には、全体の５％前後にすぎず、表２-７にみられる府県については、ほぼ絹織物を表しているといえよう。

さて、そうしたことを踏まえて絹・絹紡織物と人絹織物を都道府県別に眺め

表２-７　絹・絹紡織物の都道府県別の生産数量の上位の推移

順位	1960			1970			1980			1990			1998		
	都道府県	千㎡	構成	都道府県	千㎡	構成	都道府県	千㎡	構成	都道府県	千㎡	構成	都道府県	千㎡	構成
1	石川	46,999	22.3	京都	50,064	26.7	京都	42,198	27.8	京都	23,556	30.3	京都	12,897	31.9
2	福島	31,282	14.8	福井	26,911	14.4	福井	31,545	20.8	石川	13,608	17.5	石川	6,379	15.8
3	福井	29,483	14.0	石川	22,072	11.8	石川	19,833	13.1	福井	12,456	16.0	福井	5,838	14.4
4	京都	26,530	12.6	新潟	20,592	11.0	新潟	11,872	7.8	福島	5,707	7.3	福島	3,067	7.6
5	群馬	16,096	7.6	福島	12,530	6.7	群馬	5,906	3.9	新潟	5,211	6.7	新潟	2,588	6.4
6	埼玉	10,499	5.0	埼玉	9,853	5.3	滋賀	4,901	3.2	滋賀	3,074	4.0	山梨	1,984	4.9
7	山形	9,079	4.3	群馬	8,381	4.5	埼玉	4,732	3.1	山梨	2,493	3.2	滋賀	1,528	3.8
8	山梨	7,024	3.3	山形	6,702	3.6	福島	4,659	3.1	群馬	2,361	3.0	群馬	1,086	2.7
9	新潟	6,050	2.9	兵庫	5,874	3.1	静岡	4,021	2.6	埼玉	2,179	2.8	静岡	1,036	2.6
10	滋賀	5,878	2.8	東京	5,159	2.8	山形	3,300	2.2	山形	2,056	2.6	山形	961	2.4
	ほか	22,285	10.6	ほか	19,302	10.3	ほか	18,922	12.5	ほか	4,963	6.4	ほか	3,076	7.6
合計		211,205	100.0		187,440	100.0		151,889	100.0		77,664	100.0		40,440	100.0

注：2018年の国内生産数量は、2,113千㎡（捕捉率低下を補正した推計なし）。60年比、1.0%。
資料：『繊維統計年報』各年版、より作成。

表２-８　人絹織物の都道府県別の生産数量の上位の推移

順位	1960			1970			1980			1990			1998		
	都道府県	千㎡	構成	都道府県	千㎡	構成	都道府県	千㎡	構成	都道府県	千㎡	構成	都道府県	千㎡	構成
1	福井	278,968	41.6	福井	117,414	43.1	福井	55,904	46.0	石川	39,473	46.1	石川	8,118	28.9
2	石川	242,852	36.2	石川	104,565	38.3	石川	35,060	28.9	福井	26,242	30.6	福井	7,813	27.9
3	富山	29,748	4.4	山梨	9,843	3.6	京都	7,701	6.3	富山	4,612	5.4	京都	7,635	27.2
4	山梨	29,604	4.4	京都	8,213	3.0	富山	4,305	3.5	京都	4,045	4.7	山梨	1,510	5.4
5	福島	22,316	3.3	和歌山	6,403	2.3	愛知	3,834	3.2	栃木	3,461	4.0	群馬	1,386	4.9
6	群馬	11,095	1.7	富山	5,551	2.0	山梨	3,672	3.0	山梨	2,956	3.5	埼玉	181	0.6
7	山形	9,817	1.5	埼玉	5,023	1.8	群馬	3,538	2.9	群馬	1,871	2.2	山形	104	0.4
8	埼玉	9,602	1.4	群馬	4,963	1.8	栃木	3,533	2.9	和歌山	1,399	1.6	愛知	10	0.0
9	京都	8,959	1.3	福島	4,010	1.5	岐阜	1,480	1.2	岐阜	934	1.1	滋賀	1	0.0
10	岐阜	8,372	1.2	愛知	2,492	0.9	埼玉	709	0.6	埼玉	240	0.3	－		0.0
	ほか	19,568	2.9	ほか	4,233	1.6	ほか	1,730	1.4	ほか	448	0.5	ほか	1,294	4.6
合計		670,901	100.0		272,710	100.0		121,466	100.0		85,681	100.0		28,052	100.0

注：1998年の都道府県での秘匿（x）は、8である。2018年の国内生産数量は、「人絹・アセテート」に一括分類されているため、提示することが困難。
資料：『繊維統計年報』各年版、より作成。

ると、次のように集約することができよう。

一つは、日本の着物を代表する絹織物の西陣織、京友禅の生産拠点である「京都」が70、80、90、98年と、量的縮小を続けながらも３割前後を占めていることをあげることができる。ただし、周知のように、京友禅用の白生地と帯等の西陣織の大半は、京都市内ではなく丹後地方で織られるなど、地域的な広がりの中で理解されなくてはならない。

二つは、先の合繊産地で突出していた「石川」「福井」が、絹・絹紡織物と人絹織物において、大きな存在感を示していることがあげられる。たとえば、福井についていうと、明治以来の薄物絹織物の羽二重産地であり、その後の再生繊維である人絹への転換などに積極的に取り組んできたという歴史を、今日なお引き継いでいるのかも知れない。

三つは、「新潟」「福島」「山梨」「滋賀」「群馬」といった伝統的な絹織物産地を擁する県が上位に並んでいることがあげられる。

いずれにせよ、戦後の絹織物を焦点とした着物ブームからすると、わずか１％[31]（推計せず）でしかない今日の生産規模を前にしたとき、織物産地の今後を展望することを断念せざるを得ないのも一つの帰結であるが、今なお国内各地で絹織物生産が継続されていることが、次なる時代にどのように繋がっていくかを含めて再評価していく必要があるように思える。

(4) ニット生地生産数量（推計せず）の推移

図２-３は、工業統計に基づく出荷数量と繊維統計の生産数量の推移である。ここで留意しておきたいのは、一つは、ニット生地は、織物生地と異なり、生地生産と製品生産が一貫生産されるケースがみられるなど、統計調査項目の設計が難しいことがあげられる。たとえば、セーター等の横編ニットについては、大半が最終製品の生産に分類され、生地生産レベルの数量把握が困難であるとか、また丸編ニットについても、戦前戦後の下着中心の時代では、生地生産と製品生産を一貫して手がける企業の割合が高く生地生産量の把握が難しいことがあげられる。

二つは、先の織物生産のデータ分析と同様に、繊維統計の捕捉率の問題があげられる。ニットの調査対象は、それまでの標本調査とか、小規模企業の裾切

図2-3　ニット生地の生産数量（トン）の推移（推計なし）

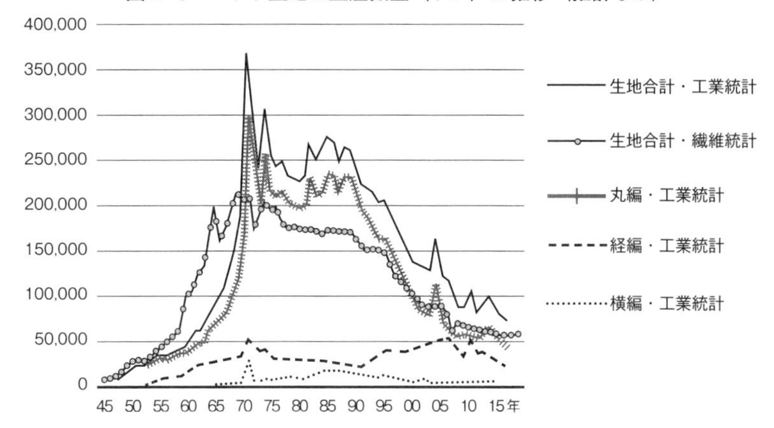

注：単位は、トン。

①工業統計のデータは、62年以前と81年以降が「4人以上」、63年から80年までが「1－3人」を含めた全数を調査集計対象としている。

②繊維統計（生産動態統計調査）のニット生地生産の調査対象は、51年以前が全事業所、52年から経5台以下、丸20台以下、横10台以下が標本調査1/10、56年から台数は同じで標本調査1/20、62年から経5台以下、丸30台以下、横30台以下が標本調査1/20、66年から経5台以下、丸4-50台、横4-50台が標本調査1/20、丸・横3台以下裾切り、72年以降は、従業者20人以上、大臣指定が調査対象となり、現在まで続く。

③ニット生地の生産数量を、繊維統計と工業統計の従業者数の比較により推計することを検討したが、生地と縫製品の従業者数が分離できていないことから、断念した。

資料：『工業統計表・品目編』各年版、『繊維統計年報』『繊維・生活用品統計年報』『生産動態統計調査 繊維・生活用品統計編』各年版、より作成。

りとかなどの調査対象の変化があったにしても、生産数量はかなり把握されていたが、72年以降は従業者19人以下が対象外となるなど、大幅な調査対象の変更がみられた。ただし、生産動態統計調査一般に共通するように、先の基準に基づく個別企業調査とは別に、従業者規模に関わりなく業界団体を対象とした調査が実施されるなど、その捕捉率のレベルを判断することが容易ではなくなっている。また、今日では、業界団体の解散等も多く、捕捉率が大きく低下しているのは、織物と同様であるといってよいだろう。

三つは、工業統計の「出荷数量」が、製造業間の取引だけでなく、卸売業に分類される商社等などからの賃加工（糸支給の編立）の存在があげられる。しかも、製造業間以外の賃加工は、60年代、70年代を通じて紡績業、合繊メーカー、商社等の支配の下で急増し、統計上の出荷数量には現れにくくなる時代や、国内生産の量的縮小に大きく突入する90年代では、そうした取引は後退し、製造業間の賃加工が大半ということで、出荷数量がほぼ生産数量に重なってくるというような変化がみられるということである。

こうした統計に基づく分析上の制約は、時代ごとの影響を異にし、結果として「繊維統計の生産数量」と「工業統計の出荷数量」の推移を大きく歪めることになっているが、ここでの分析では、乱暴ではあるが両者を比較して数量の多いデータを、その時代の生産数量に近いものと仮定して用いることにする。

さて、ニット生地の生産は、戦前においては下着を焦点とした国内需要と輸出用で一定の生産が行われていたが、戦後は60年代に入ってからのニットブームを背景に、5万トンから20万トン（繊維統計）近くまで生産が拡大する。その拡大の大半は、比較的安定した生産量推移を示している経編ではなく、Tシャツ等の各種カットソー製品の需要増を支えていた丸編ニットを焦点としていたといえよう。さらに、71年には20万トン（繊維統計）を超え、73年には37万トン（工業統計）という統計上のピークを迎えていくことになる。続く70年代後半から91年までは、25万トン（工業統計）前後で推移するが、その後は大きく縮小基調に突入している。

これを品目別（工業統計）に眺めると、経編が統計上のピークである2008

表2-9 ニット生地の都道府県別の生産数量の上位の推移

順位	1960			1970			1980			1990			1998		
	都道府県	トン	構成	都道府県	トン	構成	都道府県	トン	構成	都道府県	トン	構成	都道府県	トン	構成
1	和歌山	20,253	40.0	和歌山	41,743	33.9	和歌山	40,780	24.0	和歌山	47,931	28.5	和歌山	34,734	25.5
2	大阪	7,732	15.3	富山	10,529	8.5	富山	22,628	13.3	富山	23,817	14.1	静岡	4,274	3.1
3	奈良	4,945	9.8	大阪	8,419	6.8	福井	12,350	7.3	福井	9,958	5.9	千葉	3,719	2.7
4	東京	4,108	8.1	兵庫	7,706	6.3	愛知	10,457	6.2	愛知	8,863	5.3	長野	3,431	2.5
5	愛知	2,603	5.1	福井	7,350	6.0	石川	10,166	6.0	石川	8,035	4.8	栃木	3,164	2.3
6	富山	1,601	3.2	栃木	5,567	4.5	兵庫	7,490	4.4	岡山	6,429	3.8	奈良	2,935	2.2
7	栃木	1,482	2.9	東京	5,510	4.5	岡山	7,360	4.3	大阪	6,103	3.6	大阪	2,797	2.1
8	京都	1,464	2.9	奈良	5,086	4.1	栃木	7,220	4.2	長野	5,745	3.4	岐阜	2,600	1.9
9	兵庫	1,246	2.5	京都	4,950	4.0	岐阜	7,131	4.2	岐阜	5,160	3.1	山形	2,511	1.8
10	新潟	1,215	2.4	愛知	3,885	3.2	大阪	6,003	3.5	千葉	4,634	2.8	新潟	1,181	0.9
	ほか	3,944	7.8	ほか	22,471	18.2	ほか	38,441	22.6	ほか	41,703	24.8	ほか	75,054	55.0
合計		50,593	100.0		123,216	100.0		170,026	100.0		168,378	100.0		136,400	100.0

注：1998年の上位10位を除く「ほか」が、55.0％を占めているのは、90年の2-6位の富山、福井、愛知、石川、岡山の生産数量が「x」として秘匿されているためである。これらの県の事業所数は少なくないが秘匿とされている。その理由は確認できていない。

資料：『繊維統計年報』各年版、より作成。

年の５万トンに対して17年には2.7万トンと、ほぼ５割強を維持しているのに対し、丸編は90年の23万トンをピークに17年では4.8万トンと２割強程度に落ち込んでいる。これは、経編が各種機能を備える非衣料用の合繊経編によって生産量が一定程度維持できているのに対し、丸編は衣料用が海外生産品にとって代わられたことが影響しているといえよう。

こうした点を都道府県別にみると、表に示した年すべてにおいて、「和歌山」が圧倒的に生産数量を誇っていることが注目される。

これは、丸編ニットの生地生産が、戦前、戦後を通じて「東京」「大阪」「愛知」が下着等の製品生産を手がけていたのに対し、「和歌山」については、生地生産産地として発展してきたという時代背景の違いをみることができる[32]。また、東京産地については、その生地生産の拠点を域外へ移すとか、あるいは生地調達の下での外衣を中心とした製品生産へと転換していくなどの構造変化を通じて、生地産地としての役割を終えていくことになる[33]。同様に、大阪についても、生地産地としての役割を低下させるが、下着等の製品生産を手がける企業も少なくなく、縮小基調にありながらも一定量の生産を維持してきたとの見方もできよう。

一方、上記以外の県でいうと、「富山」「福井」「石川」の生地生産において、経編ニットを手がける有力企業の存在が指摘されねばならない。これら北陸の生地生産については、先にみてきた織物生産、とりわけ長繊維の合繊織物産地として拡大発展してきた過程と同様に、合繊メーカーのチョップ品としての合繊経編ニット生地生産の影響下に置かれていたということに留意する必要があろう。

(5) 織物・ニット生地の輸出推移について

繰り返しになるが、国内生産の拡大と縮小は、国内需要としての衣料用生地需要の変動と、ここでの輸出量の増減が影響していることはいうまでもない。そうした生地輸出の増減について、「貿易統計」に基づきながらみていくことにする。

①織物生地の輸出数量の推移

図2-4は、織物生地の輸出数量の推移を示している。先に示した図2-2の国内生産がどこまで実態を捕捉できているかという点を抜きにしてみても、生地輸出が大きな比率を示していたことは間違いないであろう。少なくとも、捕捉率が比較的高いと考えられる60年代、70年代、80年代では、3割を軸に上下1割程度の幅の中で推移していたことが認められる。それが、90年代以降については、輸出量の減少とは対照的に、輸出比率が上昇に転じていることが

図2-4　織物生地の輸出量の推移

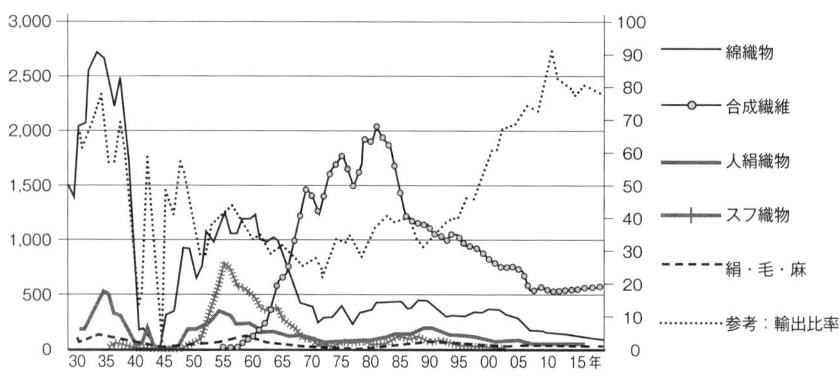

注：単位は、百万㎡（左側）、％（右側）。輸出比率は、「貿易統計」と「繊維統計（推計せず）」によって求めている。人絹織物とスフ織物は2017年以降、その他（非表示）に分類されている。
資料：『貿易統計』『繊維統計年報』『繊維・生活用品統計年報』『生産動態統計調査 繊維・生活用品統計編『繊維統計年報』各年版、より作成。

図2-5　播州織物工業組合・組合員の輸出、国内販売、輸出比率の推移

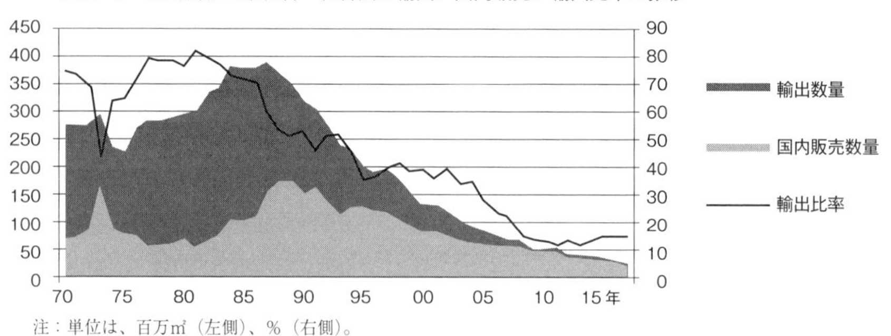

注：単位は、百万㎡（左側）、％（右側）。
資料：単位は、百万㎡。播州織工業組合「内部資料」、より作成。

注目される。

また、2000年代、2010年代に入ると、６割から８割に輸出比率が上昇しているが、これは輸出の大幅減以上に国内需要が大きく沈み込んでいったことを反映している。ただし、ほぼ100％に近い捕捉率を示す貿易統計と単純比較した「輸出比率」が実態を正確に表していると考えるのは早計である。ここに、わが国繊維産業をめぐる統計データの取り扱いの難しさを指摘することができる。

こうした織物生地の国内生産と輸出依存との関係を、もう少し具体的な事例を通じて確認しておくことにしよう。事例として取り上げるのは、兵庫県西脇市を中心として組織されている「播州織工業組合」の生産と輸出の推移である。播州の主な綿織物は、先染めのブラウス、ドレスシャツなどの生地生産を特徴としていた。戦後の１ドルブラウスブームにおける紡績業、繊維商社（総合商社等）の織物産地の組織化（系列化）がどこまで影響したかは、定かではないが、その後の70年代後半からの輸出増の多くは、欧米向け安価な衣料品生産拠点として発展する香港向けが中心であったようである。

しかし、85年のプラザ合意以降の円高を起点に、香港企業の生地調達は日本から中国等へ大きく舵を切っていくことになる。この当時、播州産地でどのような変化が起こったかについては、次節でもう少し詳しくみていくことにするが、紡績業・商社系列での輸出体制に依存する時代は終わりを告げ、産地が主体となっての国内ユーザーとの直接取引に向かわざるを得なくなっていく。しかし、それは図２-５にみられるように、量的縮小の中での国内市場開拓という厳しい現実が待ち受けていたことはいうまでもない。

②ニット生地の輸出数量の推移

一方、ニット生地の輸出量の推移をみると、織物生地とは明らかに異なった推移を示していることが注目される。図２-６によると、バブル経済崩壊後も、輸出量はやや拡大傾向にある。ピークは、07年の3.7万トンであるが、その後も３万トン前後で推移している。こうした推移については、機能性に富んだ合繊経編の輸出が健闘しているのか、あるいは丸編においても高品質生地輸出に努めていることが寄与しているかなどについて、より詳細に分析を重ねなくて

図2-6　ニット生地の輸出数量と単純輸出比率の推移

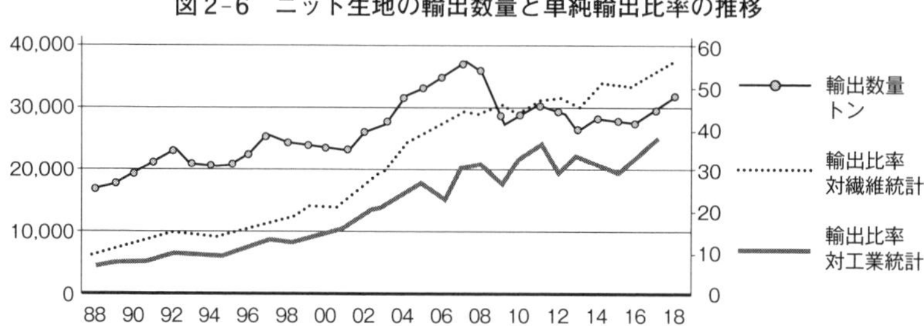

注：単位は、トン（左側）、%（右側）。輸出比率は、「貿易統計」と「工業統計」「繊維統計」により算出。
資料：『貿易統計』『繊維統計年報』『工業統計表・品目編』各年版、より作成。

はならないと考えている[34]。

2．生地産地の生産・流通構造変化と産地内商業資本の事業展開

次に、生地産地の内部にもう少し踏み込んでいくことにしたい。ここでは、分析の対象を、ある意味産地の主役的位置にある機業（機屋）ではなく、産地内の商業資本に焦点を当てていきたい。生地産地における流通面の主役である産地内外の商業資本は、生地生産の縮小とともに、それぞれの事業内容を変化させていくことになる。産地外の商業資本でいえば、繊維事業を本体ではなく子会社へ移管するなど事業縮小している総合商社[35]や、総合商社よりも相対的に産地での生地生産に関わりを持つことが多かったように思える繊維専門商社などは、産地との関わりが皆無になったとまではいわないが、国内生地流通事業の縮小を、海外製品生産事業（OEM、ODM）や、海外生地流通事業に重心を移すなどしてカバーしてきたことは第1章でみてきたとおりである。

これに対し、産地内の商業資本の多くは、産地内のみの事業展開にとどまるか、あるいは国内中心ではあるが広域的な事業展開に生き残りが模索されてきたように思える。こうした産地外商業資本との違いは、両者の間にみられる産地との関わりの深さや、機能面などの違いを背景にしていると考えられる。

さて、こうした生地生産縮小時代における産地内外の商業資本の事業展開の変化を、ここでは産地内の商業資本の事業展開に焦点を当てながらみていくことにする。この場合、特に産地内の商業資本の事業内容が、拡大発展期とどの

ように変化してきたのかを、生地生産における関わり方を産地内と産地外との取引等を強く意識しておくことにする。

なお、ここでは紙幅の関係から全国生地生産を代表する綿織物と合繊織物に限定するとともに、綿織物では兵庫県西脇市を中心とする播州織産地[36]と浜松市を中心とする遠州織産地[37]を、また合繊織物については北陸の中から福井産地を取り上げていくことにする。

(1) 綿織物産地における産元商社の事業展開について

現在、綿織物産地としての播州織産地と遠州織産地の産元商社の存在感は異なっている。それは、もともとの両産地における産元商社の役割の違いに起因するものなのか、あるいは取扱製品の違いなのか、紡績業との関係の違いなのか、地理的条件の違いなのかなどの要因分析の下で明らかにされるべきなのかもしれない。しかし、それは本書の第Ⅰ部の目的からすると、個別産地の分析に深入りすることにもなるので、ここではその入り口として、両産地の産元商社の事業展開の変化を事例を通じて理解することにとどめておきたい。

①播州織産地の産元商社の事業展開

播州織産地については、前節で生産数量と輸出数量等を提示したところである。播州織の最大の特徴は、生産された生地の多くが輸出向けであったということであろう。現在では、内需に転換し、生産量が 87 年の 3.8 億㎡から 17 年 0.28 億㎡、輸出量も 84 年 2.8 億㎡から 17 年 396 万㎡へと大きく落ち込んでいる。輸出割合は、81 年の 81.6％から 17 年 14.4％へと激減している（図２-５参照）。

この輸出型産地として発展してきた播州織産地における生産・流通構造は、次のようなものであった。それは、綿紡績業の原糸生産の下に、輸出業務を手掛ける総合商社が位置し、「綿紡績業・商社（一体表記とする）」系列での糸支給による賃加工が、産元商社を通じて行われていたというものである。この産元商社については、出自を大きく二つに分けることができる。一つは、産地内の商業資本であり、もう一つは機業の中で大規模な機業が賃加工を仲介する役割を担うことで商社化したケースである[38]。

それが、現在では、産地内での賃加工統括者としての仕事減を背景に、産元商社として存続することが難しく、事業継続を断念した企業が少なくない。その一方、事業継続している産元商社を眺めると、それぞれ個性的な事業展開を進めていることが認められる。ただし、それは国内各地の産地商業資本が取り組んでいる事業展開と似通っているなど、特に独自性が強いともいえない。

A社は、1968年創業の産元商社である。事業としては、特殊な糸を使用しての輸出用ファンシー関係の生地を、「綿紡績業・商社」から賃加工で受け、産地内の機業へ発注するというものであった。また、その多くは、欧米輸出用衣料品生産を手掛けていた「香港向け」であったが、プラザ合意（85年）頃まで活発であったようである。

同社は、それ以降、定番品（いわゆる紡績チョップ品等の賃加工）が5割を割り込んだこともあり、徐々に「糸買い生地売り」を増やしていく。当初は、自社企画だけでなく、総合商社との共同開発も少なくなかった。現在では、紡績業・商社からの仕事はわずかながら続けられているが、大半は自社企画品であり、アパレル企業、大手紳士服量販店との直接取引が占めている。

ところで、同社は、2013年に傘下の機業の廃業を機に、製造部門を社内に抱えることに踏み切る。エアジェット12台の設備と建物を取得し、自社で生産継続するという。こうした機業の廃業は、産地では稀なことではなく、生地生産の継続という点で産地全体の問題を象徴する出来事といってよいだろう。

B社は、織布工場（機業）から産元商社へと転換してきた企業である。生地輸出における役割は、紡績業・商社からの賃加工の仲介者というものであった。同社は、生地輸出が減少する中で、アパレル企業との取引を強化していくが、商社等の介在を断ち切ることは容易ではなく、生地提案取引をアパレル企業と直接行えるようになったのは、90年代の終わりごろからという。それは、産地外の商社等にとって、量的にわずかになっている国内産地とアパレル企業の取引に介在する事業上のメリットが少なくなったことを理由にしている。

こうしたA社、B社の企画重視と製品分野への取り組みに対して、C社はより積極的である。同社は、1948年に設立され、50年代、60年代には100人規模で、産元商社を通すことなく、総合商社と直接取引するなど有力機業の一角を占めていた。現在では、機業というよりも、85年に経営が行き詰った産元商社をグループ化することで、機業であり、産元商社としての機能も備えている。

とはいえ、C社単体に限ると、内需転換が求められていた90年前後には、自販を目的とした営業拠点（支店）を東京に構えるなど、積極的な営業展開に踏み出している。その販売先は、直接取引を目指してのアパレル企業ではなく、東京の生地問屋であった。同社は、この取引を実現するために、在庫保有はもとより、社内に企画・デザイナーを抱えていくことになる。現在では、見込み生産が６～７割、別注（オリジナル品）が３～４割、取引先としては生地問屋が４割、アパレル企業、セレクトショップなどが残りの６割となっている。

こうした産元商社のA社とB社、そして有力機業C社に共通するのは、大半の生地生産が産地を基礎としている点にある。その意味では、産地にとって、これら企業は、産地の営業部隊であるだけでなく、生地企画を含めて産地の発展をリードする役割を担い続けているといえよう。

②遠州産地における産元商社の事業展開

もともと、遠州産地の産元商社は、播州産地と同様に、紡績業・商社の傘下、すなわち系列下の賃加工体制が整えられ、産元商社はその仲介者であり、産地の統括者としての位置を占めていた。しかし、播州産地が輸出型綿織物生地に特化していたのに対し、遠州産地は輸出だけでなく、国内向けの多様な綿織物を手掛けていたという点で異なっている。

少なくとも、播州と異なり国内向け生産の割合が高かったこともあり、産地の産元商社は自らデザインし、試織し、さらに在庫も保有することにも早くから取り組むなど、独自路線に踏み出す企業も少なからずみられたようである。それが縮小期に入ると、過当競争となり、差別化した独自展開であろうとも成果を得ることが容易ではなくなっていく。また、規模の大きい機業ほど、事業転換を急ぐなど、産地は小規模機業の集積に傾斜していく。

現在、60軒ほどの機業のうち、オリジナル品（自社企画品）を手がけているのが14、15軒で、そのうちオリジナルのみが４、５軒ということからも想像できるように、今なお産元商社からの賃織りに依存しているところが少なくない。また、各種二次製品づくりに踏み出している機業も、４、５軒を数えている。

また、遠州織物工業組合との関連性が強い産元商社（浜松広巾織物産元協同組合）は20社強を数えているが、活動しているのは10社程度、また従業員を抱えて事業に取り組んでいるのは５、６社のようである。多くの産元商社は、今なお産地機業との取引を継続しているが、機業が手がけるオリジナル生地は、アパレル等との直接取引であり、産元からの賃加工は少量ながらも商社経由が最盛期からするとわずかに残っている程度に縮小しているようである。

この点、必ずしも遠州産地の産元商社の典型ではないが、様々な生地企画を今なお手掛けているＤ社の事業展開を概観しておくことにする。1946年の創業当初、産元商社である同社の取扱製品は、遠州産地にとどまらず、広く静岡県をカバーし、コール天[39]、変わり織、平織り、絡み織などを取り扱っていた。遠州産地との関係では、紡績業・商社からの賃加工（賃紡）の仲介が６～７割程度を占めていたが、現在はほとんど扱っていないようである。

この点、早くから取り組んでいた生機生産・販売事業[40]は、バブル崩壊後は売れ行きが悪くなるが、現在なお同社の主力事業である。ただし、その生機生産は、遠州産地だけでなく、泉佐野、西脇、知多などの綿産地で、総合商社・繊維商社を納期管理とリスクヘッジのために介在させるなど、国内各地に広がっている。さらに、生地生産については、国内にこだわることなく、中国へも踏み込んでいる。

こうしたＤ社の歩みが遠州産地の産元商社の事業展開を代表するとはいえないが、播州産地の産元商社とは異なり、産地にこだわらず広く国内外を視野に入れた取り組みに踏み出している一例といえよう。

(2) 合繊産地における産元商社の事業展開について

次に、合繊産地における生産・流通構造を産元商社を中心に取り上げ理解していくことにしよう。

福井は、合繊織物産地として知られているが、明治期には薄地の羽二重産地として発展し、戦前戦後は人絹織物産地として歩んできた。合繊繊維の開発と生産拡大が活発化する60年代、70年代に、合繊メーカーの生地産地として系列化されていく。また、合繊メーカーのみならず、総合商社、繊維専門商社のもとでの系列取引関係が築かれていったようである[41]。

一つは、合繊メーカーとの直接取引（賃加工）によるチョップ品の生産であり、大規模機業によって取り組まれていた。二つは、合繊メーカーと総合商社・繊維商社間の原糸取引及びチョップ品生産委託の下での中堅機業との賃加工生産があげられる。三つは、産元商社が介在するケースである。この取引の多くは、総合商社・繊維商社などの下請として産元商社が小規模機業に賃加工するというものである。とはいえ、大手産元商社では、合繊メーカーのチョップ品の賃加工を直接請け負う例もみられるというように単純な取引構造になっているわけではない。

こうした大量生産時代の生産構造は、量的縮小の中で大きく変化していったことはいうまでもない。その背景の一つは、本書の焦点ともいえる衣料品の海外生産が生地の現地調達の時代に突入し、拡大を続けたことがあげられる。二つは、産地縮小を決定づけた合繊メーカー[42]が、台湾合繊メーカーなどに対しての遅れを取り戻すべく中国において原糸・染色・織布生産体制を整えていったことをあげることができる。

ところで、福井の産元商社は、産地外の総合商社、繊維商社、産地内の老舗の産元商社などで組織された福井県繊維卸商協会と、戦後の設立された新興の産元商社によって組織されていた福井県産元協同組合の二つがあったが、2019年に後者の組合が解散している。この組合は解散するが、一部の組合事業については協会で引き継がれていくようである[43]。

1930年創業のE社は、帝人の人絹を扱う糸商として、また東レ以外の数多くの合繊メーカーとの取引する産元商社として歩んできた。大量生産の時代にあって、同社は合繊メーカー・商社の企画品の仲介だけでなく、自社リスクによる手張り（糸、織、染）生産にも早くから踏み出すなど幅広い事業展開をみせていた。その意味では、有力産元商社としての地位を築いていたといえよう。

現在では、アパレル企業との直接取引や、量がまとまることから商社や生地コンバーターを介在させながら、婦人衣料用のトリアセテート生地の取り扱いが事業の柱となっている。この製品は、品質維持が難しく、海外生産が少しずつ増えてはいるものの、国内生産で差別化できる領域である。その生産は、産地のみならず、山形、和歌山、尾州、さらには合繊産地を含めて広域化している。

F社の創業は、68年であり、産地では新興企業ということになる。同社の創業者（現、会長）は、産地において大量生産が続いていた80年頃に、伊藤忠商事の米国ニューヨーク支店に出向き「米国では、合繊が飽きられはじめている」という情報を得る。この情報は、その後の同社の取り扱い生地や、海外事業の取り組みに大きな影響を与えたのではないだろうか。それは、同社の取り扱い生地が、合成繊維からレーヨン、アセテートなどの再生繊維に移っていることと重ね合わせることができる。

現在、同社の売上構成は、国内が３割、海外が７割になっている。国内のほとんどはアパレル企業との取引であるが、決済等は商社を通じて行っている。これに対して、海外取引は直接販売が６割、合繊メーカー系商社を含めた商社経由が４割である。このうち、海外直接販売を国別にみると、欧米４割、中国４割、韓国２割という構成になっている。

こうした国内外において、日本製生地の販売に取り組む同社ではあるが、今後については、これまで以上に福井産地にこだわり、生地だけでなく、繊維二次製品分野を含めて幅を広げていくことを計画するなど、産元商社として新たな挑戦を意識し続けていることが注目される。

このE社、F社は、ともに再生繊維織物を特徴としていたが、産地内の産元商社を広く眺めると、合繊織物を中心とした多種多様な製品領域を個々に構成するなど、独自路線を歩んでいることが注目できる。

(3)　産地とアパレル企業との取引の行方

以上のように、綿織物産地、合繊織物産地では、量的縮小という厳しい経営環境の中で、ある意味、紡績業、合繊メーカーの系列下から解き放されていく過程の中で、原糸取引、仲介を含めた生地取引、金融支援、情報提供などで生地生産に関わってきた産地内の商業資本は、自らが生地企画者となることや、産地内にとどまることなく広域的な事業展開に踏み出すなど、その姿を大きく変えてきているのである。また、こうした生地企画や広域的事業展開は、現在では産地の商業資本のみならず、機業を含めて、全国的な広がりの中で取り組まれている時代を迎えている。

今日、市場に出回っている衣料品の大半の生地が海外生産品であり、紡績業、合織メーカーや、総合商社、繊維専門商社が、けっして国内における生地生産を軽視しているとは思わないが、繊維事業として国内生地生産に大きな期待を持つ時代から遠ざかっている。

こうした時代状況の中で、産地がアパレル企業等の生地ユーザーとの直接取引[44]に向かうのは必然であるが、その相手であるアパレル企業はかつてと比較して産地との関係を希薄化しているというのが現実であることも指摘しておかねばならないだろう。

注

1　この推計は、本章の図2－1、表2－1、2に基づいている。

2　横編については、生地生産数量ではなく、セーター等の製品数量に計上されている。

3　生産動態統計調査は、業種ごとに、月報として生産データ等が公表されている。

4　大臣指定が除かれた現在にあっても、組合等の業界団体による全組合員、全協会員の生産数量が規模にかかわらず、報告されているようである（例えば、丹後織物工業組合によると、個別企業による提出が数社、残りの組合員すべての生産数量を組合がまとめて提出しているとのこと）。

5　工業統計は、1980年までが「1－3人」を含めた全数調査、2008年までが、年の一桁が0、3、5、8の年のみが全数調査、以降が「4人以上」が調査対象となっている。このため、1－3人を含めた全数把握は、推計値が公表されている。また、経済センサスでは「1－3人」を含めた調査結果が公表されている。

6　大半は、紡績業の企画品を指すが、個々の紡績業と関係の深い総合商社においても企画品生産がみられる。

7　系列化と呼んでいいが、長繊維合繊織物産地にみられた合織メーカーによる産地支配とは、その度合い等が異なっているように思える。

8　立川（1997）、福井県繊維協会（1971）、竹田（1976）が有益である。

9　桐生では、織物組合が和装用絹織物を中心とした桐生内地織物協同組合と、合繊を主とした洋装用輸出織物を中心とした組合に分かれるなど、産地構造を大きく変えていったことが知られている。また、郡内（山梨）では、あらゆる繊維二次製品用の合繊織物が時代の変化に対応すべく手がけられていった。

10　合繊織物用の紡績糸とは、紡績業が合繊メーカーから合繊糸を仕入れ、短繊維の天然繊維等と混紡するなど糸に紡がれたものである。

11　工業統計の品目編での都道府県別出荷額については、近年とみに秘匿（x）が多くなり、全国的な広がりを理解することが難しくなってきている。

12　連合会に加盟している組合は、すべて工業組合であるが、産地によっては、協同組合で実質活動がされている場合が多い。

13　主な製品（連合会ホームページより、以下の組合も同様）は、白生地変わり織、ポプリン・ブロード、小幅白生地、包帯ガーゼ。

14　産業資材用織物（スフ）、シーツ、帯芯。

15　先染衣料織物。

16　ガムテープ用基布、綿スフ織物。

17　インテリア織物等、先染織物、毛織物。

18　組合員数41（うち、法人12）。ホームページに記載されている26組合員のうち、カーテンが17組合員を数えている。

19　ギンガム、ドビークロス、サッカー等先染め織物。

20　綿、スフ、合繊織物全般、小巾白木綿、包帯ガーゼ。

21　綿織物、スフ織物、合繊織物。

22　綿織物、平織り、変わり織。

23　小幅綿浴衣地、正絹・ウール、麻着尺。

24　綿・麻・別珍・コーデュロイ。

25　デニム、帆布、厚織。

26　デニム、厚織。

27　デニム、帆布、厚織。

28　毛織物は、大きくスーツ地等の梳毛織物と、ファッション婦人服などに用いられる紡毛織物に分けることができる。

29　福井のケイテー・テクシーノでは、かつては東レの定番品やポリ学生服などの大量生産品を手がけていたが、現在ではユニフォーム生地などの中量生産を手がけている。他の機業の多くは、かつてとの量と比べると、多品種少量生産体制によって生産を維持しているというのが大半である（2018年11月16日訪問）。

30　たとえば、秩父銘仙、伊勢崎銘仙などの多くは、絹紡糸を使っての織物である。

31　白生地産地としての丹後の生産量は、1970年頃には、1000万反を数えていたが、今日では30万反（3%）を割り込んでいる。こうした厳しい落ち込みであるが、絹織物としては、圧倒的な地位を今なお維持しているといってよい。

32　和歌山産地は、消費地である大都市圏での製品づくりと、距離的な制約から早くから生地供給産地として発展してきたことが指摘できる。吉田ほか（1977）が有益である。

33　東京丸編メリヤス工業組合（1974)、東京ニット卸商業組合（1991）が有益である。

34　丸編ニット生地の輸出に積極的に取り組んでいる企業としては、エイガールズがあげられる（2018年12月6日訪問）。

35　伊藤忠商事のみが、現在なお、本体に繊維事業本部を構えている。

36　播州産地については、金子（1982)、大田（2007）が有益である。

37　遠州産地については、山本（1966)、「遠州織物戦後の歩み」編集委員会（1974）が有益である。

38　大田（2007）pp.131-137。

39　かつては、天龍社綿スフ織物工業組合の主力製品であった。

40　糊付けされた糸で織られた状態の生地。通常は、精練等で糊とか汚れを洗い落とした柔らかな生地が、製品として流通に乗ることが多い。生機で在庫することで、注文に応じた染色加工が可能になる（後染めのケース)。

41　立川（1997）が有益である。

42　東レは、94年中国における繊維事業の開始を公表し、96年4月に東レ65%、サカイオーベックス35%のポリエステル長繊維織物の染色工場の操業を開始する（東麗酒伊印染南通)。97年3月には同資本構成によるポリエステル長繊維織物工場の操業開始（東麗酒伊織布南通)。両社は、2000年に合併。98年8月、重合製糸一貫設備を完成、操業開始、生産能力は年産8万トンで東レグループ最大。東レ（2018）pp.506-507。

43　福井新聞「オンライン、福井県ニュース」2019年5月31日、によると2019年7～8月に正式に解散決議するとある。

44　現在までの生地産地での聞き取りでは、ほぼすべての産地が、「生地企画」、あるいは産地生地を使っての「製品企画」に踏み出しているようである。このうち、数年にわたり取引が継続している例としては、和歌山ニット産地があげられる。

第3章
アパレル企業の諸分類と国内縫製業の拡大と縮小

繊維・アパレル産業を「製品企画」という視点からすると、その主役はアパレル企業であるということができる。いや、かつてはそうであったという表現が適切なのかも知れない。この点、現在では、第1章で見てきたように、商社等がOEM事業にとどまらず、企画デザインを提案してのODM事業に踏み出している例を出すまでもなく、小売業が製品企画をする例や、生地生産を手がける企業、さらには縫製業が企画に挑戦するというように、アパレル企業のみが衣料品の製品企画を手がけるという単純な構図で、アパレル産業を描くことができなくなっている。

また、アパレル企業は、取り扱い製品が国内縫製品から海外縫製品へと転じていく過程において、生地企画、生産管理機能などを放棄とはいわなくても、関わりを希薄化させていったようにも思える。

もちろん、こうした変化は、すべてのアパレル企業に共通するものではなく、個々の企業の事業方針や、取り扱い製品の違いによって異なっていることはいうまでもないが、海外での生産量が圧倒的に拡大する中では、ごく自然の流れであったのかも知れない。ただし、それがアパレル企業の発展にとって、正解であったかどうかは次元の異なる問題である。

本章では、こうした時代の変化を意識しながら、今日のアパレル企業がどのような企画体制、生産体制、そして販売体制を整えているかを、製品別の企業群分類に基づきながら整理しておくことにする。また、アパレル企業の製品生産を支えてきた「縫製業」が、戦前、戦後の拡大期の中でどのような地域的広がりと発展過程をたどってきたかを明らかにするとともに、それらをアパレル企業の事業展開の歩みに重ねながら理解していくことにしたい。

1．アパレル企業の製品別の分類と事業展開等の特質

衣料品の製品分野は、何を基準にするかによって分類が異なってくる。たとえば、「レディースカジュアル（婦人服）」「レディースフォーマル（婦人服）」「メンズカジュアル（男性服）」「メンズフォーマル（男性服）」「紳士服（スーツ）」「子供服」といった分類、あるいは「アウター（外衣）」「インナー（下着）」という分類、「ボトム」「シャツなどの軽衣料」「コートなどの重衣料」「セーター類」といった分類、「ファッションアパレル」「ユニフォーム」という用途・機能による分類、さらに「ユニフォーム」については、「学生服（学校服）」「作業服」「事務服」「スポーツ用衣料」といった分類などが、大雑把であるがあげることができる。

また、それらを取り扱うアパレル企業も、取扱製品分野の違いや、取り扱い幅の違いによって、さまざまな名称で呼ばれるとともに分類されている。一つは、「総合アパレル業[1]」に対して「専門アパレル業」という取り扱い幅に基づく分類である。二つは、専門アパレル業をさらに、取扱製品の違いに基づき、先の製品分野を頭に付けた名称があげられる。たとえば、婦人服アパレル業、紳士服アパレル業、子供服アパレル業、アウターアパレル業、インナーアパレル業、シャツアパレル業、学校服アパレル業、作業服アパレル業などというよ

表3-1　本章での分析対象の主要な製品分野

	表3－2･3表示	主な製品・品目名
ファッションアパレル類	レディースファッション（婦人服）	婦人服、コート、スカート、パンツ ブラウス、フォーマル
	メンズファッション（男子服）	カジュアル、コート、ブレザー、パンツ ジーンズ
	メンズスーツ	紳士服（背広）
	ワイシャツ	ドレスシャツ
	（子供・ベビー服） セーター類	子供服、ベビー服 ニット外衣（Tシャツ・カットソー除く）
	インナー・下着類	インナーウェア、下着
	（寝着類）	ルームウェア
ユニフォーム	学校服	学生服、学校服、学校体育用
	事務服	事務服、女性用事務服
	作業服	作業服、ワーキングウェア
	スポーツ服	スポーツウェア、
	医療・衛生	医療用、衛生用

うにである[2]。

ここでは、数限りない分類に基づき、アパレル業個々を取り上げる紙幅もないので、表3-1にあげた製品分野に基づくアパレル業を、意識しながら、それらの「企画デザイン機能」「生産管理機能」「販売機能・販路」の特質を整理しておくことにする。

(1) ファッションアパレル業の諸分類と事業内容

まず、アパレル製品分野のうち、表3-2に取り上げた「ファッションアパレル業」の企画、生産、販売について、みていくことにする。

①企画デザイン機能について

ファッションアパレル業において、「企画デザイン」は、最も基本的かつ重要な機能であるといっても過言ではない。いや、それそのものが企業の発展を左右する機能であり、他社との差別化要素であるといえよう。

そうした重要な企画デザイン機能が、ファッションアパレル業において、外部化していることをどのように理解すればいいのであろうか。そもそも、ファッションアパレル業は、企画デザイン機能を事業活動においてどのように位置づけてきていたのであろうか。

この点、ファッションアパレル業は、拡大発展する時代において、企画デザイン機能の一端を担う「デザイナー」の多くを、契約社員という社内外注的な扱いにし、一定の年齢に達したり、あるいはヒット商品を生み出さない場合には、契約解除という雇用関係を広く採用していたようである。「デザイナーとは、そういうものだ」という声が聞こえてきそうである。しかし、そうしたことで成り立ってきたことを、あえて前近代的といわざるをえない[3]。それは、1社に限ったことではなく、業界の常識であると切り捨てられることも少なくないが、そのことが今日の様々な問題の一つに繋がっているのではないだろうか。

少なくとも、生産現場が海外に移っていった時代の製品生産のみのOEMから、企画提案を含めたODMが増えたのは、企画デザインが社内ではなく、契約社員などにより行われてきたことが一つの要因といえよう。事実、大手アパレル企業では、海外生産品時代への突入によって、契約社員を含めた企画デザ

表3-2　ファッションアパレルの企画・生産・販売等

				レディースファッション		メンズファッション		メンズスーツ		ワイシャツ	セーター類*は横編ニッター		インナー・下着類
				高級	一般	高級	一般	高級	一般		高額	一般	
企画・デザイン		自社企画		◎	○	◎	○	◎	◎	◎	○	○	◎
		他社企画	商社等	△	○	△	○		△		△	○	
			横編ニッター								◎		
生産	見込生産	国内生産	商社等経由	○		○		△		○			
			直・縫製業	△		△		△		○	◎*		○
			自社工場	▲	▲			○	▲	○			○
		海外生産	商社等経由	△	◎	△	◎	△	◎	◎		◎*	◎
			直・日系縫製業		△		△					△*	
			直・海外系縫製業										
			自社工場（合弁含む）		▲		▲			△			
	受注生産	国内生産	商社等経由										
			直・縫製業										
			自社工場										
		海外生産	商社等経由										
			直・日系縫製業										
			直・海外系縫製業										
			自社工場（合弁含む）										
販売	卸売	百貨店		◎		◎		◎		○	◎		○
		各種専門店		○	○	○	○	○	○	○	○	○	○
		量販・チェーン店			◎		◎		◎	○		○	○
		代理店販売（カタログ）											
	小売	自社店舗		△		△		△		△			△
		ネット販売		△	△	△	△			△	△	△	△
		直接営業	直販										
			代理店（*は専門店）										

注：「◎」は、大半を占めている。「○」は、ある程度の量はみられる。「△」は、少ないが一定量はみられる。「空白」は、ほとんどみられない。「▲」は、かつては国内外において、自社工場、日系直などがみられたが、現在では大幅減を示している。なお、これらの特徴は、著者が訪問したレディース16社、メンズ12社、スーツ7社、ワイシャツ2社、セーター類6社、インナー類6社の実態を反映させている。

イン体制を縮小するという経営判断がなされてきた。

この点、デザイナーを社内に正社員として抱えている企業や、企画体制を重視する企業が希有な存在としてではなく、製品差別化や好業績結果に繋がっている事例が少なくないことを含めて、今後のアパレル企業の製品企画体制のあり方を再検討する必要があるのではないだろうか。

②生産管理機能と国内外生産について

ここでの生産管理機能とは、単に下請けとしての縫製工場への発注業務にとどまらず、生産技術面を含めた管理機能全般を指している。この点、最もファッション性に富んだ「レディースファッション業」については、大手アパレル企業のうち数社[4]が自社工場を展開するなど、生産管理機能を備えているケースもみられたが、中堅、中小、さらには「マンションメーカー[5]」と呼ばれていたアパレル企業の大半は、縫製工場への発注業務にとどまり、縫製技術の内部化とは距離があったようである。

他方、「メンズスーツ業」については、戦前からの軍服、各種制服生産の延長上に位置づけられ、多くの企業が自社工場を備えていた。メンズスーツ業は、「つるし」と呼ばれた既製スーツの生産を、米国の大量生産方式を導入するなどして、自社工場の充実によって進めてきたのである[6]。しかし、90年代以降、量産品を焦点に海外生産が進展するなど、国内自社工場の優位性は大きく揺れ動き続けている。

「インナー業」は、その多くがメリヤス（ニット）生地生産に始まることもあり、戦前、戦後を通じて自社工場（編立生地生産と縫製加工）を備える企業が少なくなかった。そうした生産体制は、現在もワコール[7]、グンゼ[8]、アツギ[9]などの大手インナー企業に引き継がれているように思える。

この点、セーター類については、その製品生産は生地生産と製品生産を一貫して手がける「横編ニット業」が手がけることもあり、アパレル企業が生産管理機能を備えている例はほとんどみられないといってよいだろう。

次に、「ファッションアパレル業」における国内外生産についてである。現在では、いずれのファッション品も海外生産が一般的であるが、相対的には高級・高額品の方が、国内生産という傾向が強いようである[10]。この理由の一つに、国内縫製業の技術水準が高いこと、顧客が国内生産であることを求めていることなどを背景にしているが、海外、とりわけ中国の小ロット対応は、100人、200人規模でベテランの縫製工が揃っていることもあり、日本以上の品質であるという業界人が少なくないことに留意しておきたい。

③販売機能・販路

さて、ファッションアパレル品の流通は、高級・高額品を扱う百貨店、デザイナーズブランド、高級専門店や、普及品（一般品）を扱う量販店など幅広い販路を構成している。このうち、百貨店を販路とするアパレル企業を、業界では「百貨店アパレル」と呼ぶ。

しかし、百貨店販路については、第４章で少し議論するが、アパレル企業の立ち位置が極めて曖昧というか不安定な位置にあることが指摘されている。それは、売れた時点をもってその商品が百貨店側の仕入と販売になるというシステム（消化仕入方式）[11]が広く一般化されていることを背景にしている。加えて、多くのブランド品の販売員は、アパレル側が派遣しているという特異な取引関係が続けられている。こうした取引関係の是非を単純に結論づけることはできないが、メリット、デメリットが両者にあったことはいうまでもないだろう。

一方、量販店、特に総合スーパーにおける衣料品は、その多くが、一般品を手がけるアパレル企業によって製品企画・製品生産されてきた。地域的には、岐阜アパレルが抜きんでていたようであるが、大阪アパレルもそうしたアパレル企業を数多く抱えていたことが知られている。これに対して、東京アパレルについては、青山、六本木といったファッション性に富んだアパレル品の供給拠点として発展してきたこともあり、量販店向けは相対的に少なかったといってよいだろう。

この点、専門店向けとなると、高級タイプから一般品を扱うなど、品揃えの異なる店舗ごとに考える必要がある。高級品専門店向けアパレル企業については、その多くが百貨店アパレルに重なるのに対し、一般品については量販店アパレルに重なることが少なくない。ただし、一般品専門店の多くは、それほど量を扱うことがないことから、東日本の専門店を顧客とする東京の横山町・馬喰町などの現金問屋、西日本では大阪丼池筋の問屋街に代表される現金問屋、そして岐阜のアパレル問屋街[12]など、各地に時代状況を反映した問屋街で仕入れていたのである。

(2) ユニフォームアパレル業の諸分類と事業内容

次に、制服等のユニフォームアパレル業の企画・生産・販売についてみてみよう。ここで扱うのは、表3-3に示した「学校服アパレル業」「事務服アパレル業」「作業服アパレル業」「スポーツ服アパレル業」「医療衛生服アパレル業」の５分類である。

表3-3　ユニフォームアパレルの企画・生産・販売等

				学校用 制服と運動			事務用		作業用		スポーツ用		医療衛生
				別注	既製	運動	別注	既製	別注	既製	別注	既製	
企画・デザイン		自社企画		◎	◎	◎	○	◎	◎	○	◎	◎	◎
		他社企画	商社等（*は百貨店等）				○*						
			横編ニッター										
生産	見込生産	国内生産	商社等経由			○						△	
			直・縫製業	○	△	○		△			△	△	△
			自社工場	○	○								
		海外生産	商社等経由		△	○		◎		◎	○	◎	○
			直・日系縫製業										
			直・海外系縫製業										
			自社工場（合弁含む）								△	△	
	受注生産	国内生産	商社等経由										
			直・縫製業	◎		◎	◎		○		○		○
			自社工場	◎		◎	△				△		
		海外生産	商社等経由			○	○		◎		○		
			直・日系縫製業										
			直・海外系縫製業										
			自社工場（合弁含む）								△		
販売	卸売	百貨店		△	△		○		○				
		各種専門店			○	○		△		○	○	◎	
		量販・チェーン店			△					○		△	
		代理店販売（カタログ）						◎		○		△	
	小売	自社店舗											
		ネット販売						△		△		△	△
		直接営業	直販	○		○	○		◎		○		○
			代理店（*は専門店）	○*					△				○

注：「◎」は、大半を占めている。「○」は、ある程度の量はみられる。「△」は、少ないが一定量はみられる。「空白」は、ほとんどみられない。「▲」は、かつては国内外において、自社工場、日系直などがみられたが、現在では大幅減を示している。なお、これらの特徴は、著者が訪問した学校服5社、事務用11社、作業用17社、スポーツ用2社、医療衛生3社の実態を反映させている。

①企画デザイン機能について

「ユニフォームアパレル業」の企画デザインを、先の「ファッションアパレル業」と比較すると、ファッション性を否定するものではないが、機能性が重視されること、また常に着続けることもあり耐久性が求められる点が異なっている。加えて、消防服であるならば、素材面での耐火性が問われるというようにそれぞれの用途にもとづき、製品企画に求められる企画要素も異なっている。

まず、「学校服アパレル業」については、かつては男子用であれば詰め襟、女子用はセーラー服というように、ほぼ決まった製品企画にとどめられていたが、現在では学校ごとにデザイン等が異なるなど、受注条件の一つにデザイン力が強く問われるというように変化している。また、アパレル企業と学校側とは、特命であったり、コンペであったりと様々な取引関係がみられる。

事務服については、「事務服アパレル業」と呼べる企業もみられるが、百貨店外商部、ユニフォームアパレル業などが、コンペ等の窓口的な役割を担うケースが多いようである。このうち、百貨店外商部を、事務服アパレル業と呼ぶには違和感があるが、そうした取引が長年続いていたことは否定できない。受注した外商部から製品生産を受注するアパレル企業は、ファッションアパレル業であったり、ユニフォームアパレル業であったり、それぞれの事務服の特性にしたがって決められていたようである。また、企画コンペに提出するデザインは、百貨店外商部の抱えている外部デザイナーによるケースも少なくなかった。また、これら別注品とは別に、既製事務服のカタログ事業も少なくない。

「作業服アパレル業」の事業としては、顧客企業個々に企画デザインする「別注事業」と、多種多様な機能性に富んだ既製の作業服を企画デザインする「カタログ事業」に分けることができる。前者については、先の事務服に近く、その多くが工場とか、物流とか、全国チェーンの飲食業とか、生産数量が多いケースである。後者については、作業服アパレル業が、品揃えを含めて企画デザインしたものといえる。

「スポーツ服アパレル業」については、大手スポーツメーカーの衣料品部門であったり、先の学校用運動着アパレル業[13]とも重なるが地域に根ざした小規模なスポーツ服アパレル業があげられる。これらは、それぞれブランド力であったり、素材を含めたきめ細かな対応力であったり、異なった戦略によって存立している。いうまでもなく、企画デザインも自社主体で行っているというのが実態である。

「医療衛生服アパレル業」については、大手企業[14]だけでなく、多種多様のユニフォーム製品を手がけている企業が、独自の製品づくりの中で存立しているといえよう。

②生産管理機能と国内外生産について

次に、ユニフォームアパレル業の生産管理機能と国内外生産について、製品分野別の特徴を整理しながら理解していくことにする。

ユニフォームアパレル業のうち、「作業服」の海外生産が活発であるのに対して、「学校服」と「事務服」では国内生産を主にするなど、製品分野によって国内外生産は異なっている。この点、「スポーツ服」については、大量品は海外生産、それも作業服と同様に、商社等による OEM 事業に依存している[15]。

ところで、作業服については、コスト対応が厳しく求められていること、また一定の生産ロットが期待できることなどを背景に海外生産が進展したと考えられる。ただし、この海外化については、先のファッションアパレル業などの海外生産に比べ、取り組み時期は比較的遅かったようである。それは、これらが使用する生地が、特殊な機能性を備えたものであることも多く、その海外調達体制が整うのが遅れたことにも起因している。また、作業服でも、量産が大半を占めるカタログ掲載品と、少量、短納期対応が要求されることが多い別注品とでは、国内外生産の取り組みが異なっていることにも留意する必要がある。

現在、日本製の生地を輸出し、海外で縫製する製品生産は、どのくらいの量を数えているのであろうか。機能性の高い生地が求められる一部の「作業服」とか、日本でしか製造できない高級・特殊生地を使用する「ファッションアパレル品」において、海外縫製のケースを個々には確認できるが、著者はそれらの定量的な把握に至っていない。それが可能かどうかは定かではないが、製品分野によって異なる国内生地、海外縫製というケースを、国内における生地の品目別、用途別、輸出量の推移などと合わせて理解していく必要があると考えている。

次に、「国内生産」という観点からみてみよう。先の海外生産で指摘したように国内生産のウェイトが高いのは、「学生服（学校服）」「事務服」である。これは、学校服が、詰め襟学生服のような既製服ではなく、学校ごとにデザインされた制服の普及により、２月、３月という年度末に確定する各学校の入学者数への対応、入学者一人ひとりの採寸に対応するための短納期体制の構築、年間を通じての生産平準化（在庫生産による）などを背景としている。

また、事務服のうち別注品については、百貨店、ユニフォームメーカーなどが参加するコンペで受注者が決められ、その後個々人のサイズ等へのきめ細かな対応も求められることも国内生産維持の理由の一つになっているといえる。このほか、ユニフォーム関連では、警察、自衛隊、消防などの特殊、かつ機能性が求められる生地を使用しているだけでなく、国内生産を規定する諸条件の存在が指摘できよう。

また、白衣等の「医療衛生服」については、大手医療衛生服アパレル企業が国内自社工場を備えているのに対し、小規模アパレル企業については、海外生産を含めて外部工場に依存しているケースが多いようである。

③販売体制（販路）

「学校服」は、各学校とアパレル企業が企画デザインを含めての契約を行うが、ユーザーである生徒は地域の小売店で購入するケースが大半のようである。ただし、この小売店は、近隣の衣料品店であったり、百貨店であったり、地域事情によって異なっている。最近は、近隣の小規模衣料品店の廃業が相次ぐことで直販体制を取るケースも増えてきているという[16]。

「事務服」と「作業服」のうち受注数量の多い「別注」では、窓口企業とユーザー企業との取引となり、注文数量の少ない「カタログ品」については、代理店経由での販売が多い。なお、この代理店は、数多くのアパレル業のカタログを備えるなど、特定の企業との専属代理店ではないところに特徴をみることができる。

「スポーツ服」では、スポーツアパレル業の位置づけは、スポーツ店に商品を卸す卸売業となる。ただし、地域需要としてのチームユニフォームについては、スポーツ店を経由してのネーム入れ等の付帯加工を手がけることが一般的である。また、プロスポーツなどのチームユニフォームについては、その組織との直接取引というケースもみられる。

「医療衛生服」については、これまでのユニフォームとは異質な取引形態がみられる。それは、医療衛生服の購入というのではなく、クリーニングと服リースによるリネンサプライ事業と組み合わせた事業が多くを占めているという点にある。ただし、こうした大がかりなリネンサプライ事業だけでなく、先の作業服等の代理店によるカタログ販売や、ネット販売も増えているようである。

2．戦後の衣料品製造業の発展と戦前の制服生産と肌着生産との繋がり

次に、アパレル産業の発展の歩みを、アパレル企業の製品企画を支えてきた「縫製業（工場と呼ばれる）」に焦点を当てながらみていくことにする。

(1) 作業服・学校服産地の形成・発展と戦前との繋がり

いうまでもなく、わが国の衣料品生産の一つの端緒は、明治以降の軍服生産であり、洋装に対する縫製加工技術の普及によって地域的な広がりをみせていったと考えられる。たとえば、作業服、学校服などの制服等（ユニフォーム）の生産地として発展する大阪、埼玉（羽生、行田などの北埼玉[17]）、広島、岡山（現、倉敷市児島）などは、それぞれ陸軍被服廠の大阪支廠、行田出張所、広島支廠、倉敷出張所による軍部の生産・調達が、縫製加工技術を地域化させていった例の一つといえよう[18]。

この点、縫製品（主に織物製）の従業者数を表している1953年の「繊維統計」によると（後の表3-4を参照）、従業者数が5千人を超えているのは、大阪13,157人、東京8,945人、埼玉8,418人、岡山6,740人であり、先にあげたユニフォーム産地と重なっているところが少なくない。加えて、広島についても、1,399人を数えるなど、戦前との繋がりが認められる。なお、大阪、東京については、こうしたユニフォームだけでなく、総合的な衣料品生産拠点であり、特定の影響のみで単純に語ることはできない。

いずれにしても、これらのユニフォーム業は、戦後の製品展開において自社で企画デザインし、縫製工場を社内に備えるケースが少なくなかったのである。

(2) メリヤス（ニット）業の集積と戦前の肌着生産との繋がり

わが国のメリヤス（ニット）[19]の生産は、東京、大阪を中心に明治期に始まるが、その製品の多くは、肌着であった。また、戦前における衣料品の輸出についても、大半が東アジア向けの肌着であったことが知られている。

1978（明治11）年には、「綿メリヤス製肌着」が1,474ダース輸出され[20]、1910（明治43）年には422万ダース[21]というように飛躍的に拡大している。さ

図3-1　戦前における衣料品輸出量の推移

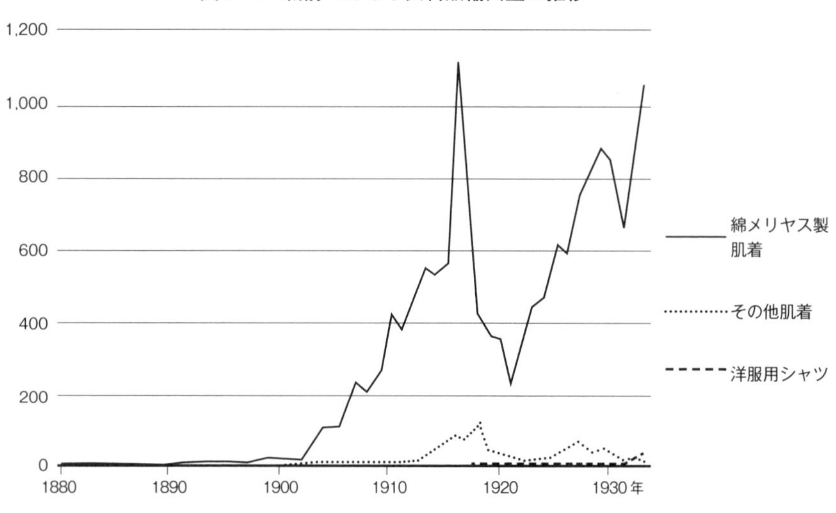

注：単位は、万ダース。
資料：日本輸出縫製品工業協同組合連合会・日本輸出縫製品工業組合『輸縫連二十年史』1976年、38-41頁（データ出典は、東洋経済新報社『日本貿易清覧』）、より作成。

らに、1916（大正5）年には、1,130万ダースに及んでいる。しかし、戦時下に突入する中で衣料品輸出は急減というよりストップする。

ところで、これらメリヤス肌着の輸出について、大阪でメリヤス肌着等を製造し、輸出していた現・安泰ニット、現・吉田元工業の社史[22]などによると、明治から第一次世界大戦までは、神戸のイギリス系、インド系、アラブ系、中国系の外国商館を通じて、インド、香港、シンガポール方面へと輸出されていたことが認められる。また、1937（昭和12）年頃の大阪のメリヤス生産は国内の30.8%を占め、そのほとんどが輸出されていた。およそ、日本のメリヤス製品輸出の約70%に及んでいたようである[23]。

こうした大阪における輸出型の肌着生産という特徴は、戦後も引き継がれ、東京メリヤス（ニット）業が国内向け肌着生産から中衣・外衣生産へと早くから転じていったのとは対照的に、肌着等の下着生産が現在なお少なくないということに繋がっているといえよう。

この点、「繊維統計」に基づき1953年の都道府県別の従業者数を多い順に並べると（後の表3-5を参照）、大阪5,391人、東京4,619人、愛知3,968人、そして今なおファッション性に富んだ下着生産に特徴的な神戸を中心とする兵庫が3,327人、生地産地に特化していく和歌山が2,369人と続いている。

3．戦後の輸出ブームと国内市場拡大の中での全国的な広がり

戦後の衣料品生産の拡大の契機は、大きく二つに分けて考えることができる。一つは、1955年を起点とする「1ドルブラウス[24]」という括り方がされる輸出ブームの到来があげられる。もう一つは、60年代以降の既製服化、ファッション化の進展である。前者が限られた地域とはいえども縫製業の全国的広がりの一つの契機であり、後者はそれを一段と拡大していった最大の原動力という関係にある。

少なくとも、こうした二つの流れが、アパレル企業と縫製業を、それぞれ独立の業種業態として成立させていく過程に重なったともいえるのである。ただし、それ以前もアパレル企業と縫製業が独立した存在であるケースも確認できるし、また今日なお両者が一体となって事業活動を行う製品分野も存在するなど多様であるが、大半はこうした分業化、専門化の流れの中で設立されていったとみてよいだろう。

(1) 1ドルブラウスの輸出ブームに関わる縫製業

1947年、交易営団保有の綿布のうち、87万ヤードを原材料とする輸出計画生産が実施され、12,344ダースのワイシャツをはじめ、衣料品がすべてオランダ領東インド（ほぼ現在のインドネシア領）へ輸出された。続いて、アメリカからの輸入原反による第2回輸出生産計画では、81工場（縫製工場）に委託加工し、第3回では325工場、第6回では462工場へ委託生産が拡大されていった。また、47年に制限つきで再開された民間貿易も徐々に拡大し、輸出手続きも簡素化されていく[25]。

こうした時代を経た53年、アメリカ市場への綿ブラウス5,318ダースの輸出に成功し、翌54年には17万ダースを輸出する。そして、55年に「1ドルブラウスブーム」が到来する。アメリカを含めての綿ブラウスの全輸出は、54

年の27万ダースから、55年には456万ダースもの輸出検査実績を残したのである。

しかし、この圧倒的ともいえる「1ドルブラウス」の急角度での輸出増は、アメリカ国内における輸入規制へと繋がったともいわれている。しかし、それは、55年ではなく、ブームといわれる前年の54年の夏にすでにその動きがみられたことに注目したい[26]。いずれにしても、アメリカ向け繊維製品輸出は、71年の日本側の自主規制受入（72年1月3日、日米繊維協定の締結）によって急激に落ち込んでいく。その後の84、85年には、再び日米繊維交渉が開かれるなど、50年代、60年代とは比べようもないが輸出量の増加がみられるが、85年のプラザ合意以後の円高を持って、日本の衣料品輸出は、ほぼ終焉したのである。

ところで、こうした輸出品を手がける縫製業等は、56年に設立された日本輸出縫製品工業組合連合会の下に結集する。そして、粗悪品を排除することを目的とした工場登録制度が設けられ、傘下全組合員に全国一連番号を配分し、製品に登録番号を明示するなどして生産者の責任体制を整えていくことになる。さらに、59年1月には、登録したミシン以外で輸出向け縫製品を生産できないという登録制度も開始する。このときの総登録台数は、32,452台を数えていた[27]。

また、62年時点の各地区の組合員数は、総数で625、地区別では群馬16、東京36、神奈川71[28]、東海33、富山4、石川41、福井11、京滋33、奈良23、大阪107、兵庫29、和歌山8、岡山67、広島35、香川30、愛媛50、徳島31を数えていた。また規模別では、10人以下59、11 － 50人316、51 － 100人139、101 － 300人99、300人以上12という構成であった[29]。

こうした輸出向けの生産体制は、極めて短期的に、総合商社の輸出事業、紡績業・化合繊メーカーの綿生地供給の下に、大手縫製業、製造問屋が賃加工での元請けとなり、自社の工場や下請縫製業で縫製加工していくという構図の中で築かれていく[30]。とはいえ、時代変化はさらに急激であり、60年当時、全国の40 ～ 50%を扱っていた大阪の元請けの下にあった大阪の下請縫製業は、輸出縫製品の縫製現場が地方[31]に移る中で、拡大しつつあった内需に機敏に転換していったようである[32]。

図3-2　国内生産（推計）に占める輸出品の割合

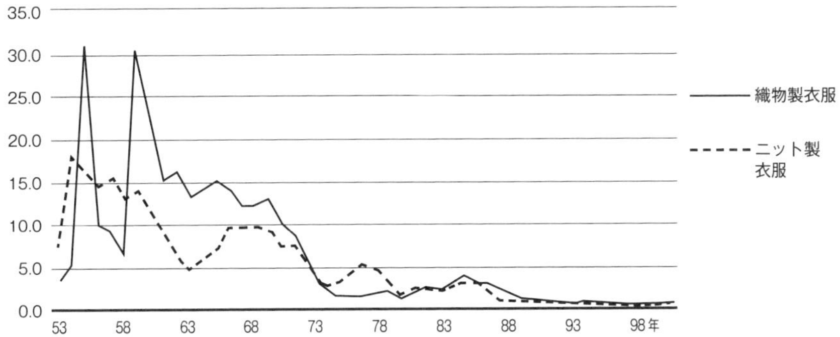

35.0
30.0
25.0
20.0
15.0
10.0
5.0
0.0
53
58
63
68
73
78
83
88
93
98年
織物製衣服
ニット製衣服

注：単位は、%。国内生産量は、第1章の図1－1、2（「工業統計」と「繊維統計」）に示した従業者数の比較による推計に基づく。

資料：生産量は『工業統計表』『繊維統計年報』の各年版、輸出量は、日本化学繊維協会『繊維ハンドブック』（元データは、「貿易統計」）各年版、より作成。

図3-3　輸出縫製品の品目別推移

60,000
50,000
40,000
30,000
20,000
10,000
0
55
60
65
70
75
80
年
ブラウス
スポーツシャツ
ドレス・ワークシャツ
ズボン
コードドレスほか
スカート
ガウン・パジャマ
下着類

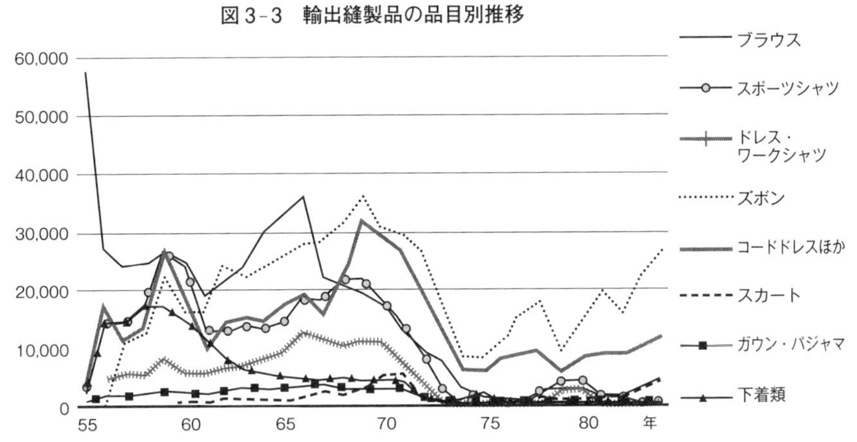

注：単位は、千点。

資料：日本輸出縫製品工業協同組合連合会・日本輸出縫製品工業組合『輸縫連二十年史』1976年、pp.638-639、株式会社インターアパレルパブリケーション『創立30周年記念 輸縫連史：追補版（昭和51年～同60年度）』輸縫連、p.162、より作成。

ところで、こうした輸出縫製品が国内生産に占める割合は、図 3-2 に示すように 50 年代が 10 ～ 30%、60 年代が 10%前後を占めていたが、その後は次項で検討する国内市場の飛躍的拡大により大きく低下していく。とはいえ、輸出縫製品の生産体制の整備は、限定的ではあるものの地方圏を含めた縫製工場の地域的広がりという、その後の日本国内における縫製業の全国的広がりの一つの契機になったことは間違いない。

(2) 既製服化とファッション化の進展の下での縫製業の全国的拡大

さて、60 年前後を境に、わが国の衣料品市場は、大きく変貌していくことになる。戦前、戦後復興期の国内衣料品市場の大半は、婦人服市場が皆無というわけではないが、戦前の軍服、学生服などの制服と下着類の多くが男性用であり、戦後も作業服・学生服などの男性用ユニフォームの時代であったといえる。ちなみに、女性用の洋服の多くは、和装の仕立てが家庭で行われていたと同様に家庭で作られていた。

図 3-4 は、織物製衣服製造業の主要製品別に分類された業種別従業者数の推移である。まず、織物製衣服を主とする縫製業（アパレル企業の縫製事業所も含む）全体の従業者数の推移についてみてみよう。図を眺めると、55 年以降から 76 年前後まで、急角度で従業者数が拡大していることが注目される。繰り返しになるが、生産数量に占める輸出量の割合は、先の図 3-2 にみられるように、70 年代以降は 1 割を大きく割り込んでいた。にもかかわらず、70 年代も国内衣服製造業の従業者数が増加し続けていたのは、内需拡大が、輸出減を大きく上回る勢いであったことを示している。

続く 70 年代中頃から 90 年代初め頃までについては、緩やかな上昇に転じている。この時期も、市場拡大に伴う生産力拡大が求められていたが、同時期、拡大発展する自動車、電機などの機械産業の地方展開が繰り広げられていたこともあり、賃金水準の劣る縫製業の人手確保は深刻さを増していたようである[33]。

とりわけ、低価格需要に多く依存していた縫製業においては、そうした危機感を早くから持っていた。その一つの結果が、低価格品を数多く扱う岐阜アパレル及び量販店との関係が深かった岐阜縫製業の 80 年代中盤以降の中国進出

図3-4　織物製衣服製造業の従業者数の推移

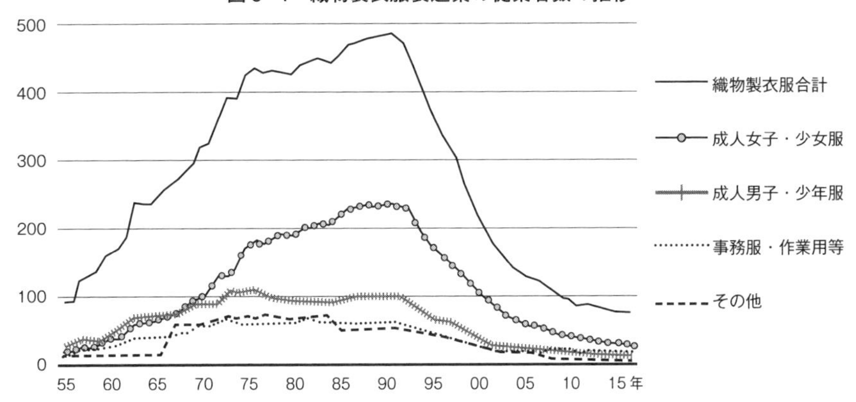

注：単位は、千人。
資料：『工業統計表・産業編』各年版、より作成。

にみられるといってよいだろう[34]。

一方、衣服製造業の従業者数は、90年代はじめまで緩やかに拡大するが、主要製品に基づく業種レベルでは微妙な違いをみせている。それは、70年代中頃から拡大していたのは、「成人女子・少女服」という女性用ファッション分野のみであり、他の製品分野を主とする縫製業は、緩やかな縮小基調にあったという違いである。

(3) 拡大期における都道府県別の従業者数変化の特徴と背景

ここでは、表3-4と表3-5にしたがって、都道府県別の従業者数の変化の特徴をみていくことにする[35]。この場合、60年代、70年代の従業者数については、繊維統計の60年、70年、80年の数値を、工業統計の80年と繊維統計の80年と見比べ理解せざるを得ないことを断っておきたい。その理由の一つは、「織物製縫製品」の場合、繊維統計の60年が10台以下を調査対象外とする「裾切り調査」であり、工業統計の従業者数との比較による捕捉率が54%にとどまっていること、また70年、80年の調査対象は設備ではなく、従業者数29人以下が調査対象外というように、異なっているからにほかならない[36]。ちなみに、70年、80年の従業者数レベルの捕捉率は、工業統計と比較すると、42.1%、38.6%に低下している。

もう一つは、全数調査である80年の工業統計で確認できる都道府県別の1事業所あたりの平均従業者数の違いが、それぞれの従業者数の捕捉の違いに影響していることがあげられる。たとえば、最も平均従業者数の小さい東京の6.5人と、平均が30人を超える東北地方の繊維統計における捕捉率は、自ずと異なっているであろう。

これらを踏まえての「織物製縫製品」における都道府県別の従業者数の推移については、次のように集約することができよう。

一つは、60年代、70年代を通じて、全都道府県において、大雑把であるが従業者数が拡大傾向にあったことがあげられる。もちろん、東京では、60年の21,217人（繊維統計）に対し、80年の工業統計では23,872人に達するなど、拡大しているようにみえるが60年の捕捉率と東京の小規模性を考慮すると、60年代、70年代を通じて、すでに緩やかな縮小傾向にあったともいえる。この点、繊維都市大阪については、60年12,568人（繊維統計）に対して、80年24,475人（工業統計）であり、捕捉率と小規模性を考慮すると、拡大傾向が続いていたとの見方もできるが、70年12,724人（繊維統計）と80年7,376人（繊維統計）をみると、70年代には縮小傾向に入っていたとの推測もできるのである。

二つは、緩やかな拡大傾向をみせていた70年代後半から90年代初めまでの推移を、工業統計80年、85年、93年で眺めると、縫製業の集積に著しい岡山、岐阜、東京では80年が最も多く従業者数を数えているのに対し、北海道、東北、九州、そして新潟・富山・石川、山口などでは、93年を最大にしているというような違いがあげられる。少なくとも、後者の道県において、国内縫製業の人手確保難を、かなりカバーしていたことが認められる。

三つは、輸出縫製業の拠点であり、かつ大阪のアパレル業や縫製業などの影響下にあった四国、山陰、近畿圏などは、バブル経済に向けての生産拡大からは遠のいていったことがあげられる。もちろん、これら地域の縫製業の多くも、輸出型から内需型へ転換していくが、衣料品生産、とりわけファッションアパレル産業の中心が、大阪から東京へ移って行く過程の中で取り残されたところが少なくなかったという見方もできよう[37]。

他方、「ニット（メリヤス）生地、ニット衣服」の立地動向については、表

表3-4　織物製衣服製造業の都道府県別従業者数の推移

	繊維統計・織物製・縫製品				工業統計・経済センサス・衣服製造業						
	1953	1960	1970	1980	1980		1985	1993	2000	2015	
					実数	平均				実数	平均
北海道	762	550	1,072	1,887	*4,191*	22.2	*4,288*	*8,009*	*4,241*	1,604	17.1
青森	62	4	164	1,963	2,672	58.1	*6,566*	*13,359*	*6,998*	3,667	38.6
岩手	209	141	130	2,833	6,038	36.6	*8,581*	11,785	7,543	3,134	25.3
宮城	150	100	2,534	4,299	6,686	36.9	*7,835*	10,044	5,064	1,747	21.3
秋田	74	17	1,422	7,870	*11,478*	30.6	*15,646*	20,551	10,711	5,508	22.0
山形	119	47	80	2,199	6,773	35.8	*9,270*	*12,287*	*6,726*	3,986	31.4
福島	289	385	2,179	7,866	17,943	32.8	21,355	21,867	11,919	4,447	16.1
茨城	522	434	2,883	4,385	12,091	14.8	12,266	*9,987*	*5,573*	1,186	6.0
栃木	609	470	2,878	5,402	12,879	10.1	11,854	9,666	5,091	1,447	5.9
群馬	921	1,687	2,843	2,609	8,351	9.5	7,429	6,551	*3,386*	1,032	6.3
埼玉	8,418	5,744	6,640	5,996	17,285	9.1	15,756	*14,488*	7,745	2,983	5.9
千葉	610	681	2,252	2,757	7,562	14.1	7,317	6,739	3,901	1,330	8.3
東京	8,945	21,217	5,157	4,880	23,872	6.5	19,018	13,118	8,049	2,821	4.2
神奈川	887	917	1,022	974	3,822	7.4	3,732	*3,143*	*1,682*	695	8.5
新潟	1,261	682	2,050	2,265	14,192	23.3	*15,537*	*16,379*	*8,342*	2,599	14.2
富山	227	302	474	641	3,750	22.2	*4,403*	*4,642*	*2,080*	742	20.1
石川	1,672	2,340	1,987	3,056	6,543	22.7	*6,500*	*7,398*	*2,716*	1,121	18.4
福井	331	539	1,654	2,042	4,546	21.5	4,490	4,005	*1,967*	852	15.2
山梨	553	353	533	1,089	*2,607*	11.9	*2,093*	1,756	*914*	386	7.6
長野	1,500	1,959	2,450	2,890	*5,160*	23.6	*4,675*	*4,307*	*1,806*	741	13.5
岐阜	863	1,055	4,012	5,073	*25,950*	6.7	25,706	24,764	12,564	4,149	5.0
静岡	1,635	1,450	2,701	1,588	3,534	20.7	*3,316*	*2,699*	*1,008*	479	9.8
愛知	3,850	5,299	6,295	4,717	*15,703*	8.0	16,045	*13,811*	*5,685*	2,088	5.7
三重	291	130	939	1,749	5,561	14.5	5,967	*4,225*	*1,489*	611	9.4
滋賀	435	989	1,861	1,189	3,506	12.5	*3,688*	*3,030*	*1,127*	489	11.1
京都	2,139	2,754	4,842	2,495	5,626	12.6	5,166	*3,977*	*1,790*	783	8.2
大阪	13,157	12,568	12,724	7,376	24,475	6.9	25,876	22,186	11,068	3,404	5.4
兵庫	3,071	2,504	3,189	3,174	9,894	13.4	8,808	8,094	*2,674*	1,694	9.6
奈良	627	325	695	269	2,456	8.2	2,582	*2,025*	*1,081*	468	6.0
和歌山	621	570	1,737	1,603	*5,620*	12.5	*4,818*	*3,062*	*1,119*	437	6.7
鳥取	71	19	4,612	4,779	7,280	34.3	8,621	7,926	*4,561*	1,832	38.2
島根	141	66	1,668	4,710	*7,389*	30.7	9,186	8,762	*2,937*	873	15.9
岡山	6,740	13,033	19,197	16,346	30,023	15.3	29,964	25,588	13,382	6,979	15.3
広島	1,399	2,256	9,433	5,477	17,483	12.6	19,249	18,063	*8,783*	4,008	8.3
山口	142	189	1,869	3,097	4,815	35.4	5,634	6,150	*3,246*	1,069	29.7
徳島	1,303	1,038	3,835	2,794	*9,399*	24.2	9,096	7,288	*2,707*	858	11.9
香川	1,156	1,283	4,692	3,648	9,361	21.0	8,631	6,729	2,963	665	10.2
愛媛	887	1,801	2,950	4,582	*12,749*	20.9	*14,070*	*11,579*	*4,081*	1,215	10.7
高知	89	-	726	2,744	3,977	25.0	5,029	4,689	1,522	371	15.5
福岡	944	369	1,916	2,550	*8,038*	28.5	9,244	*10,950*	5,213	1,816	14.9
佐賀	46	90	1,145	2,424	*4,461*	47.5	5,819	7,044	*3,196*	1,879	34.8
長崎	112	-	976	3,494	6,964	61.1	8,541	*12,026*	6,143	2,719	32.0
熊本	243	261	354	2,697	*6,061*	37.2	8,856	10,233	*3,926*	1,381	18.9
大分	6	21	-	1,815	*2,862*	36.2	*3,481*	*5,093*	2,577	524	17.5
宮崎	96	81	120	2,004	4,592	58.8	*6,448*	8,323	*4,262*	2,140	35.7
鹿児島	114	21	131	2,376	3,792	55.0	*4,044*	6,221	*3,037*	1,612	23.7
沖縄	外	外	外	307	*602*	16.7	*635*	*576*	*319*	242	14.2
合計	68,299	86,741	133,023	163,080	423,003	13.4	448,671	447,025	222,970	86,377	7.8
標本推計	3,990	-	-	-							
公表合計	72,289	86,741	133,023	163,080							
調査対象（標本・裾切り）	標本調査10台以下1/10	10台以下裾切り	29人以下裾切り	左同	全数調査		全数調査	1－3人は推計	1－3人は推計	全数調査	
工業統計	92,030	160,665	315,701	423,003							
捕捉率	74.2	54.0	42.1	38.6							

注：単位は、人。工業統計で秘匿を含む場合は、斜字で表示。捕捉率は、繊維統計の都道府県合計（標本推計を除く）と工業統計の比較である。

資料：『繊維統計年報』各年版、『工業統計表』各年版、『経済センサス』2015年版、より作成。

表 3-5　ニット生地・衣服製造業の都道府県別従業者数の推移

	繊維統計・メリヤス生地・衣服				工業統計・経済センサス・ニット生地・衣服製造業						
	1953	1960	1970	1980	1980		1985	1993	2000	2015	
					実数	平均				実数	平均
北海道	112	168	-	x	x	-	70	450	*267*	114	16.2
青森	6	-	999	2,155	*553*	34.6	838	1,580	*957*	569	15.4
岩手	61	-	966	2,201	2,197	31.8	*2,809*	2,378	*1,453*	436	17.4
宮城	19	-	1,026	1,507	*1,732*	30.4	2,522	1,813	1,232	515	17.2
秋田	130	67	875	2,893	2,923	41.2	*3,613*	4,440	*3,522*	1,729	17.3
山形	214	557	3,575	5,156	7,610	14.9	8,557	7,624	*4,382*	1,473	12.7
福島	301	976	2,251	2,532	7,025	10.2	7,611	6,264	*3,667*	1,662	11.0
茨城	138	150	323	437	1,298	9.0	1,434	1,135	*699*	144	4.5
栃木	1,115	2,530	1,548	2,112	4,447	6.8	4,266	3,916	2,685	871	4.2
群馬	633	1,767	**6,458**	1,569	3,624	6.5	3,569	2,964	1,963	757	5.2
埼玉	1,560	3,033	2,183	767	2,076	7.7	2,455	2,246	*1,713*	655	6.2
千葉	317	320	597	1,049	2,144	8.6	2,290	2,341	*1,496*	569	6.5
東京	4,619	10,513	7,862	1,814	8,624	4.2	*8,151*	6,586	4,667	1,853	4.1
神奈川	791	2,891	4,336	446	284	10.9	343	249	*146*	113	7.5
新潟	552	2,938	**947**	6,231	14,718	14.0	14,351	14,219	*8,561*	3,751	13.7
富山	594	1,664	2,959	2,578	3,508	20.0	4,270	3,258	2,460	1,686	17.6
石川	105	295	299	949	1,950	6.7	2,126	2,127	1,677	1,038	10.4
福井	529	838	2,553	2,227	6,007	31.0	6,724	5,725	*4,725*	3,393	22.0
山梨	405	945	1,418	1,642	2,843	12.4	2,464	2,022	*1,098*	442	8.7
長野	669	1,795	1,356	1,858	2,679	9.1	2,535	2,219	*1,036*	244	6.4
岐阜	610	457	580	1,081	1,817	10.2	2,073	1,580	1,321	667	6.1
静岡	456	503	649	147	*307*	10.6	325	221	*343*	176	8.8
愛知	3,968	3,511	3,085	2,860	8,473	7.3	8,688	7,909	4,763	1,728	6.2
三重	531	435	542	1,435	1,640	19.8	*1,742*	1,770	1,071	347	10.2
滋賀	405	108	533	957	1,056	16.0	1,000	707	*430*	201	7.2
京都	904	2,063	4,003	4,166	4,195	22.9	*3,421*	2,688	*1,782*	802	12.3
大阪	5,391	10,284	8,056	3,918	16,474	7.0	17,414	15,717	10,049	2,692	4.8
兵庫	3,327	3,563	6,305	4,328	5,284	23.4	*5,295*	4,503	2,904	1,048	11.9
奈良	1,555	2,874	4,386	3,487	3,268	7.5	3,995	3,750	*2,655*	1,051	7.5
和歌山	2,369	3,083	3,426	2,165	5,620	12.5	6,153	5,842	3,737	1,586	9.4
鳥取	-	-	1,426	2,623	2,664	32.9	2,536	2,126	*1,360*	594	15.2
島根	-	-	175	1,921	7,389	30.7	*2,260*	3,533	*2,277*	789	12.7
岡山	322	156	1,576	2,136	3,876	33.4	3,973	3,382	*2,510*	1,714	17.9
広島	220	161	72	78	301	25.0	525	901	*668*	281	6.7
山口	77	31	400	980	*1,278*	75.2	*1,814*	1,886	*562*	118	6.2
徳島	247	443	475	2,144	1,824	27.6	*3,635*	3,120	*1,971*	597	11.1
香川	664	107	871	1,156	1,345	8.6	*1,576*	1,400	*738*	158	6.3
愛媛	194	39	167	1,034	1,576	21.3	2,301	2,366	*1,437*	674	10.5
高知	69	82	99	846	1,694	47.1	*1,935*	1,604	*1,124*	478	16.5
福岡	237	254	443	712	1,830	50.8	*1,307*	1,207	739	316	28.7
佐賀	24	15	267	630	*401*	50.1	*487*	503	*603*	205	12.1
長崎	13	16	223	2,383	1,560	78.0	*1,977*	*2,060*	*1,789*	444	18.5
熊本	13	-	1,426	2,672	2,219	61.6	*2,330*	*2,546*	*1,680*	763	21.2
大分	6	-	346	1,184	650	43.3	958	1,069	*685*	316	28.7
宮崎	-	-	624	1,819	1,681	58.0	1,688	2,346	*1,137*	428	28.5
鹿児島	135	60	130	1,192	928	37.1	*1,179*	*1,929*	*1,292*	561	35.1
沖縄	外	外	外	X	X	-	217	156	120	169	15.4
合計	35,589	60,562	82,816	88,737	151,198	11.3	163,022	151,377	99,925	40,917	7.1
標本推計	7,550	15,380	83,980	-							
公表合計	43,139	75,942	166,796	88,737							
調査対象（標本・裾切り）	標本調査1/10、経5・丸20・横10・ミシン20台以下	標本調査1/20、経5・丸20・横10・ミシン20台以下	標本・裾切り調査／標本1/20、経5・丸横4-50、ミシン30台以下／裾切り、経丸横4台以下	裾切り／生地等19人以下、縫製専業29人以下	全数調査		全数調査	1－3人は推計	1－3人は推計	全数調査	
工業統計	55,200	111,911	215,402	183,197							
捕捉率	64.5	54.1	38.4	48.4							

注：単位は、人。工業統計で秘匿を含む場合は、斜字で表示。捕捉率は、繊維統計の都道府県合計（標本推計を除く）と工業統計の比較である。1970年、群馬6,458人、新潟947人は、資料のデータのとおりである（ゴシック表示）。

資料：『繊維統計年報』各年版、『工業統計表』各年版、『経済センサス』2015年版、より作成。

3-5のとおりである。これによると、戦前のメリヤス業（生地と縫製）の流れを引き継ぐ大阪、東京、愛知、兵庫、和歌山などに加え、戦後に織物からニットへと転じていったところが少なくない新潟、山形、福島などのセーター類の産地として発展する横編ニット業の集積地、そして丸編ニット生地をカットし縫製するタイプの縫製業の立地が複雑に絡むなど、多様な立地特性をみることができる。

(4) 織物製衣服製造業の業種別・都道府県別の立地特性

次に、織物製衣服製造業の業種別・都道府県別の立地特性を、海外生産の進展していない80年と、従業者数のピーク時（91年）に比べ大差ない93年[38]を取り上げ、両者を比較しながらみていくことにする。

まず、「成人男子・少年服製造業」の立地特性についてである。80年と93年を比較すると、全国合計では80年の従業者数が多いが、都道県別にみると93年が多い地域も少なくない。特に、福島を除く東北、九州の各県が93年を多くしているのは、80年代を通じて地方展開が進展していたことを示している。たとえば、東京と岐阜の縫製業が東北へ、大阪の縫製業が九州へと分工場を展開していったことも一つの背景に数えあげられる。

この点、「婦人・子供服製造業」については、80年よりも93年が従業者数を多くしている。これは、ファッション化と高価格化を背景に女性服の国内生産が活発であったことを示している。93年に従業者数が1万人を超えていたのは、岐阜、福島、大阪、新潟の4府県であるが、このほか地域的には東北、九州、中国地方、新潟・石川・福井などにおいても従業者数を増やし続けていたことが認められる。

「事務服・作業服・衛生用・スポーツ用衣服製造業」は、80年が93年を上回っている。80年の都道府県別を眺めると、岡山11,547人を最大に、広島8,508人、秋田3,129人、埼玉2,593人、愛媛2,375人、香川1,593人と続いている。93年の従業者数が多いのは、東北、九州、新潟を含む北陸（福井を除く）などである。

「学校服製造業」については、岡山での生産が圧倒的であることが指摘できる。これは、三大学生服メーカー[39]が、すべて岡山に所在しているだけでなく、

表3-6　織物製各種衣服製造業の都道府県別従業者数の推移

	男子服→成人男子・少年服			婦人・子供服製造業			事務用・作業用・衛生用・スポーツ用衣服			学校服製造業			中衣製造業→シャツ製造業			下着→下着・寝着		
	1980	1993	2015	1980	1993	2015	1980	1993	2015	1980	1993	2000	1980	1993	2015	1980	1993	2015
北海道	1,867	2,614	567	1,098	3,998	418	744	998	533	130	179	139	352	85	61	-	x	25
青　森	800	3,313	1,378	1,062	8,102	1,786	81	710	450	-	-	-	316	601	-	201	163	28
岩　手	953	1,844	865	2,957	6,588	1,611	940	1,317	429	-	25	20	197	619	70	639	624	122
宮　城	1,828	2,464	451	3,299	5,621	789	881	1,022	467	48	117	111	140	238	40	200	108	-
秋　田	2,504	4,160	1,358	4,275	9,981	2,159	3,129	4,621	1,776	-	-	-	906	832	143	664	715	14
山　形	2,220	2,290	483	3,832	7,303	3,197	351	1,923	237	39	47	49	331	474	58	x	250	11
福　島	3,106	2,927	556	9,936	13,849	2,298	843	1,185	368	116	115	66	3,016	2,842	1,110	303	416	39
茨　城	3,793	2,409	305	7,154	6,709	728	410	384	137	215	108	159	322	206	11	154	171	5
栃　木	2,314	1,662	277	8,412	6,535	791	712	437	114	142	128	75	364	244	73	543	422	62
群　馬	2,242	1,546	376	4,826	4,073	544	856	551	71	40	59	x	214	133	15	99	129	15
埼　玉	4,804	3,330	732	8,341	7,983	1,448	2,593	2,083	746	828	686	420	377	279	38	281	37	14
千　葉	1,366	923	173	4,569	4,472	708	181	282	179	40	31	39	1,078	777	200	122	93	34
東　京	4,488	2,290	360	16,044	8,842	1,898	1,159	669	288	263	168	98	1,613	1,038	228	207	192	41
神奈川	393	516	70	2,164	1,598	236	206	283	334	261	82	173	65	x	5	565	108	8
新　潟	4,433	4,135	503	7,902	10,265	1,575	1,050	1,437	280	53	90	89	176	234	201	578	218	40
富　山	353	264	2	1,665	1,271	231	1,150	1,995	173	11	x	-	25	159	-	143	246	10
石　川	1,641	1,062	161	2,984	3,749	263	809	1,455	326	70	x	-	806	651	31	125	142	200
福　井	454	472	174	2,024	2,209	395	542	439	141	29	22	20	632	192	-	630	425	16
山　梨	346	227	28	2,128	1,402	281	69	27	71	26	80	31	40	x	4	x	20	2
長　野	870	569	201	1,966	1,559	134	727	246	143	35	20	x	1,532	1,813	237	30	x	5
岐　阜	7,184	5,398	629	16,674	18,343	3,293	1,128	433	158	102	73	63	667	280	42	195	237	21
静　岡	577	147	13	981	1,071	165	857	593	251	149	166	88	397	385	9	352	156	34
愛　知	3,626	2,408	231	8,649	9,000	1,040	1,699	1,358	717	206	309	367	567	354	35	956	382	63
三　重	1,190	897	58	2,710	2,429	282	297	310	140	169	120	100	318	135	10	761	334	86
滋　賀	360	250	175	1,027	1,317	48	90	102	78	11	x	x	314	51	11	554	422	81
京　都	841	724	146	1,889	1,554	323	351	251	46	52	x	x	416	302	-	1,264	813	140
大　阪	8,728	6,667	1,090	10,382	10,771	1,524	1,217	1,200	362	229	428	257	2,475	1,809	220	1,444	1,028	190
兵　庫	1,095	1,086	186	4,337	3,719	654	1,278	743	279	169	97	87	1,554	808	150	1,289	1,291	237
奈　良	151	169	15	1,061	910	174	406	164	130	29	x	19	297	77	24	464	805	105
和歌山	648	236	37	1,918	1,259	187	358	357	69	x	34	x	376	145	2	2,320	1,031	142
鳥　取	2,812	2,289	820	2,257	3,078	168	591	277	200	-	-	-	979	950	390	641	538	27
島　根	1,432	1,912	87	1,941	2,618	246	1,622	2,064	294	x	104	x	1,065	698	-	1,183	1,032	88
岡　山	4,037	4,098	1,064	6,891	7,016	1,310	11,547	8,217	4,031	5,146	4,098	2,804	958	923	369	1,043	793	63
広　島	3,131	4,354	812	5,123	6,392	1,818	8,508	6,104	1,269	67	45	x	135	150	63	519	1,018	46
山　口	607	418	31	1,244	1,884	75	1,510	1,568	531	550	546	392	99	115	1	264	521	105
徳　島	1,355	824	15	2,871	2,764	270	1,903	1,493	470	419	163	230	1,293	559	-	1,558	1,485	97
香　川	1,241	1,054	48	3,336	2,325	255	2,593	1,823	190	107	71	56	1,162	599	160	922	857	10
愛　媛	1,499	1,334	134	6,531	6,249	541	2,375	2,067	316	52	77	-	746	314	10	1,546	1,538	212
高　知	399	491	-	814	1,453	45	1,397	1,190	160	127	225	159	735	662	124	904	668	38
福　岡	1,787	2,316	316	3,820	6,091	999	1,630	1,684	276	294	240	69	507	532	75	x	87	27
佐　賀	1,461	2,026	378	1,975	2,730	820	484	701	426	78	335	224	x	350	27	145	445	44
長　崎	2,162	3,900	776	1,269	2,250	381	967	1,289	161	220	x	44	934	1,865	411	664	1,519	418
熊　本	838	1,548	69	2,464	5,001	503	1,588	1,668	282	179	123	186	281	1,039	319	711	644	68
大　分	452	780	41	821	1,813	190	594	603	147	x	x	119	517	1,251	17	478	646	129
宮　崎	2,207	2,997	867	1,282	3,180	353	422	510	692	210	747	746	311	380	134	160	509	34
鹿児島	1,094	1,526	91	660	1,483	112	415	155	237	305	457	243	346	1,722	438	806	246	515
沖　縄	165	66	2	236	235	8	126	89	93	x	121	94	x	65	139	x	x	-
合　計	91,854	88,932	17,177	189,801	223,044	37,274	63,386	59,077	19,268	11,447	10,817	7,907	30,039	28,030	5,705	26,352	23,683	3,214

注：単位は、人。2015年の学校服製造業は、事務用・作業服等に含まれている。このため、学校服の2015年は、2000年を表示。表中の「-」は、記載なし、「x」は秘匿を表す。

資料：『工業統計表』80、93年版、『経済センサス』2015年版、より作成。

多くの学生服メーカーが立地していることを反映している。すなわち、ここでは縫製業というよりも工場を備えるアパレル企業の立地を反映した結果であるといえよう。

「シャツ製造業」については、80年を最大としている。福島3,016人、大阪2,475人、東京1,613人、兵庫1,554人、長野1,532人、徳島1,293人、香川1,162人、千葉1,078人、島根1,065人が1,000人を超えている都府県である。93年では、東北、九州への広がりもみられるものの、全体的には縮小期に入っている。

「下着製造業」についても、93年に比べ80年が従業者数を多く数えている。和歌山2,320人を筆頭に、徳島1,558人、愛媛1,546人、大阪1,444人、兵庫1,289人、島根1,183人、岡山1,043人というように、圧倒的に西日本中心の立地傾向にあることが認められる。これは、大阪、神戸、京都などに多くの下着メーカーが立地し、それらの自社縫製工場、下請工場などが西日本に展開されていることを反映しているのかも知れない。

(5) ニット生地・衣服製造業の業種別・都道府県別の立地特性

次に、「ニット生地・衣服製造業」における立地特性をみていくことにする。ところで、ここでは先の織物製衣服製造業で比較した80年、93年ではなく、「85年」と「95年」のデータをもって立地特性をみていくことにする。こうした異なる年の分析となるのは、ニット関係の細分類ベースの業種分類が、80年では生地と衣服が分離していないこと、また93年ではニット製衣服製造業の細分類が85年のように「ニット製品」一つに集約されているのに対し、95年では「セーター類」と、丸編ニットを主にする「ニット製アウターシャツ」などが分離公表されており、より詳細な業種ごとの立地特性を理解するのに適切であると考えたからにほかならない。

まず、横編ニット生地生産とセーター類の生産についてである。一般に、横編ニット生地のみを手がける編立業は、生地と製品（衣服）の両方を手がけるニッター[40]の下請的な存在であったことが知られている。しかし、生地市場を形成し取引が行われているケースはほとんどなく、多くが産地内での分業体制においての関連業者として位置づけられる。したがって、85年[41]当時、横編

表3-7　ニット製各種衣服製造業の都道府県別従業者数の推移

	1985				1995						2015					
	丸編ニット生地	たて編ニット生地	横編ニット生地	ニット製品（靴下、手袋、補整着を除く）	ニット生地・計	ニット製外衣	ニット製アウターシャツ	セーター類	その他のニット製外衣・シャツ	ニット製下着	ニット生地・計	ニット製外衣	ニット製アウターシャツ	セーター類	その他の外衣・シャツ	ニット製下着
北海道	0	x	0	70	0	x	x	93	x	x	–	14	75	20	5	-
青森	0	0	0	838	x	326	816	141	114	x	–	17	470	29	53	-
岩手	138	x	154	2,517	x	166	410	597	303	669	17	10	198	25	67	119
宮城	221	0	157	2,144	14	219	591	493	170	189	53	9	317	54	82	-
秋田	x	0	208	3,405	x	803	2,153	381	443	x	11	365	937	53	269	94
山形	217	40	841	7,459	*520*	732	696	3,856	83	993	67	14	353	619	22	398
福島	72	0	1,051	6,488	*366*	464	1,537	2,109	510	932	35	80	677	355	271	244
茨城	131	13	152	1,138	*69*	212	436	158	95	74	6	8	61	12	57	-
栃木	276	337	274	3,379	498	382	839	496	217	1,129	167	80	386	98	74	66
群馬	107	181	705	2,576	592	203	292	1,213	129	31	171	36	223	213	101	13
埼玉	262	25	186	1,982	*279*	353	335	503	637	239	69	10	180	12	334	50
千葉	327	11	161	1,791	227	445	827	348	201	42	91	22	409	17	24	6
東京	237	0	270	7,644	*385*	1,062	1,903	1,784	456	206	226	180	1,048	200	151	48
神奈川	9	34	22	278	x	x	x	x	x	x	24	1	73	14	1	-
新潟	328	55	937	13,031	1,122	1,940	1,111	7,719	299	549	192	246	380	2,601	284	48
富山	96	1,502	161	2,511	886	468	x	713	731	176	660	58	190	151	523	104
石川	538	218	365	1,005	1,029	206	x	423	289	x	637	20	70	117	184	10
福井	397	625	99	5,603	935	231	1,211	86	2,458	776	1,018	270	656	-	965	484
山梨	34	0	306	2,124	*135*	148	48	1,283	x	141	15	50	34	319	6	18
長野	284	x	345	1,906	*185*	180	x	780	76	304	31	-	29	179	5	-
岐阜	822	184	117	950	713	184	297	208	100	x	275	55	273	29	35	-
静岡	91	0	10	224	43	x	159	x	214	x	14	20	41	-	101	-
愛知	1,335	195	605	6,553	1,448	975	2,482	1,318	375	637	558	144	705	94	127	100
三重	291	x	61	1,390	63	332	645	128	299	221	23	33	150	18	123	-
滋賀	193	61	23	723	*10*	75	321	86	x	110	31	28	81	2	38	21
京都	34	x	141	3,246	*59*	294	219	126	x	1,643	66	13	110	52	27	534
大阪	1,136	187	1,653	14,438	1,948	958	3,018	5,162	641	2,739	468	166	753	807	169	329
兵庫	412	x	185	4,698	171	300	677	413	297	2,163	79	55	278	104	33	499
奈良	461	62	508	2,964	*817*	327	682	550	392	909	285	25	218	146	170	207
和歌山	3,195	140	380	2,438	2,759	463	1,004	281	547	203	1,059	26	413	10	34	44
鳥取	166	0	38	2,332	x	258	927	x	358	259	-	64	349	40	111	30
島根	x	x	45	2,215	x	126	1,171	87	1,092	490	31	70	304	1	349	34
岡山	x	58	104	3,811	x	181	424	204	878	1,188	7	95	132	34	1,220	226
広島	0	x	0	525	x	110	74	16	329	153	38	105	33	-	94	11
山口	0	0	x	1,814	x	154	447	x	427	192	-	34	46	18	12	8
徳島	x	74	19	3,542	x	404	913	172	210	983	13	19	368	34	76	87
香川	x	6	117	1,453	27	107	223	541	126	504	14	-	83	42	8	11
愛媛	0	0	15	2,286	x	327	879	251	318	423	40	15	293	29	150	147
高知	0	x	63	1,872	0	199	851	91	344	287	32	26	162	3	255	-
福岡	x	x	246	1,061	0	x	171	68	251	481	6	114	32	-	127	37
佐賀	0	0	x	487	0	70	296	x	114	133	15	-	59	2	79	50
長崎	x	x	0	1,977	x	189	335	137	1,347	286	3	5	128	-	56	252
熊本	x	0	0	2,330	x	176	556	112	346	1,225	-	19	166	-	149	429
大分	0	0	0	958	0	x	423	x	x	576	-	78	47	-	77	114
宮崎	x	0	32	1,656	21	334	775	158	x	454	3	14	161	-	194	56
鹿児島	x	x	0	1,179	0	240	127	106	604	639	7	2	3	-	359	190
沖縄	0	0	0	217	0	x	x	0	x	x	-	-	106	-	63	-
合計	12,651	4,376	10,767	135,228	16,100	15,664	32,000	33,531	15,802	24,725	6,557	2,715	12,260	6,553	7,714	5,118

注：単位は、人。表中の「-」は記載なし、「x」は秘匿を表す。
資料：『工業統計表』85、95年版、『経済センサス』2015年版、より作成。

ニット生地製造業の立地がみられるのは、それらの都道府県においてセーター等の生産を手がけるニッターの立地が少なくないことを示している。

この点、85年の横編ニット生地製造業は、大阪1,653人、福島1,051人、新潟937人、山形841人、群馬705人、愛知605人、奈良508人と続いている。これらと、95年のセーター類製造業の従業者数を眺めると、新潟7,719人、大阪5,162人、山形3,856人、福島2,109人、東京1,784人というように産地性を感じさせる関係が認められる。

ニット製外衣では、95年段階で、新潟1,940人、東京1,062人、愛知975人、大阪958人、秋田803人、山形732人が続き、ニット製アウターシャツでは、大阪3,013人、愛知2,482人、秋田2,153人、東京1,903人、福島1,537人、福井1,211人、島根1,171人、新潟1,111人を数えるなど、丸編、経編生地産地とは異なるカットソー[42]を手がけるニット縫製品製造業の地域があげられる。

このように、織物製では生地産地との距離的な関係がほとんどみられないのに対し、ニット製については、生地生産と製品生産が一体化している横編（セーターなど）と、生地産地との地域性が希薄である丸編と経編（カットソー）という違いがみられる。こうした立地特性は、生地生産と製品生産の技術体系とそれぞれの歴史的な違いを背景にしているといえよう。

４．アパレル企業と縫製業の歩みと行方

ここまで、バブル経済崩壊前後までの国内縫製業の拡大発展を従業者数に焦点を当てながら都道府県レベルで概観してきたが、それらは、次のように集約することができよう。

一つは、明治以来の軍服等の制服生産における縫製加工技術が、戦後の衣料品生産、とりわけ作業服、学校服などのユニフォーム分野と、紳士服（スーツ）などの既製服分野の発展の起点となるなど、生産拠点の形成に繋がってきたことがあげられる。これは、国内の縫製業の立地面からすると、製品分野における地域性、産地性をもたらした背景の一つといえよう。

二つは、１ドルブラウスに代表される衣料品輸出が、総合商社、紡績業（後には合繊メーカーも加わる）の下での製品生産が、地域的広がりをみせていっ

たことがあげられる。この地域的広がりは、その後の全国的な広がりからすると、地域的には限定的であったが、多くの女性労働力を求めての地域展開という流れの端緒であったといえよう。

三つは、全国的な縫製業の広がりに最も影響したと考えられる戦後の既製服化、ファッション化といった国内衣料品需要の飛躍的な拡大のもとでの全国的な縫製業の広がりをあげることができよう。ただし、この地域的な広がりにおいて、戦前戦後では加工技術の地域的連続性が強かったのに対し、70年代、80年代、そして90年代に至ると、人手確保が最大の課題へと転じていったように思える。それを裏付けるかのように、東北、九州各県における衣服製造業の従業者数が増え続けていたのである。言い換えると、戦前戦後の縫製加工技術を基礎とする地域的広がりの時代から、地域的連続性を越えた広域化、地方化が、人手確保の下で展開されていったといえよう。

こうした全国的な広がりの中で、アパレル企業の製品生産を支えてきた縫製業ではあるが、バブル崩壊後の海外生産品の国内市場への投入により縮小時代へ突入する中で、自らの存立の場を失っていったことはいうまでもない。縫製業からは「バブル経済期までは加工賃は、ある程度の水準を維持していたが、その後は従業員の給与が最低賃金をどうにか上回るほどしか出せないほどの水準に落ち込んでいる」という声が聞こえてくる。一方、OEM事業を担う商社等からは、「アパレル企業からの国内生産を指定しての注文をこなしたくとも、国内の縫製業はすでに生産力がなくなっている」という声も聞こえてくる。こうした状況が続くならば、事態はさらに悪化し、衣料品の国内生産が可能な生産環境を維持することが、これまで以上に難しくなっていくことはいうまでもない。

注

1　本章では、アパレル産業、アパレル業、アパレル企業を使い分けている。このうち、アパレル業は「業種」を意識し、アパレル企業は「企業」を意識し使い分けているが、両者ともに意識している場合には統一を取ることが難しく曖昧となっていることを断っておきたい。

2　ここでは、製品名を頭に付け「何々アパレル業」としているが、これらは一般的な呼び名と必ずしも一致するものではない。

3　アパレル産業における前近代性は、多岐にわたる。たとえば、生地取引場面での支払い等の曖昧さであり、縫製加工の加工賃の低さなどがあげられる。

4　最も、縫製工場を国内に展開し、その後海外まで広く展開していた企業としてはイトキンが知られている（2017年8月7日訪問）。
5　大阪谷町におけるメンズスーツの生産は、組合が主体となった米国見学、続く工業団地での生産体制の整備などによって近代化が図られてきた。大阪メンズファッション工業組合は、2017年11月17日訪問。
6　ワコールは、2018年4月19日訪問。
7　グンゼは、2018年3月15日訪問。
8　アツギは、2018年5月18日訪問。
9　業界では、60年代70年代においてマンションの一室で、衣服を企画デザインし、サンプルづくりをするアパレル企業のことをこう呼んでいた。
10　これとは逆に、縫製業の美ショウは、八王子とベトナムに工場を構えているが、国内は短納期で簡単なものでスピードを重視するのに対し、ベトナムは高額・高難度のものというように振り分けている（2019年11月14日訪問）。
11　もともとは、百貨店における衣料品販売は、原則、百貨店の仕入による販売であり、販売員も百貨店の社員であるというものであった。
12　荻久保・根岸（2003）では、戦後の岐阜のハルピン街の様子が聞き取りによって詳しく記述されている。
13　福島の学校用運動着メーカーとしては、クラロン（2019年10月10日訪問）、埼玉では、阿部被服（2018年5月17日、2019年3月4日訪問）、カネマス（2018年5月17日訪問）があげられる。
14　ナガイレーベンの国内生産は50%（2018年3月20日訪問）。
15　ミズノは2019年9月13日、ヨネックスは2018年3月2日に訪問。
16　明石被服興業では、地域の衣料品店の廃業が多くなっているためという（2018年6月7日）。
17　埼玉、岡山については、奥山（2019）が詳しい。
18　他の例としては、大阪谷町、東京（神田岩本町に移動）への紳士服メーカーの集積も、被服廠の技術的繋がりの下で成立してきたといえる。
19　本章では、メリヤスとニットの両方を使っているが、その違いは単なる時代ごとの呼び名の違いでしかない。あえて、統一しないのは、時代の変化を理解するためでもある。
20　輸縫連（1976）p.36。
21　輸縫連（1976）p.39。
22　安泰ニット（1998）pp.8-12、吉田元工業（1993）pp.23-24。
23　吉田元工業（1993）p.36。
24　この「1ドルブラウス」という表現は、綿ブラウスだけを指すものではなく、スポーツシャツほか、さまざまな繊維二次生産を含めていたと理解する方が適切であるといえよう。1ドルブラウスについては、藤田（1973）、富澤（2018）、が有益である。
25　輸出計画生産に関しての記述は、輸縫連（1976）pp.82-86、に基づいている。
26　輸縫連（1976）p.115。
27　輸縫連（1976）p.169。
28　神奈川については、輸出縫製品に含まれる、いわゆる「横浜スカーフ」を手掛けるメーカーの存在が大きい。
29　これらの地区名は、都道府県単位ではなく、個々の組合組織名と理解する方が適切のようである。輸縫連（1976）p.214。
30　藤田（1973）p.56。
31　大阪の縫製業等の元請けが組織する地方とは、四国、中国等が少なくなかった。
32　藤田（1973）p.57。
33　女性のミシン工の平均年齢、勤続年数、年間給与・賞与合計は、1965年が、23.6歳、3.0年、174千円、1990年が、41.4歳、8.4年、1708千円、2017年が、45.5歳、12.1年、2021千円である。厚生労働省『賃金構造基本統計調査』各年版より。

34　岐阜のサンテイの中国進出は、島田・藤井・小林（1997）pp.91-128、康上（2016）が詳しい。

35　本来、時系列での分析は、同一の統計データを用いるが、「繊維統計」では都道府県別に公表されなくなったこと、「工業統計」70年代以前において、都道府県で発行されている「報告書」では公表されていたが、それをすべて確認する作業が困難であることから、変則的になっていることを断っておきたい。

36　第2章で検討した織物の調査対象としての「大臣指定」が、組合単位で実施されていたのとは、事情が異なるようである。

37　たとえば、輸出縫製品を手がけていた香川のワイケーエスは、大阪の元請けからの仕事を手がけ、その後の内需転換期にも大阪のアパレル企業との取引が大半であったが、現在では東京のアパレル企業との取引に重心を移している。それが、今なお、存続できている理由の一つといえよう。

38　91年の工業統計は、全数調査年でないことから、細分類・都道府県別従業者数は、「1-3人」が含まれていない。このため、「1-3人」を含む全数調査年の93年を、ここでは分析対象としている。

39　明石被服興業（2018年6月7日訪問）、官公学生服、トンボ、などである。

40　横編ニットの場合、二次製品としての衣服を生産する場合、いわゆるミシンによる縫製加工が皆無というわけではないが、生地をつなぎ合わせるリンキングが主要な製品づくりの加工機能ということになり、製品づくりを縫製業と呼ぶことに違和感があるという理由から、本章ではニッター、ニットメーカー、ニット業という名を意識しながらニッターと統一しておくことにする。

41　ここまで、80年のデータによって比較していたが、ここで85年を採用したのは、80年では生地と二次製品生産が分離されていないためである。

42　カットソーとは、ニット生地を裁断（カット）、縫製（ソーイング）する衣料品のことである。

第4章

小売市場変化を起点とする生産・流通構造変化と今後の行方

わが国のアパレル市場規模（狭義、広義ほか）は、バブル経済期において、12.6兆円[1]とも、16、17兆円[2]近く達していたともいわれている。それが現在では、9兆円前後[3]という規模に縮小している。こうした市場規模の縮小は、小売業界は言うに及ばず、繊維・アパレル産業に大きな影響を及ぼし、様々な生産・流通構造の変化をもたらしている。そこでの変化は、第1章でみてきた日本企業が関与する海外生産品の市場投入による影響であるといえるが、それだけでなく小売市場を焦点とする様々な変化が複雑に絡み合っての結果であることに留意しておかなくてはならないだろう。

この点、小売市場では、高級・高額品市場で圧倒的な存在感を示していた百貨店の低迷、逆にユニクロに代表される製造小売業（SPAなど）の市場獲得の拡大、さらにはZOZOTOWNに代表されるネット販売（ECビジネス）の拡大など、その変化は凄まじいものがある。いったい、わが国の小売市場はどこに向かっているのであろうか。また、今後とも小売業は、小売市場の変化をリードし続けられるのであろうか。

本章では、そうしたことを念頭に置きながら、小売市場における様々な業種・業態の小売業の事業展開の変化に焦点を当て、それらの持つ意味を整理していくことにする。また、小売市場の変化が、繊維・アパレル産業全体の構造変化にどのように影響を及ぼしているかについても整理していくことにする。

1．国内小売市場の規模と小売業の販売額等の推移

わが国のアパレル市場規模は、公的統計による公表値や、民間シンクタンク

の推計値など、様々なデータを確認することができる。ここでは、各種データに基づきながら、アパレル産業の国内市場規模を概観しておくことにする。

(1) 商業統計等に基づくアパレル市場規模の推移

まず、アパレル市場規模を、「商業統計」に基づき理解していくことにしよう。この場合、衣料品の販売に関して、「商業統計」では、百貨店及び総合スーパーと、それ以外の小売業の衣料品に関しての調査項目が異なっていることに留意しておかなくてはならない。それは、表４－１に示したように、「百貨店・総合スーパー」では、衣料品に関する品目分類が「紳士服・洋品」「婦人・子供服・洋品」「その他の衣料品」というように、本書で取り扱う衣料品の範囲を超える衣料に関わる靴下、ベルト、その他の小物類などの「洋品」を含めての商品販売額が調査公表されているという点においてである。

これに対して、それ以外の「小売業」では、「男子服」「婦人・子供服」「下着類」「他の衣類・身の回り品」という品目での商品販売額が調査公表されるなど異なっている。

その意味では、衣料品のみの販売額を抽出し、それを持って「アパレル市場規模」を推計することはできず、本書では、「狭義の衣料品」ではなく、表現としては「洋品」「身の回り品」がプラスされた「広義の衣料品」によって「アパレル市場規模」とせざるを得ないことを断っておきたい。

さて、表4-1によると、アパレル市場規模（広義）は、1991年調査の17兆円を最大に、94年16.3兆円強、97年15.8兆円弱、02年12.5兆円、07年12.4兆円と推移し、14年には8.9兆円（91年比52.1％）にまで落ち込んでいる。また、91年に対する14年の販売額の比率は、「百貨店・総合スーパー」が40.2％、「それ以外の小売業」が60.0％というように、前者の販売の落ち込みが著しいという特徴をみることができる。

ちなみに、公的報告書、あるいはアパレル業界で広く使われている矢野経済研究所の推計では、91年12.6兆円、95年11.6兆円、00年10.8兆円、05年10.2兆円、10年8.9兆円、15年9.3兆円、18年9.2兆円となっている[4]。

表 4-1　商業統計に基づくアパレル市場規模の推移

	百貨店・総合スーパー				左記以外の小売業					
	紳士服・洋品	婦人・子供服・洋品	その他の衣料品	小計	男子服	婦人・子供服	下着類	他の衣服・身の回り品	小計	合計
	56111	56112	56113		57211	57311・2	57921	57991		
88	14,697	31,436	8,931	55,063	18,891	45,645	11,366	4,561	80,463	135,526
91	17,681	40,459	9,617	67,757	25,195	58,484	12,399	6,795	102,873	170,631
94	15,832	41,403	9,220	66,455	24,887	55,898	10,145	6,215	97,145	163,600
97	15,696	41,775	8,691	66,162	22,495	52,025	9,343	7,719	91,581	157,743
02	11,393	35,355	4,921	51,669	16,713	39,797	10,680	6,434	73,624	125,293
07	8,818	28,773	3,859	41,450	17,635	44,474	8,278	12,300	82,688	124,137
14	4,910	17,158	5,169	27,236	15,417	35,799	4,434	6,070	61,720	88,956

注：単位は、億円。百貨店・総合スーパーの販売額（商品名の下は、商品分類番号）には、靴、ネクタイなどの「洋品」が含まれている。百貨店等以外の小売業の「他の衣服・身の回り品」には、身の回り品が含まれている。また、卸売業による小売販売額は、その他小売業に含め、掲載している。なお、商業統計の販売額の集計期間は、各年によって異なっているが、ここでは、調査時点の年を表記している。
資料：『商業統計表・品目編』各年版、より作成。

図 4-1　矢野経済研究所による市場規模の推移

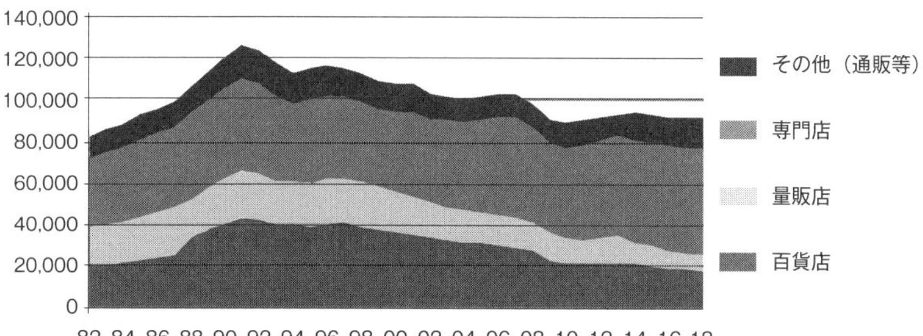

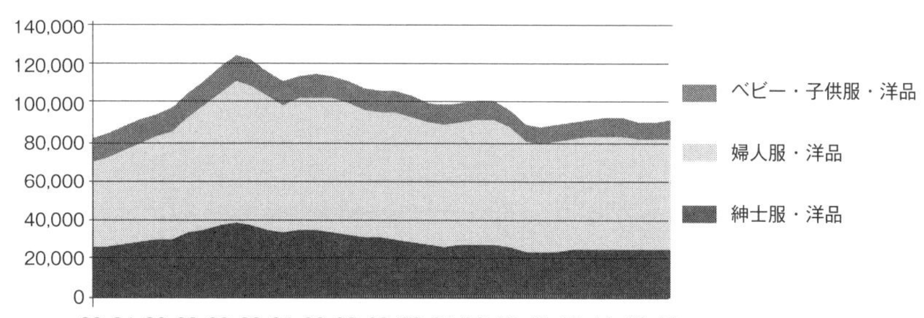

注：単位は、億円。矢野経済研究所では、毎年『アパレル産業白書』を発行し、市場規模を推計しているが、2019 年版を例に取ると、税別で 13 万円と高額であると共に、国会図書館にも所蔵されておらず、データ確認が容易ではない。それゆえ、著者は当初、公開されている「プレスリリース」のみにより表示していたが、共著者の奥山氏によりデータを提供されたので 82 年から表示することができたことを記しておく。
資料：08 年以前のデータは、矢野経済研究所『アパレル産業白書』各年版、09 年以降のデータは、「プレスリリース」各年公表、より作成。

(2) 紳士服（男子服)、婦人・子供服等の業種・業態別の販売額の推移

衣料品の小売市場を広く眺めると、百貨店、総合スーパー、ユニクロ・しまむらなどの衣料専門店、紳士服専門店、衣料品スーパー、洋品店、ブランド店など、様々な業種・業態の小売店舗をみることができる。それらを分類する基準は数多くあるが、ここでは商業統計の業種別と業態別の分類に基づき、「紳士服（男子服)」と「婦人・子供服」の二つの品目を取り上げ、分析を加えていくことにする。

①紳士服（男子服）の業種・業態における販売額推移の特徴

百貨店・総合スーパーの「紳士服・洋品」と、それ以外の小売業の「男子服」を合算しての「紳士服・洋品及び男子服」の業種別と業態別の商品販売額とその構成比は、表4-2のとおりである。

これによると、1991年の「百貨店」の販売額構成比は、27.1%であったのが、14年には17.4%に落ち込んでいる。金額でいうと、1.2兆円から3500億円（7割減）という凄まじい落ち込みである。同様に、「総合スーパー」も、91年14.1%、14年6.7%（金額では、7.7割減）と、構成比のみならず、絶対額の落ち込みに苦しんでいたことが理解できよう。

他方、「それ以外の小売業」を業種別で眺めると、「男子服小売業」の構成比が、91年の43.2%から14年36.3%に落ち込んでいるのに対し、「婦人・子供服小売業」では、91年8.8%にすぎなかったのが、14年では27.1%にまで拡大していることが注目される。金額でも、1.5倍弱の伸びを示している。こうした結果は、男子服が「婦人・子供服小売業」で売られることが多くなっていることを示している。

業態別にみると、91年では「衣料品専門店」が28.6%、「衣料品中心店」22.6%が他を圧倒するように存在感を示していたことが認められる。しかし、14年になると、「衣料品中心店」36.1%、「衣料品専門スーパー」22.9%となり、91年で最も構成比の高かった「衣料品専門店」は、7.2%にまで、落ち込んでいる。

こうした結果をどのように理解すればいいのであろうか。この点、青山、アオキ、コナカ、はるやまなどのいわゆるスーツ量販店は、業態分類表の「衣

表 4-2　紳士服・洋品及び男子服の業種別・業態別の販売額の推移

	調査時点の年		1991		2002		2014	
			販売額	構成	販売額	構成	販売額	構成
業種別	5611	百貨店	1,163,333	27.1	676,754	24.1	354,000	17.4
	5611	総合スーパー	604,773	14.1	462,503	16.5	136,960	6.7
	569	その他の各種商品小売業	9,105	0.2	5,760	0.2	10,746	0.5
	571	呉服・服地・寝具小売業	19,180	0.4	6,896	0.2	1,714	0.1
	572	男子服小売業	1,851,743	43.2	1,120,115	39.9	738,495	36.3
	573	婦人・子供服小売業	375,687	8.8	291,289	10.4	550,042	27.1
	574	靴・履物小売業	2,996	0.1	3,250	0.1	1,508	0.1
	579	他の織物・衣服・身の回り品（除 5792）	126,070	2.9	140,790	5.0	67,272	3.3
	5792	下着類小売業					15,281	0.8
	58	飲食料品小売業	59,143	1.4	45,308	1.6	32,298	1.6
	59	機械器具小売業	18,464	0.4	10,372	0.4	1,995	0.1
	60	その他の小売業	24,190	0.6	31,746	1.1	53,048	2.6
	61	無店舗小売業（除 6112）					7,505	0.4
	6112	無店舗（織物・衣服・身の回り品）					44,006	2.2
		小売業・小計	4,254,683	99.2	2,794,783	99.4	2,014,871	99.1
		卸売業	32,968	0.8	15,760	0.6	17,742	0.9
業態別		百貨店	1,163,333	27.1	676,754	24.1	354,000	17.4
		総合スーパー	604,773	14.1	462,503	16.5	136,960	6.7
		衣料品専門スーパー	73,445	1.7	277,882	9.9	465,118	22.9
		その他専門スーパー	27,259	0.6	47,695	1.7	64,744	3.2
		衣料品専門店	1,225,723	28.6	495,604	17.6	146,541	7.2
		その他専門店	891	0.0	688	0.0	227	0.0
		衣料品中心店	968,908	22.6	716,109	25.5	733,263	36.1
		その他中心店	38,808	0.9	27,489	1.0	15,982	0.8
		コンビニエンスストア	25,391	0.6	315	0.0	45	0.0
		広義ドラッグストア			1,986	0.1	148	0.0
		その他のスーパー	117,058	2.7	83,966	3.0	47,774	2.4
		その他の小売店	9,094	0.2	3,791	0.1	5,112	0.3
		無店舗販売（通信・カタログ・インターネット）					34,497	1.7
		無店舗販売（上記以外）					10,462	0.5
		小売業・小計	4,254,683	99.2	2,794,783	99.4	2,014,871	99.1
		卸売業	32,968	0.8	15,760	0.6	17,742	0.9
		商品販売額・合計	4,287,651	100.0	2,810,543	100.0	2,032,613	100.0

注：単位は、百万円、%。業種別（産業分類番号を表示）の販売額は、百貨店・総合スーパーが「紳士服・洋品」、それ以外が「男子服小売」の商品販売額に基づいている。業態分類表によると、衣料品専門スーパーは「衣が 70%以上、売り場面積 250㎡以上」、衣料品専門店は「衣料品のいずれかが 90%以上」、衣料品中心店は「衣が 50%以上（先の分類を除く）」。

資料：『商業統計表・品目編』『商業統計表・業態別統計編』各年版、より作成。

が 70%、売り場面積 250㎡以上」という条件を考慮すると、「衣料品専門スーパー」に該当すると考えられるが、91 年の「衣料品専門スーパー」の 734 億円ということと、青山商事の売上高[5]が 90 年以降 1500 億円を超えていたことを重ねたとき、両者は一致しない。

いずれにしても、商業統計での「衣料品専門スーパー」「衣料品専門店」「衣料品中心店」の分類は、小売店をイメージする手がかりを得られるものの、多様化する業態の理解に繋がりにくいことを指摘しておきたい。

②婦人・子供服・(洋品) の業種・業態における商品販売額の推移

婦人・子供服は、常に販売額の7割を超えている最も市場規模の大きい商品(品目) である。

その売り場としての店舗を業態別で眺めると、91年、14年ともに「婦人・子供服小売業」が5割を超えていることが注目される。しかし、構成比の高さを保っている婦人・子供服小売業といえども、販売額が91年から14年に5割弱落ち込んでいるなど、衣料品の小売環境の厳しさから逃れることができずにいることにも留意する必要がある。

その意味では、高級・高額品を数多く扱っている百貨店については、構成比が91年の27.6%から、14年の24.6%に落ち込んでいることよりも、販売額が2.7兆円から1.3兆円というように半減以下になっていることがより深刻であるといえよう。

ところで、ユニクロ、しまむら、良品計画などの小売店舗を思い浮かべたとき、業態分類では「衣料品専門店」に該当すると考えられるが、91年、02年、14年の販売額をみると、その分類がいかに難しいかに気づかされるであろう。それは、「衣料品専門店」「衣料品専門スーパー」「衣料品中心店」の販売額の推移と、先の3企業の売上高の推移を比較したときに、どこに分類するかの判断に窮するからにほかならない。

(3) 百貨店・総合スーパーの販売額の推移

ここからは、もう少し長期にわたっての小売市場における小売業の販売額の推移を眺めてみよう。

①百貨店の販売額の推移等について

まず、百貨店についてである。百貨店の売上高・販売額については、先に取り上げた「商業統計」のほか、「商業動態統計調査」と、日本百貨店協会の「百貨店売上高」などによって、理解することができる。

ここでは、そのうち「商業動態統計調査」に基づき、80年以降の品目別の

表4-3　婦人・子供服・洋品の業種別・業態別の販売額の推移

			1991		2002		2014	
			販売額	構成	販売額	構成	販売額	構成
業種別	5611	百貨店	2,734,436	27.6	2,388,850	30.1	1,303,421	24.6
	5611	総合スーパー	1,311,491	13.3	1,146,696	14.4	412,342	7.8
	569	その他の各種商品小売業	22,631	0.2	16,694	0.2	41,302	0.8
	571	呉服・服地・寝具小売業	130,205	1.3	57,950	0.7	13,038	0.2
	572	男子服小売業	144,927	1.5	162,122	2.0	199,122	3.8
	573	婦人・子供服小売業	5,006,806	50.6	3,563,031	44.9	2,708,077	51.1
	574	靴・履物小売業	6,325	0.1	2,922	0.0	1,364	0.0
	579	他の織物・衣服・身の回り品（除5792）	245,238	2.5	269,700	3.4	91,828	1.7
	5792	下着類小売業		0.0			56,333	1.1
	58	飲食料品小売業	165,397	1.7	148,895	1.9	91,554	1.7
	59	機械器具小売業	19,313	0.2	79,746	1.0	465	0.0
	60	その他の小売業	53,610	0.5	53,243	0.7	38,808	0.7
	61	無店舗小売業（除6112）		0.0		0.0	74,626	1.4
	6112	無店舗（織物･衣服･身の回り品）		0.0		0.0	220,977	4.2
		小売業・小計	9,840,380	99.5	7,889,849	99.4	5,253,257	99.2
		卸売業	53,950	0.5	51,309	0.6	42,449	0.8
業態別		百貨店	2,734,436	27.6	2,388,850	30.1	1,303,421	24.6
		総合スーパー	1,311,491	13.3	1,146,696	14.4	412,342	7.8
		衣料品専門スーパー	179,550	1.8	421,578	5.3	787,373	14.9
		その他専門スーパー	69,508	0.7	100,595	1.3	61,542	1.2
		衣料品専門店	3,361,759	34.0	2,071,032	26.1	1,058,121	20.0
		その他専門店	964	0.0	1,081	0.0	381	0.0
		衣料品中心店	1,738,539	17.6	1,359,909	17.1	1,125,731	21.3
		その他中心店	87,406	0.9	149,841	1.9	45,264	0.9
		コンビニエンスストア	25,072	0.3	179	0.0	114	0.0
		広義ドラッグストア		0.0	5,616	0.1	1,433	0.0
		その他のスーパー	302,550	3.1	233,750	2.9	174,739	3.3
		その他の小売店	29,105	0.3	10,720	0.1	24,774	0.5
		無店舗販売（通信・カタログ・インターネット）		0.0		0.0	252,106	4.8
		無店舗販売（上記以外）		0.0		0.0	5,916	0.1
		小売業・小計	9,840,380	99.5	7,889,849	99.4	5,253,257	99.2
		卸売業	53,950	0.5	51,309	0.6	42,449	0.8
		商品販売額・合計	9,894,330	100.0	7,941,158	100.0	5,295,706	100.0

注：単位は、百万円、%。業種別（産業分類番号を表示）の販売額は、百貨店・総合スーパーが「婦人・子供服・洋品」、それ以外が「婦人服小売、子供服小売」の商品販売額に基づいている。業態分類表によると、衣料品スーパーは「衣が70%以上、売り場面積250㎡以上」、衣料品専門店は「衣料品のいずれかが90%以上」、衣料品中心店は「衣が50%以上（先の分類を除く）」。
資料：『商業統計表・品目編』『商業統計表・業態別統計編』各年版、より作成。

推移をみていくことにする。百貨店協会のデータを用いないのは、協会に有力企業である「丸井」が加入していないということも理由の一つである。なお、丸井は次に取り上げる総合スーパーに重なる「日本チェーンストア協会」設立時からの会員であることもあり、総合スーパーでの分析でも、「商業動態統計調査」を採用することにしている。

さて、図4-1によると、衣料品合計の販売額は、91年の5兆円をピークに

図 4-2　百貨店における衣料品の販売額の推移

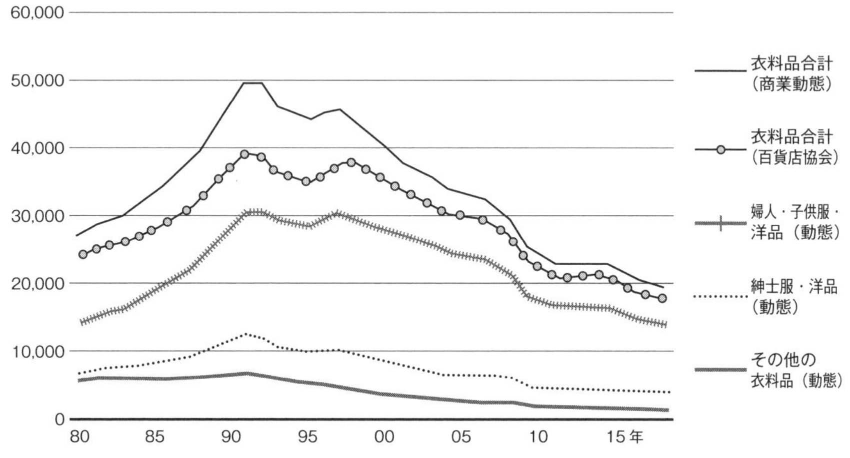

注：単位は、億円。
資料：『商業動態統計調査』各年版、日本百貨店協会「百貨店売上高」、より作成。

図 4-3　百貨店と総合スーパーの衣料品販売比率の推移

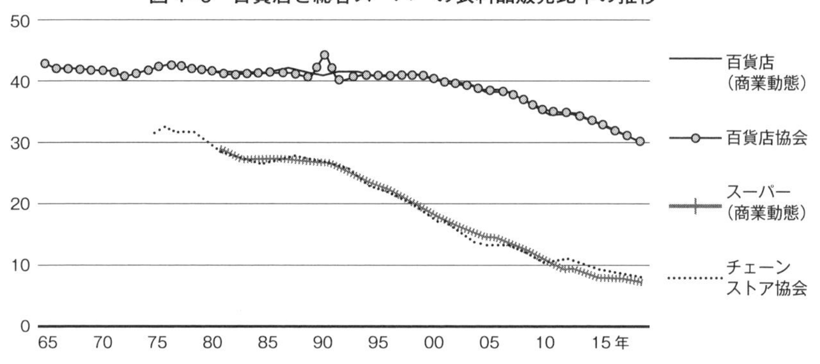

注：単位は、%。
資料：『商業動態統計調査』各年版、日本百貨店協会「百貨店売上高」、日本チェーンストア協会「販売統計」、より作成。

減少基調に突入している。92 年から 2000 年までが 4 兆円台、01 年から 07 年が 3 兆円台、08 年から 17 年が 2 兆円台、そして 18 年には 1.9 兆円にまで減少している。18 年は、ピーク時である 91 年の実に 4 割弱という水準に落ち込んでいる。

また、最も販売額の多い「婦人・子供服・洋品」は、91 年、92 年、そして 97 年が 3 兆円の販売額を達成しているが、98 年以降販売額が上向きになることもなく、減少基調へと突入している。特に、減少幅が大きいのは、09 年で、08 年 9 月のリーマンショックの影響が大きかったと考えられる。そして、その 09 年以降は 2 兆円を割り込み続け、18 年には 1.4 兆円と、91 年の 45.5%にまで落ち込んでいる。

「紳士服・洋品」についても、同様に 91 年の 1.3 兆円弱をピークに、18 年では 4 千億円（91 年比 32.4%）と、大幅減となっている。そして、「その他の衣料品」も、91 年 6800 億円弱に対して、18 年は 1300 億円（91 年比 19.5%）という厳しい状況にある。

こうしたデータを前にしたとき、次節で検討する百貨店をめぐる諸変化、諸問題がいかに深刻であるかを想像することができよう。少なくとも、各地で百貨店の苦戦が伝えられている最大の理由は、こうした販売額の推移と、図 4–2 で示した百貨店売上高の中で「衣料品売上高（販売額）」が 4 割を超えていたのが 3 割に落ち込んでいるということに求めることもできよう。

②総合スーパーの販売額の推移について

図 4–4 は、「商業動態統計調査」に基づく「総合スーパー」の販売額の推移を示している。これによると、販売額のピークは、百貨店と同様の 91 年であり、2.7 兆円弱を数えていた。また、2.5 兆円を超えていたのは、90 年から 98 年の 9 年に及んでいた。これは、バブル経済崩壊後も、価格的に安価な商品構成を特徴としていたことが、急激な落ち込みに至らなかった一つの要因であるのかも知れない。しかし、2000 年代に入ると、販売額の減少基調から抜け出すことができず、03 年には 2 兆円を割り込み、そして 17 年には 1 兆円を下回るほどに縮小を余儀なくされている。18 年の 9256 億円は、91 年比 34.9%であった。

図 4-4　総合スーパーにおける衣料品の販売額の推移

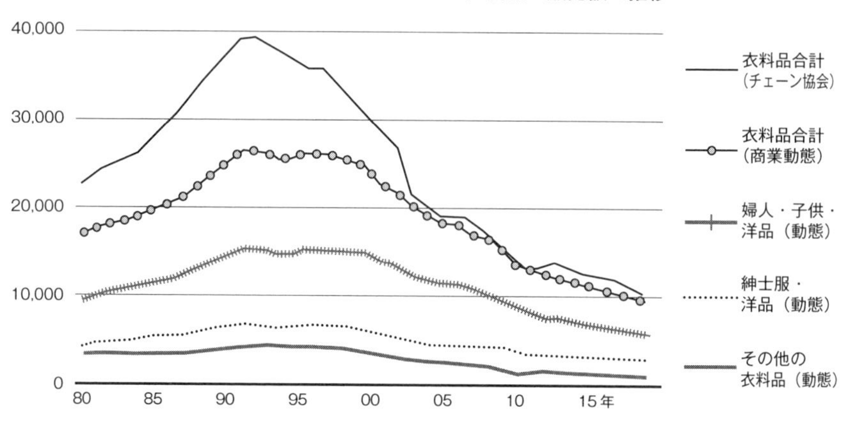

注：単位は、億円。
資料：『商業動態統計調査』各年版、日本チェーンストア協会「販売統計」、より作成。

品目別では、「婦人・子供服・洋品」の割合が最も高く、これまた91年を販売額のピークとしていた。また、90年から99年までは、1.4兆円台から1.5兆円台を維持していたが、2000年代以降は減少基調を顕著にしていくことになる。こうした傾向は、「紳士服・洋品」「その他の衣料品」でも、ほぼ同様であるといってよいだろう。

ところで、第1章でみてきたように、90年代、2000年代の海外生産の焦点は、安価な量産品にあったといっても過言ではない。それは、まさに総合スーパー向けの海外生産が90年代に活発化し、安価な衣料品が大量に供給されていたことに重なっている。それが2000年代に入ると、90年代とは異なり、ユニクロに代表されるSPA（製造小売業）など競合する小売業の台頭もあり、単なる海外生産品による価格戦略は、差別化に繋がらない時代へと突入するなど、総合スーパーをめぐる外部環境が大きく変化していったことに留意しなければならない。

ちなみに、総合スーパーにおける衣料品の販売比率は、図4-2にみられるように「商業動態統計調査」、日本チェーンストア協会「販売統計」ともに、ほぼ同様の推移を示していることが認められる。総合スーパーに勢いがみられた70年代には、3割を超えていたが、80年には3割を割り込み、99年は1割台に突入し、そして18年は、わずか7％にまで縮小している。こうした数値を眺めると、総合スーパーにおける衣料品販売の難しさを感じないわけにはいかないだろう。

(4) 衣料品小売業の販売額の推移

次に、業種別の「男子服小売業」と「婦人・子供服小売業」の販売額の推移を、「商業統計」と「商業動態統計調査」に基づきみてみよう。

図4−5によると、「男子服小売業」の販売額は、VAN、JUNに代表される男性用の洋服のファッション化が著しく進展した70年代において、大幅増に重なる伸びを示している。72年の5900億円に対して、76年には1兆円を超え、91年には2.2兆円に達している。ただし、こうした販売増は、物価上昇による名目成長と、「婦人・子供服小売業」の販売増の勢いなどを考慮すると、業種としての男子服小売業は、それほど勢いがあったようにはみえない。

他方、「婦人・子供服小売業」は、先の図4−1、表4−3でも明らかなように、男子服を含めてのファッション化を背景とした商品構成を強めていたこともあり、業種としての勢いは、男子服小売業の比ではなかった。実際、72年8500億円に対して、ピークの91年では6.5兆円（72年比7.7倍）にも達していたのである。

図4−5　衣料品小売業と百貨店・総合スーパーの販売額の推移

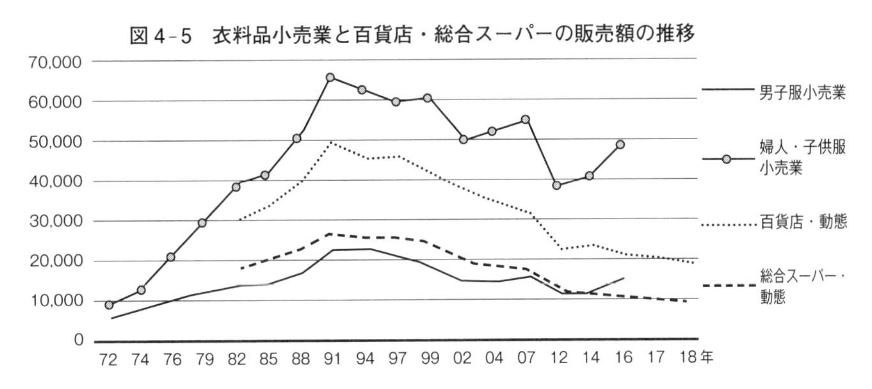

注：単位は、億円。男子服小売業と婦人・子供服小売業は「商業統計」、百貨店、総合スーパーは「商業動態統計調査」に基づく。

資料：『商業統計表・産業編』各年版、『商業動態統計調査』各年版、より作成。

ところで、図に示したように、百貨店と総合スーパーの販売額と、ここでの男子服小売業と婦人・子供服小売業の販売額は、明らかに異なる推移を示していることに留意する必要がある。それは、百貨店・総合スーパーの販売額は縮小基調にあるのに対し、男子服小売業と婦人・子供服小売業は14年、16年と続けて上昇に転じているという点においてである。この背景としては、国内市場が9兆円前後に縮小している中にあって、ユニクロ等の国内事業で1.1兆円ほどの売上高を達成しているファーストリテイリングや、5000億円ほどの衣料品の販売実績を残しているしまむら、そして良品計画などの存在があげられよう。この点については、今後詳細に分析していくことが重要であるといえよう。

(5) ユニフォーム市場の推移

最後に「ユニフォーム市場」の推移について、検討してみよう。図4-6は、日本ユニフォーム協議会の『ユニフォーム年鑑』に基づく分野（商品・品目）別の、「メーカー出荷額ベース」の推移である。ところで、出荷額ベースに基づく「ユニフォーム市場規模」について、日本ユニフォーム協議会では、「メーカー出荷額ベース」の1.5倍程度として、7000～8000億円程度と試算している[6]。

こうした点を図4-6に示した「メーカー出荷額ベース」に戻り、分野別の推移で確認しみてみよう。まず、「ユニフォーム合計」では、91年の6770億円（1.5倍による市場規模1兆円、以下同様）を最大に、97年までが6000億円台、98年から08年までが5000億円台、09年から11年が4000億円台に落ち込むが、12年以降は再び5000億円に回復する。16年には、5420億円（8130億円）を数えている。

分野別では、90年代にほぼ2000億円台（3000億円台）を数えていたのが「男子ワーキングウエア（男子作業服）」である。それが、99年以降は「白衣・サービスウェア」が、最も多く販売されるように変化している。そのメーカー出荷額は、ほぼ2000億円（3000億円）で安定的に推移している。その他では、「官公庁制服（学校服を含む）」が93年から95年に700億円に達しているが、その他の年では、16年を除き、600億円台で推移している。ちなみに、16

図 4-6　ユニフォーム市場の推移（メーカー出荷額ベース）

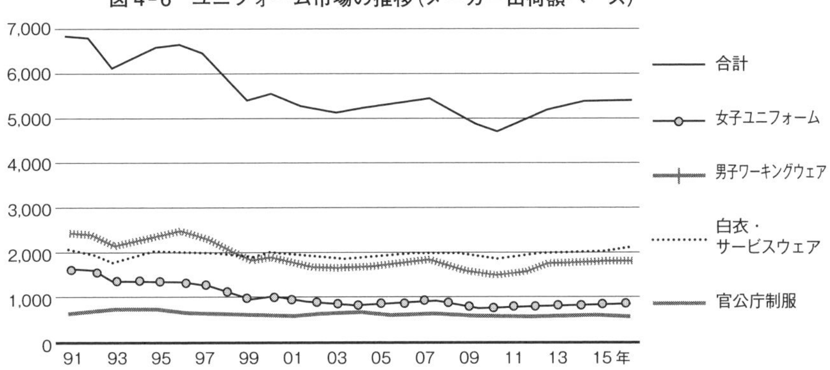

注：単位は、億円。2017 年以降の上記分類によるメーカー出荷額は、年鑑に掲載されなくなる。
資料：日本ユニフォーム協議会『ユニフォーム年鑑』各年版、より作成。

年は 590 億円（885 億円）に落ち込んでいる。また、「女子ユニフォーム（事務服等）」については、銀行窓口に代表されるような制服着用が減少したこと、またバブル期のような高額品の採用がみられなくなったことを背景に、91 年の 1680 億円（2520 億円）から、16 年には 880 億円（1320 億円）と半減していることが特筆される。

こうした変化をみせているユニフォーム分野は、第 3 章でもみてきたように、別注事務服、学校服、自衛隊・警察・消防等の制服などが、国内生産（国内縫製）であることを背景に、原糸メーカー（生地生産）、染色業（安定した染色加工）、アパレル企業、百貨店外商部など、多くの企業の重要事業分野として位置づけられている。

2．小売市場をめぐる諸変化

さて、以上のようなアパレル市場の様々な変化は、わが国の小売市場にどのような影響を及ぼしてきたのであろうか。ここでは、小売市場の変化を整理しておくことにする。

(1)　百貨店をめぐる変化とその影響

まず、百貨店に焦点を当てながら、小売市場の変化と影響を整理しておくことにしよう。

一つは、そもそも論になるが、百貨店が衣料品販売における「小売業」として位置づけられるのかという点についてである。かつて百貨店は、卸売業としてのアパレル企業から商品を仕入販売していた。それが、「仕入販売」ではなく、「委託販売」へ、さらに「消化仕入」という取引形態に変わり、しかも販売員は百貨店アパレル企業から派遣され、在庫管理も百貨店アパレル企業が行うなど、極論すれば、百貨店は「売り場を提供する場所貸業（不動産業）」の役割しか見えないほどに、自らの小売機能を放棄してきたように思える[7]。

また、それは、その百貨店向けに商品を供給している百貨店アパレルを「卸売業」、あるいは「製造卸売業」として位置づけていいのかということにも重なる。この点、百貨店の売り場で自社製品を販売する百貨店アパレルは、一般に卸売業、製造卸売業といわれながら、先のような販売体制を整え始めたとき、「製造小売業」としての機能を内部化するきっかけを得たのではないだろうか。この点、53年には、百貨店アパレルともいえる樫山（現、オンワード樫山）が、土日限定で販売員を送り込んでの委託販売に踏み出しているという例[8]もみられるが、それが今日のように業界全体で常態化するに至ったことについては、先行研究を含めて検証していく必要がある。

いずれにしても、百貨店と百貨店アパレルを焦点とする「小売機能」の所在については、今日の製造小売（SPA など）における「製造機能」の所在と同様に、従来の製造、卸売、小売という業種業態分類では整理できない企業の事業展開の幅広さと複雑さの一つの端緒になったことはいうまでもないだろう。

二つは、アパレル品の原価率と消化率の問題と百貨店問題が深く関わっているのではないかという点である。かつて、百貨店アパレルと百貨店との取引の場における原価率は、上代価格の３割とか、３分の１程度とかであったようである[9]。それが現在では、上下するものの、ほぼ２割程度に落ち込んでいるとのことである。こうした原価率を、消費者が知ると、いやその原価構造を理解したとき、百貨店の高級品・高額品の上代価格に対する信頼が大きく低下することに繋がるのではないだろうか。そして、それは単に信頼を失うだけでなく、百貨店で商品を買う意欲を減じていくことになるのではないか。こうした事態を招いた要因は、外部環境としての海外生産による価格破壊であり、内部環境としての百貨店と百貨店アパレルの取引関係そのものにあるといっても過言ではないだろう。

結果として、互いの利益を確保するために、売れないことを前提とした「消化率の設定」「原価率の設定」という流れは、たとえ外部環境の変化による影響が大きいものであることを認めたとしても、それを肯定することは到底できないのではないだろうか。

われわれは、第１章で国内市場に投入される国内生産品の割合を、正確ではなくとも「数量ベース」で推計することができた。しかし、市場規模の把握は、「数量ベース」ではなく「金額ベース」でしかできない。通常、機械産業などでは、国内市場規模は、金額、数量ともに、国内生産と輸出入の差引によって、ほぼ求めることができるが、アパレル市場ではそれができない。

その要因の一つに、市場に投入された衣料品が、多くの場合、通常の小売販売、その後のバーゲンを経ても売れ残りが大量に発生していることがあげられる[10]。それらの売れ残り品は、ブランド価値を維持するために焼却されることもあるが、在庫処分品を扱う業者へ捨て値で売られ、破格の価格で小売市場に再投入されることも少なくない。それでも残った衣料品は、繊維ゴミとして処理されるか、あるいは最終的に衣料品か産業資源なのか判断は難しいものの産業廃棄物などとして輸出されていることもあるという。

ここに市場に投入された衣料品の数量と、市場での販売数量とが大きく乖離する最大の理由をみることができる。すなわち、われわれが推計した国内生産品比率も、それは単に「投入量」のことであり、市場における消費量である「販売量」に基づくものではない。いずれにしても、こうした売れ残りを前提とした原価率の設定や在庫処分問題が、すべての繊維・アパレル関連企業の取引に影響を及ぼしてきていることはいうまでもないだろう。

(2) 総合スーパーをめぐる変化とその影響

総合スーパーにおいて、「消化仕入」の割合は少なく、大半が「買い取り」といわれている。ここに百貨店と異なる総合スーパーの事業展開を理解する手がかりをみることができる。いずれにしても、アパレル企業と小売業との取引関係は、様々なケースがみられることから、それを一つひとつ検討していくことが今後残された研究テーマでもある。

さて、総合スーパーについては、次の二つの視点から整理してみることにする。一つは、価格競争力についてである。二つは、それをカバーすべく取り組んでいる製品企画についてである。この二つを、ここではそれぞれ記述するよりも、相互に関連づけながらみていくことにしたい。

前節で記述したように、総合スーパー（量販店）の品揃えは、90年代において海外生産の低価格品を大量に仕入れることでの差別化戦略によって展開されていた。それは、バブル経済崩壊後の消費者心理の変化を受け止めた商品展開であったといえよう。それが、岐阜のアパレル企業や、岐阜の縫製業に代表される大量生産・消費型の海外生産を推進させた一つの要因でもあった。その価格戦略は、何度も繰り返し記述しているが、さらなる大量の製品生産・販売と低価格をもたらすユニクロ、しまむらなどにみられる消費行動の多様な選択肢の広がりを背景に、徐々に価格競争力という点での魅力を失うという関係の中に閉じ込められていったように思える。

そうした事態を脱却するために、総合スーパーは、衣料品の仕入にとどまることなく、自らによる「商品企画」に踏み出すことになる。それがどこまで、競争力の回復に繋がっているかを、定量的に把握することは難しいが、これまでとは異なった魅力づくりに貢献していることは疑うべくもないだろう。たとえば、イトーヨーカ堂、イオンリテール[11]などの商品構成は、単なる仕入品だけでなく、自社企画品も数多く扱っているように変化している。また、単なる製品企画で終わることなく、製品生産を商社等に委託（OEM）した際も、ユニクロほどのチェック回数でなくとも、自らが巡回管理を実施したり、チェック委託するなどして、生産関与しているのが実態である。

こうした取り組みは、先の百貨店においても、過去繰り返し実施されているが、その商品づくりが継続されないという問題が指摘され続けている。それは、製品企画に基づく商品在庫の処理が常に問題として残され続けてきたからでもある。この点、総合スーパーでは、自社企画品であろうと仕入商品であろうと、自社で在庫管理を行うという原則に立てば、百貨店とは異なる体制づくりが可能であろう。ただし、消費者からみた今日の総合スーパーは、自らの低価格の大量品であるというイメージを、どのように活かすのか、あるいは払拭するのかの岐路に立っていることは間違いない。

(3) 各種衣料品専門店（広義）の製品企画と事業戦略

次に、衣料品小売業を、いくつかの分類にしたがってみていくことにしよう。一つは、ユニクロに代表される製造小売業（SPA）についてである。二つは、セレクトショップとか製品企画を手がける多様な専門店についてである。これらを、「製品企画」「OEM・ODM」「生産関与」などを意識しながらみていくことにする。

①製造小売業（SPA）の製品企画と生産関与

今日、国内市場の何％ほどを「ユニクロ」「GU」を展開するファーストリテイリングは、占めているのであろうか。先にも試算したが、国内市場規模９兆円の時代にあって、ファーストリテイリングの国内売上高は1.1兆円というように、ほぼ１割を超えている。今日では、アパレルに関わる業界人の大半が、その存在の大きさを認めざるを得なくなっている。

さて、ファーストリテイリング（ユニクロ等）は、「SPA（製造小売業）」として位置づけられているが、政府統計では単純に「小売業」に分類されることになる。しかし、ここで注目すべきは、製造小売業とか、小売業というだけでなく、どのような事業体制を整えているかにある。この点、小売業としての店舗展開については、多くの消費者が直接みることができ、一定のイメージができるので省略することとし、ここでは「製造機能」について、概観しておくことにする。

現在のユニクロの商品展開は、店舗数を増やし始めた頃（初期）にみられた岐阜のアパレル企業等からの仕入時代とは異なり、自社の「製品企画」、あるいは原糸メーカーおよび商社等の「ODM提案」などの別なく、「生地企画」から「製品生産」に深く関わっている点が特徴としてあげられよう。その関わり方のうち、製品生産は海外の縫製工場を匠という技術者集団によって、厳しく品質チェックを行っているというものである[12]。

とはいえ、海外での製品生産は、総合商社等のOEM体制に基づく海外製品生産事業そのものであり、生産の主体者はユニクロではないといえるのではないか。いったい、海外のローカル企業（縫製業）、総合商社等とユニクロは、どのような契約を結んでいるのであろうか。ユニクロ以外のSPAや総合スーパーにおいても、繊維専門商社を含む商社等によるOEM事業のもとに海外縫製工場の品質チェックに社員等を派遣することが一般的になっているが、ユニクロの頻度はあたかも自社工場、あるいは自社契約工場のようなチェック体制が組まれているようである[13]。

少なくとも、発注者であるユニクロの影響力は、かのヒートテックの素材を開発した東レであろうとも、またフリースブームの火付け役であった三菱商事であろうとも、圧倒的な数に達する生産ロットの前には、様々な要求、関与、指示等に対応せざるを得ないであろうことが想像できる。

これを製造小売業と呼ぶのであろうか。いやこれは、「ユニクロモデル」として理解する方が適切ではないだろうか。この点、同じSPAと分類したとしても、「しまむら」と「良品計画」、そして製品企画に踏みだしている多くの衣料品小売店などの取り組み内容は、多様であるとともに、個性的であるといってよいだろう。

事実、衣料品専門店としての品揃えがユニクロと対比されることが多い「しまむら」の仕入については、ホームページ等では「商品の品揃えと販売計画は、本社に所属する約110名の「仕入れのプロ」（＝バイヤー）が担当し、カテゴリー毎の販売計画に最良な商品を600社以上のサプライヤーから仕入れています」[14]とあるように、仕入による商品構成を謳っているが、実際は製品企画に深く関与している商品も少なくない。たとえば、商社等からのODM提案のもとでは、「製品企画」をめぐるやり取りが繰り返されている。また、定番品中心ではあるが「自社企画」に基づく「海外生産」を、自社で直接行う（直接貿易、直貿）など、単に仕入を主体とする小売業とはいえなくなっている。

一方、自社の明確なコンセプトの下で「製品企画」し、商社等にOEM委託している「良品計画（店舗名は、無印良品）」においても、自らASEAN地域に広がる縫製工場を巡回するなどして、製品生産に関与し続けていることが認められる[15]。

いずれにしても、かつての総合スーパーにみられた大量生産大量消費における製品仕入に基づく商品展開とは明らかに異なる小売業による製品企画の時代が、小売市場に着実かつ急速に拡大していることは否定できないであろう。その量的な意味での先駆的な役割を担ったのがユニクロであり、SPA ということになろう。

②セレクトショップと新たな製品企画に踏み出す専門店

「製品企画」は、専門店としての「セレクトショップ」にも及んでいる。ユナイテッドアローズ、TOKYO BASE、ビームスでは、自社による「製品企画」に基づき、製品生産を進め、店舗販売するという事業が拡大してきている。本来、セレクトショップとは、特定のコンセプトに基づき、提案の有無にかかわらず「製品」を見極め、選別仕入れする業態ではなかろうか。それが、今日では、セレクトショップといわれながら、「製品企画」に踏み出す例が増えている。

ユナイテッドアローズ[16]は、1989 年ワールドの出資によって設立された「完全なセレクトショップ」であったが、2000 年代に入り、自社による製品企画に取り組むという戦略に転換する。現在では、自社企画品が仕入品を上回るようになり、また仕入品に分類している ODM 品も増えるなど、セレクトショップという事業形態から遠のいている。ちなみに、ネット販売（EC ビジネス）が近年増え、20％ほどになっているという。

ストリートマーケットとして原宿に店舗を構えた TOKYO BASE[17] の仕入品比率は減り続け、現在では 40％ほどになっている。同社の商品づくりの特徴は、自社での製品企画に基づき、国内縫製を商社等の OEM 事業によって進めているところにある。同社については、消化率が高い（セール後は、90 ～ 95％）ことと、EC ビジネスにおける２ヵ月前に予約を取っての受注生産が行われている点が特筆される。また、追加生産は、１ヵ月半で納める体制を整えている。

ビームス[18]は、6.5 坪の店舗に米国で買い付けた仕入品 100％で始めたセレクトショップである。業績は、アイビー、シブカジブームに乗り拡大を続けたという。80 年代に入り、「ほしいものを売りたい」「売れる物をつくりたい」との考えのもと、製品企画を手がけることになる。現在では、海外からの直接仕入品が６ − ７％、欧米からの仕入品（商社経由）が 30％、残りが自社企画品というように、大きく変化している。ちなみに、消化率は9割を大きく超えている。

一方、ファクトリエ[19]のように全国の縫製業、ニット業などを数多く訪れ、その中から自社の製品企画に合う企業に生産委託し、ネット販売するアパレル企業なのか小売業なのかを明確に分けることができない企業が次々と生まれていることに注目したい。また、同社については、原価率は50％という高い水準にあることが特筆される。

いったい、小売業の製品企画とアパレル企業の製品企画は、生産面での関与という点で、何が異なるのであろうか。かつてと比較すると、アパレル企業は生産場面から確実に遠ざかっているのに対し、小売業は生産場面に着実に近づいていることは間違いない。ただし、小売業の大半は、商社等のOEM事業に依存せざるを得ないという環境下に置かれているのに対し、アパレル企業は国内生産において少なくなったといえども直接的な生産関与を維持しているケースがみられるという違いがあることにも留意しておきたい。

(4)　ネット販売の拡大と衣料品卸売業・小売業の新たな取り組み

いつの間にか衣料品のネット販売（ECビジネス）が一般的になっている。実際、ZOZOTOWNに代表されるECビジネスは、ひとりECビジネス専業者のみならず、先項までみてきた百貨店、総合スーパー、SPA、セレクトショップ、各種小売業などの小売業や、卸売業としてのアパレル企業にも及んでいる。表4－4は、経済産業省の「電子商取引に関する市場調査」の報告書に基づく「衣類・服装雑貨等のBtoC取引におけるEC化率の推移」を示している。

これによると、「衣類・服装雑貨類」（商品別）の13年のEC化率は7.47％、18年は12.96％となっている。ただし、このデータは、あくまでも特定企業に対するアンケートの結果[20]であり、どこまで実態を反映しているかは定かではないが、公的資料としては他になく、ここでは参考程度に提示しておくにとどめておきたい。

さて、小売業のECビジネスについては、たとえばユニクロのファーストリテイリングが、どれほどの比率に達しているのかは公表されていないが、先に事例にあげたユナイテッドアローズとビームスが2割程度、TOKYO BASE

表4-4　衣類・服装雑貨等のEC化率の推移

	EC化率	EC市場規模	市場規模
2013	7.47	11,637	155,783
2014	8.11	12,822	158,101
2015	9.04	13,839	153,086
2016	10.93	15,297	139,954
2017	11.54	16,454	142,582
2018	12.96	17,728	136,790

注：単位は、%、億円。市場規模は、EC化率、EC市場規模から求めている。

資料：経済産業省「副題・電子商取引に関する市場調査」各年度調査報告書（報告書名は年度で異なる）、より作成。

は数字では確認できていないが、かなり積極的に展開しているようである。また、丸井[21]では、オムニチャネルとして、実店舗とネット販売の統合に取り組むなど、新たな事業展開に積極的に取り組んでいる。

また、卸売業としてのアパレル企業の中でも、大手企業の多くは、ZOZOTOWNなどのネット販売専業者への出店や、自社独自のネット販売システムを構築することで、小売事業に踏み出している。このことと、小売業が製品企画を手がけるということを考慮したとき、アパレル業界にあってアパレル企業と小売業における事業展開の重なりが一段と強くなっていることを示していよう。

3．小売市場を意識した繊維・アパレル産業の製品企画の行方

最後に、小売市場から見た繊維・アパレル産業の生産・流通構造の変化を、「製品企画」「生地企画」「製品生産」からみてみよう。今日、製品企画の主役としてのアパレル企業の存在感が希薄になっている。とはいえ、小売業のものづくりが、かつて大手有力アパレル企業の多くが取り組んだ自社に縫製工場を備えるというほどの段階に至っているとはいえない。

それでも小売業が製品企画に踏み出せるのは、アパレル企業が備えていた製品生産に関わるノウハウを持たずとも、商社等を介在させれば、製品生産を可能にする外部環境が整っているからにほかならない。それは、製品生産が海外に移る中で、製品生産の管理面の主役がアパレル企業から商社等に移っていた

ことを背景にしている。

しかし、アパレル企業は、製品生産のノウハウのすべてを手放したわけではなく、それはあくまでも海外生産の場面でのことであり、国内生産の場面では、アパレル企業と縫製業は、直接取引を含めて何らかの形で関わり続けている。ただし、かつてに比べ国内生産が激減している現在、その関わりが希薄化していることは否定できない。

一方、生地生産と製品生産の現場からは、生地の品質、特性等や、縫製加工に関わる技術に基づく製品企画が少なくなっていることに対する嘆きの声や、将来の国内でのものづくりに対する不安の声が聞こえてくる。いったい、日本の衣料品生産はどこに向かっているのであろうか。はたして、今日のものづくりの歩みは、次代の発展に繋がっているのであろうか。

けっして、アパレル企業による製品企画、生地企画、製品生産という構図のみが、次代の発展方向であるとはいわないが、それらを重視している企業が、製品差別化に成功している例[22]をみるとき、もう一度、衣料品生産の原点に立ち戻ることも重要なのではないだろうか。しかし、今日の状況は、アパレル企業の多くが、当面の生き残り競争を乗り越えることに体力を消耗し、次代の発展を展望できずにいるというのが実態のように思える。この負のサイクルをどこかで断ち切らなくてはならない。いや、アパレル企業のみが、製品企画の主体者ではなく、繊維・アパレル産業のいずれの企業であろうとも、「企画」「生産」を重視することで衣料品市場の中で存在感を示すことができるといった方が適切なのかも知れない。

すでに、多くの繊維・アパレル関連企業が、次代の発展に向けて、「企画」に何らかの形で関わることを強めている。実際、「生地企画」については、原糸メーカー（紡績業、合繊メーカー）、織物業（機業）、染色業、ニット業（編立業）、産元商社、産地問屋、買継商、繊維専門商社、総合商社、アパレル企業、百貨店、量販店、専門店（SPA を含む）などが取り組んでいる。また、「製品企画」についても、ニット業（横編業）、ニット業（丸編業）、繊維専門商社、総合商社、アパレル企業、百貨店、量販店、専門店（SPA を含む）などの取り組みをみることができる。

さらに、最近ではこれら以外の企業でも、「企画」に関わってきている例が散見される。たとえば、国内生産が活発な時代では、紡績業から直接生地を調達することができなかった縫製業が、現在では系列体制から解き放された生地産地に出向き、自らの「生地企画」に基づき直接仕入するケースがみられる[23]など、従来の常識とか、多くの取り組み事例のみで判断してはならないほど変化していることに留意する必要がある。すでに、繊維・アパレル産業を構成する企業群は、業種としての製造、卸、小売に規定されることなく、機能としての製造、卸、小売に境を設けず取り組んでいるというのが今日の姿といえよう。

注

1　図4-1に示した矢野経済研究所『アパレル産業白書』によるが、同データを用いた経済産業省（2016）では、15兆円に達していたとも記されている。なお、この詳細を明らかにすることは、『白書』の原物で確認する機会が得られないことから断念せざるをえない。

2　「商業統計」による。

3　「商業統計」、矢野経済研究所「プレリリース」より。

4　ここでは、矢野経済研究所「プレリリース」のデータに基づいている。ただし、分類基準等は、『アパレル産業白書』で確認できないため、ここでは曖昧なままの記述にとどまっている。

5　有価証券報告書より。

6　日本ユニフォーム協議会（2019）p.74。

7　もちろん、今なお百貨店の衣料品販売は、単なる場所貸しではなく、独自の企画による製品づくりが継続されていることを否定するものではない。

8　樫山純三（1976）pp.76-77。

9　このことにより、同じ上代価格の場合、製造コストが低く抑えられ、縫製、染色、生地の取引に厳しいコスト対応が求められることになる。

10　売れ残りについては、年10億点（朝日新聞デジタル2018年7月3日）、年14億点（ＮＨＫクローズアップ現代2018年9月13日）などのように、国内市場向けの輸入量と国内生産量の合計、約40億点の２－３割強に達する。この点、流行に著しい「レディースファッション品」の売れ残りは、想像を遙かに超えているように思われる。また、アパレルの大量廃棄については、仲村・藤田（2019）が有益である。

11　イトーヨーカ堂は、2017年8月31日訪問、イオンリテールは、2018年3月1日訪問。

12　ファーストリテイリングのホームページより。

13　われわれの調査対象として、ファーストリティリングに訪問依頼をするがそれが叶わなかったことから、同社の公表資料及び取引商社等のヒアリングからの記述にとどまっている。

14　しまむらグループ（2017年8月30日訪問）のホームページ、「商品管理」より。https://www.shimamura.gr.jp/company/business/detail.php?id=57　2018年8月5日確認。

15　良品計画の国内店舗の衣料品は、ＡＳＥＡＮ地域、南アジアがほぼ100%を占めている。なお、中国店舗には、中国生産品も並んでいる。2017年8月30日訪問。

16　ユナイテッドアローズは、2018年3月12日訪問。

17　TOKYO BASEは、2018年9月21日訪問。

18　ビームスは、2018年9月28日訪問。

19　ライフスタイルアクセント（ファクトリエ）は、2017年10月5日訪問。

20　ちなみに、この調査は、98年から実施されているが、その結果を理解することは容易ではない。98年から04年が、商品ではなく、小売業としての「衣料・アクセサリー業」のＥＣ化率（0.04%から1.4%

に推移)、05 年から 13 年も「衣料・アクセサリー業」であるが、ここでは「狭義のＥＣ化率」(0.25% から 1.65%で推移）という結果を公表している。調査対象が、従来は小売業を対象にしていたが、現在では商品別に調査されているということになる。

21　丸井オムニチャネル事業本部は、2017 年 12 月 1 日訪問。

22　たとえばマツオインターナショナルのデザイナーは、生地産地に積極的に出向いているようである。2017 年 3 月 28 日訪問。

23　縫製業のワイケーエス（香川県）は、2018 年 7 月 13 日訪問。

第Ⅱ部

繊維・アパレル産地の構造変化と諸問題

第Ⅱ部は、需要の縮小や生産の海外化、あるいは生産技術の革新といった個別企業や産地にとっての外的あるいは内的な変化が、繊維・アパレル産地の構造にどのような変化をもたらし、またその変化がどのような問題を引き起こすのかを産地横断的に考察し、そこから一般化され得る構造変化の理論を抽出することを目的とする。言うまでもなく、こうした変化に対する企業の反応は、産業地域における構造変化、たとえば取引の変容、企業間関係の変化、創業・廃業、立地の変化など、地域全体の成果にも変化をもたらす。

本題に入る前に、第Ⅱ部の特徴、すなわち現在まで蓄積されている地域経済論、地域産業論など数々の先行研究との相対的な位置づけを明確にしておく必要がある。それは以下の6点である。

第一に、産業、経済、そして社会という相互に関連した地域の諸要素のどこまでを射程に置くかという視点である。第Ⅱ部は、第Ⅰ部と同様、産業分野を軸としている。もちろん、生活（消費）、労働、金融、政策などは産業と密接不可分であり、本書でも必要に応じてこれらの諸要素との関連性にも言及することになる。

第二に、産業配置か産業地域かという視点である。詳細は第5章で述べるが、第Ⅰ部は産業論的な考察を主体としているのに対し、第Ⅱ部は産業地域の構造、すなわち繊維・アパレル産地に視点を移す。たとえば、竹内（1978）は地域的生産体系の理論を打ち出し、地域的生産体系を「工業活動の地域的体系、いわば産業内の機能分担の地域的解明を目指す構造的概念」としている。これは、地域内部の構造を解明する地誌学的な側面とともに、全国的な体系からの分析も豊富で、産業配置論的要素もみられる。本書全体で著したいのは、産業配置と産業地域の両視点の結合である。

第三に、地域特化か地域横断かという視点である。第Ⅱ部は後者を採る。地域特化でなければ、地域の詳細な構造やその変化を明らかにすることは限界があるが、ここでは、各産業地域の特徴に依拠した個別の変化を追うだけでなく、横断的に俯瞰することによって産地共通的な変化の把握を試みる。産地共通の課題を明らかにすることで、産地間の情報共有や相互協力などによる広域的な対応による解決策の構築へと繋がる。

第四に、静態的か動態的かという視点である。経済地理あるいは地域経済の研究は、「構造」という静態的な概念を取り扱うことで、動態的概念の取り込みが不十分だとする見解もある（水岡 1992 ほか)。ここでは、静態的な構造よりも、その動態、すなわち「構造の変化」を描き出すことを目的としている。その説明変数は企業の「経営行動」である。企業の経営行動はさまざまな環境変化や産業地域の構造によって規定される。

第五には、地誌的か、理論体系的かという視点である。第Ⅱ部では、地誌的なアプローチを採用しつつも、そこから一般化される理論の抽出と体系化も試みる。矢田（1982）は、特定地域の個性記述に傾注した研究では経済学的な学問体系としての法則定立が困難であるとしている。一方、地域経済の実態の十分な把握を欠いたままでは、一般論の域を脱せず、精緻な議論は困難であるのも事実である。この点、矢田は「特定の産業に焦点を当てながら、その地域の史的形成、地域内部の企業経営の実態、経営相互間の関係、労働者の生活実態、他産業との関わり方、地方自治体の産業政策など、当該地域の政治経済をトータルに捉える“産業地誌”」も地域経済論の重要課題であるとしている。

第六に、企業あるいはその経営行動と空間との関係である。企業にはそれぞれの立地因子があり、それに基づいて立地を一義的に決める主体であり、企業の経営行動によって空間配置が規定される。ただし、地域構造を媒介とする企業の経営行動は、単に企業内の空間的配置を決定づけるといったものにとどまらない。企業においては、何らかの環境変化、たとえば市場の変化や技術の変化が起きると、競争戦略が再構築され、戦略に基づき実際の経営行動へと繋がっていく。それは、立地の変化を伴うことも一つの選択肢とする。経営行動は経営成果に結実する。

第5章

産業地域の構造変化の類型と諸要因

本章では、産業地域の構造変化の類型およびそれを引き起こす諸要因とその一般的なメカニズムを考察する。産業地域の構造は、「主体」とその「関係性」がその要素である。「主体」には、規模、多様性、完結性および地域外とのリンケージがあり、「関係性」には、結合の有無・強弱、階層性、統合度と統合様態および地域外とのリンケージの集約度がある。これら要素の変化が産業地域の構造変化となって表れる。構造変化は集積作用の変化を伴う。

1．構造と地域産業

(1) 構造とは何か

経済構造、社会構造、産業構造、地域構造、集積構造など、地域産業をめぐる議論でさまざまな形で出現するのは「構造」である。Giddens（1984）は、「構造」を「主体不在の、共同体の抽象的な特性」と捉える。主体不在という基本的特性を持つ構造は、主体行為によって構成されるとともに、その行為は、当該構造によって可能となる。この意味において、「構造」は「規則的な社会的実践として組織化される行為者間ないしは集合体間の再生産される関係」であり、構造を構成する主体間の相互作用の結果としてつくりあげられた一つの機能的な全体を意味する「システム」とは区分される。

この「構造」の定義は、次の2点がその重要な要素として注目される。第一に、「主体不在」という点である。Giddensは言語に例えて、「発話」は行為、言語自体を「構造」と捉えているように、構造自体は主体同士を結びつける抽象的特性というべきものである。第二に、構造とは、主体行為の結果であるとともに媒介でもあることである（構造の二重性）（菅野 1991)。企業の経営行動と構造との関係でみれば、産業構造や地域構造は企業の経営行動の結果であるとともに、これらは企業の経営行動の媒介でもある。構造と主体はどちらか一方からの影響によって規定されるものではなく、構造と主体が相関的であることがGiddensの「構造化理論」の主旨である。

(2) 産業構造と地域構造

地域経済あるいは地域産業に関わる主要概念として「産業構造」と「地域構造」がある。前者は言うまでもなく国の産業活動の特徴を示す構造であり、一般的には一国における産業ごとの比重を表す。経済発展に伴って経済活動の重点が農林水産業（第一次産業）から製造業（第二次産業)、非製造業（サービス業、第三次産業）へと移る現象は「ペティ＝クラークの法則（Petty-Clark's law)」として知られている。Pettyは『政治算術』(1690）において、英国、フランス、オランダの比較から農業、工業、商業の順に収益が高くなることが一般的な経験法則となることを導くとともに、さらにClarkは『経済的進歩の諸条件』(1940）において、各国の長期間に亘る膨大なデータから、経済発展につれて就業人口の比率および国民所得に占める比率が第一次産業から第二次産業へ、さらには第三次産業へと移行していくことを実証した。

一方、国民経済の地域構造とは「一国の国土を基盤として、長い歴史的経過をへて作りあげられた国民経済の地域的分業体系」のことである（矢田 1982; p.30)。これは国民経済として展開する産業配置と、それによってつくりあげられる重層的な地域経済編成として把握できる。この意味では、全体からみた各地域の配置と相互関係が焦点となる。また、地域構造は「産業をになう諸部門・諸機能の地理的配置＝産業配置として把握することができる」とし、それは「基本的には個別企業の事業所立地やこれと関わる地域的移動というミクロレベルの運動の集合として」捉える。このように、一義的には、地域構造は業種などの特定部門（たとえば、製造業、自動車産業など）の地理的配置として理解することができる。

地域的分業体系は、社会的分業としての産業構造によって基本的に規定されるため、産業構造が地域構造に大きな影響を与える。たとえば、自動車産業を産業構造のなかの大きなウェイトとして有する現在の日本においては、その地域構造、すなわち地域的分業体系も自動車産業において多彩で厚みを持つものとなる一方、生産の海外化が進む繊維産業においては、日本のなかの地域的分業体系も縮小しながら変化する。ただし、すべてが産業構造の縮尺を反映したものにはならず、地域によって異なる構造を示す。

矢田（1982）によれば、地域構造論は「産業配置論」「地域経済論」「国土利用論」「地域政策論」の4つの枠組で構成されているという。このうち「地域経済論」は、「地域区分論」「地域間関係論」そして地域内部の構造を解明する「経済地誌論」に分類している。このような、一国の産業配置から地域をみていくという視角に基づけば、地域的不均等はむしろ産業配置の所産とみることもできる。一方で、人間の生活の場としての地域からみていくという視角では、地域の不均等や格差を重視する（中村 1990）。さらに最近では、「どこから地域をみていくのか」という視点においても、たんに一国の産業配置からみていくのではなく、グローバルな産業配置からみていく視点が重要であるとの指摘もある（山川 2014）。

他方、伊藤（2011）は、マクロ経済の変化のなかで適応を強いられるだけの存在となった地域経済の問題的状況を指摘し、産業を通じた地域資産の有機的結合、すなわち「産業と地域社会の一体化（産業の地域化）」を重視し、産業を軸として地域経済の関連諸要素を取り扱う。また、地誌的な研究であっても、地域の産業を地域的存在とみなし、その地域の政治経済社会との関連を視野に入れて考察する研究もある。たとえば青野・合田（2015）は、非伝統的な繊維産地の発生から衰退までを、地域の政治経済社会と関連させながら詳細に描いている。

方法論からいえば、松原（2013）は、欧米と日本の経済地理学を比較検討し、欧米ではKrugman（1991）やPorter（1998）の影響もあり「経済学や経営学における『経済地理学』への注目度は大いに増し」ているのに対し、日本では「『経済学としての経済地理学』が圧倒的に強かった」状況は変わり、「『方法論なき実証研究』が量的には多くなってきている」とした。これは、個別的な実証的研究の理論的統合が求められている状況にあることを示唆している。

(3) 地域の産業構造、産業地域の構造

一国にも産業構造があるように、地域にも産業構造がある。東京であれば金融やサービス業の特化係数[1]が高く、愛知県は製造業のウェイトが比較的高いことが知られている。ここでは、これを「地域の産業構造」と呼ぶ[2]。

一方、一国の業種の割合としての産業構造と、特定部門の産業配置としての地域構造との交差点である「地域内の特定産業」における「構造」もまた、共同体の抽象的な特性として把握できる。これは、特定産業が一定程度立地している地域、すなわち産業地域（Industrial District[3]）、あるいは産地[4]（Producing Area）と呼ばれるものである。こうした地域における内部構造をここでは「産業地域の構造」ということにする。たとえば、東京における産業の特性を示すものが地域の「産業構造」であり、東京のIT産業における内部構造は、「産業地域の構造」といえる[5]。矢田（1990; p.15）を参考に、産業構造、地域構造、地域の産業構造、産業地域の構造それぞれの関係を示すと図5-1のよう

図5-1　産業構造、地域構造、地域の産業構造および産業地域の構造

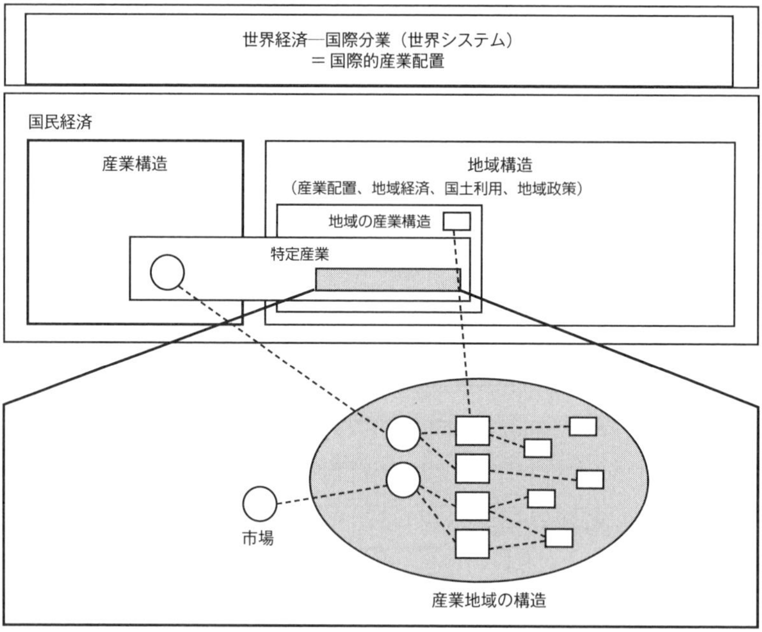

世界経済―国際分業（世界システム）
＝国際的産業配置
国民経済
産業構造
地域構造
（産業配置、地域経済、国土利用、地域政策）
地域の産業構造
特定産業
市場
産業地域の構造

資料：矢田（1990）p.15を参考に筆者作成。

になる[6]。

２．産業地域の構造

(1) 産地研究にみる構造の類型

業種など「産業部門」の分割基準は曖昧になるが、中小企業白書などで多用される「企業城下町型集積」「産地型集積」「都市型複合集積」「誘致型複合集積」などは地域における特定産業の構造を類型化したものといえる[7]。また、「地場」という言葉に特別の意味を持たせないとするならば、産業地域における構造の類型を示したものとして山崎（1977）の「地場産業研究」がある。地場産業の定義にはさまざまなものがあるが、山崎はその特性を①「特定の地域に起こった時期が古く、伝統のある産地であること」、②「特定の地域に同一業種の中小零細企業が地域的企業集団を形成して集中立地していること」、③「多くの地場産業の生産、販売構造がいわゆる社会的分業体制を特徴としていること」、④ほかの地域ではあまり産出しない地域独自の「特産品を生産していること」、および⑤「市場を広く全国や海外に求めて製品を販売していること」、の５つを挙げている。そのうえで、いくつかの切り口によって産地を類型化した。

第一に「歴史からみた類型」である。一つは産地の成立が江戸時代か、あるいはそれ以前である「伝統型地場産業」、もう一つのタイプは産地形成の時期が明治時代以後である「現代型地場産業」である。第二に「市場からみた類型」であり、「輸出型地場産業」と「内需型地場産業」に類型化される。第三には、「立地からみた類型」で、「都市型地場産業」と「地方型地場産業」に類型化される。第四には、「生産形態からみた類型」であり、これは「社会的分業型」と「工場一貫生産型」に類型化される。さらにここでは、「社会的分業型」を「問屋統括型」と「メーカー統括型」に分類している。本書で取り上げる繊維産地は、繊維自体の工程が複雑多岐に亘るという特性から、その多くは「社会的分業型」に属する。「工場一貫生産型」について、山崎は大川、府中、松本、東京などの家具産地、焼津など全国各地の水産練り製品産地などを例に挙げている。第五には、経営機能の産地完結性からの類型である。「製品の企

表5-1　産地の類型

産地	歴史	市場	立地	生産形態	経営機能
静岡の鏡台	伝統型	内需型	都市型	社会的分業・問屋統括型	産地完結型
豊岡（兵庫県）のかばん	伝統型	内需型	地方型	社会的分業・問屋統括型	産地完結型
白鳥（香川県）の手袋	現代型	輸出型（ただし内需型に変化しつつある）	地方型	社会的分業・メーカー統括型	産地完結型
遠州（静岡県）の織物	伝統型	輸出型	地方型	社会的分業・「産元」統括型	非産地完結型
岩槻（埼玉県）の人形	伝統型	内需型	地方型	社会的分業・問屋統括型	非産地完結型

資料：山崎（1977）pp.50-91より作成。

画、生産、販売、仕入、金融等の経済的・経営的な機能のすべてを産地内の企業群が総合的に、あるいは個々の企業が専門的に備えている」地場産業を「産地完結型」、こうした機能を産地外に求める地場産業を「非産地完結型」としている（表5-1）。

他方、板倉（1981）は、構造の中心となるアクターによる分類を試みた。東京の地場産業では「卸問屋型」「製造卸型」「町工場型」「大メーカー型」、地方では「小商品型」「製造卸型」「小工場型」「大メーカー型」に分類し、これらの相互の変化にも言及している。たとえば「地方産地の場合、小商品生産型から量産体制が進むと製造卸型になり、さらに小工場型になる」とした。このように、どの主体が中心となっているかも「構造」の一つといえる。

(2) 産業地域の類型と進化経路

1990年代の産業生産システムの構造変化とガバナンスの形態を論じたStorper & Harrison（1991; pp.410-411）は、産業地域をインプットとアウトプットの機能を持つシステム（インプット＝アウトプットシステム）と考え、分業の程度（相互接続の程度）、階層の程度、およびそれらの接続がローカルか非ローカルかという観点から類型化する。これは、高い内部経済を持つユニットかどうか、高い外部経済を持つシステムかどうか、また、地域的に分散しているか集積しているかを基準とする。これにより、内部経済、外部経済とも低い「孤立したクラフトワークショップ」、高い内部経済を持つ「プロセス生産者」、高い外部経済を持つ「（中小企業中心の）分散ネットワーク生産」

「(中小企業中心の) 集積ネットワーク生産」、高い内部経済と外部経済を持つ「(いくつかの大企業を含む) 分散ネットワーク生産」、「(いくつかの大企業を含む) 集積ネットワーク生産」の６つに分類できるとした。

Markusen (1996; pp.297-299) では、産業地域 (Industrial District) をいくつかのタイプに分類する。地方の中小資本の支配のもとに多数の中小企業が一定の地域内に集積し、いわゆる Marshall (1890; 1922) のいう集積効果を発現する「マーシャル型産業地域」、それに活発な企業間提携や地方政府の政策などいくつかの特徴を付加した「イタリア型産業地域」、大企業など主要な企業を中心として中小企業が存在する「ハブ・アンド・スポーク型産業地域」、グローバル企業の支店や分工場が構成要素となっている「サテライト型産業プラットフォーム」、国によって主導された「国定型産業地域」に類型化する。「マーシャル型産業地域」は内部のネットワークが活発だが、集積外部とのリンケージは乏しく、「サテライト型産業プラットフォーム」は地域外とのリンケージは強いが地域内リンケージは弱い。Markusen の分類は企業の大きさや性格といった構成主体と内外の企業間関係という二つの要素によって類型化を試みている。Park (1996; p.484) は、Markusen の「マーシャル型」、「ハブ・アンド・スポーク」、「サテライト」を基本型とし、ネットワークをサプライヤーと顧客、ローカルと非ローカルに分け、これらの強弱に着目して産業地域を 16 種類に分類できるとした。そのうち９種類を典型的なタイプとして紹介している (図５-２)。Park の主張で重要な点は、産業地域のタイプの深化を明示していることである。たとえば、柔軟なシステムと大量生産システムが混在する「ハブ・アンド・スポーク」から、地域内の中小企業間の協力が活発化することによって、あるいは、「マーシャル型」が外部とのネットワークを強めて、内外のネットワークとも強い「高度なハブ・アンド・スポーク」へと進化する場合もある (Park 1996; p.486)。また「サテライト」にも技術的スキルと管理スキルが地域に広まり (知識のスピルオーバー)、新しいスタートアップやスピンオフが生まれ、ローカルネットワークの発展に貢献して「成熟したサテライト」へと進化する。英国のシリコングレン (Silicon Glen) や米国オースティン (Austin) などが「成熟したサテライト」にあたる (Park and Markusen 1995)。

図5-2　産業地域の進化経路

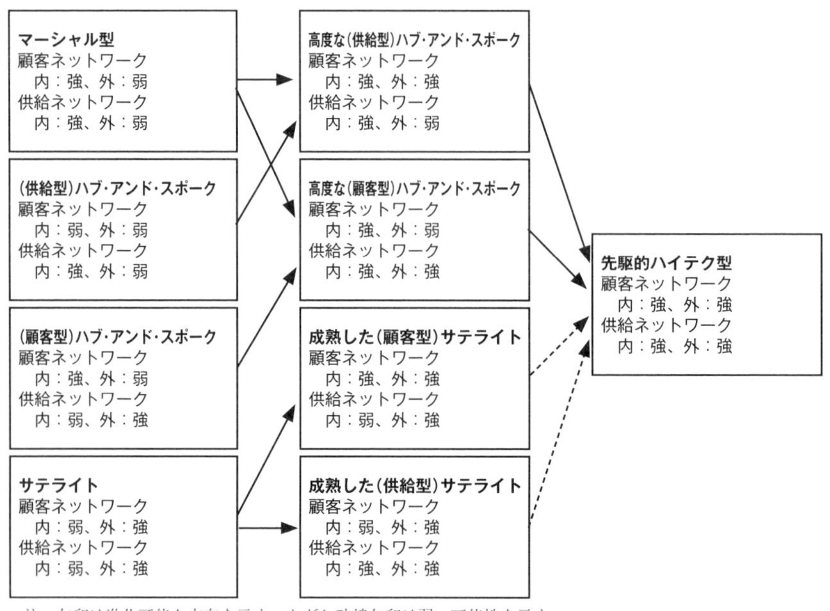

注：矢印は進化可能な方向を示す。ただし破線矢印は弱い可能性を示す。
資料：Park（1996）p.486 をもとに筆者作成。

3．産業地域における構造類型の視点

ネットワーク理論の定石にもあるように、ネットワークは人や組織といった主体（点、node）と、それぞれの繋がりや関係性（線または紐帯、tie）によって表現できる（安田 2001）[8]。「主体」は、産業地域に必要な機能を「誰」が担うかであり、山崎のいう「扇の要的」な機能を問屋が担うのか、メーカーが担うのか、あるいはどのような組織が分業体制の中にあるのかといったことである。

他方、「関係性」は、それぞれの主体間の関係である。山崎がいくつかの産地の取引構造を図示しているように、「どのような流れで」「どのような取引を経て」製品（あるいはサービス）がつくられるかも含まれる。現代の集積論では、単に集積しているという状況によってではなく、主体間の関係性によって

集積作用が発生するとみられている。たとえばScott（1988b）は、複雑な生産体系のなかでの分業により発生する輸送費と取引費用（経済取引を行う際に発生する費用）との合計であるリンケージ費用を節約するメリットを産業集積に求めた。

また、産業集積における制度、あるいは社会・文化的側面が強調される一方、産業におけるイノベーションの重要性が高まるにつれ、その源泉としての集積や近接性が注目されている。これに伴い、集積のメリットもまた、イノベーションを生み出すための相互作用に重点が置かれるようになった。それは、知識の伝播、知識創造の源泉となる暗黙知の流通などである。こうした相互作用は、ただ単に「一定の地理的範囲内に集まっていること」、すなわち企業などの経済主体が地理的に近接しているという事実のみでは発生しない。そこには相互作用を生み出すための何らかの関係性が不可欠である。最も典型的なのは取引による相互作用であろう。企業間の取引は、単に財やサービスと貨幣とを交換するにとどまらず、その過程においてさまざまな情報、知識を交換し、あるいはその過程で新たな知識を生み出し、それと同時に企業間（あるいはそれを担当する社員間）の信頼を醸成する。

なお、相互作用は地理的に近接していたほうが、また、数多くの、あるいは多様な企業が一定の地理的範囲のなかに存在していたほうが確率論的に活発になることはいうまでもないが、地理的に近接していなくても相互作用は起こり得る。実務的には、同じ企業の遠い拠点（たとえば都心近郊にある母工場と地方に立地する分工場）のほうが、集積内の他企業よりも相互作用が活発であることは容易に想像できる。交通の発達や情報技術の進展が、相互作用の地理的可能範囲をますます拡大させている。地理的近接性よりむしろ、規範や価値観の共通性を示す認知的近接性が相互作用に影響すると考えられるようになっている（Nooteboom *et al.* 2007）。産業地域の構造に焦点を当てている本書では、このことには詳述しないが、地域外とのリンケージが地域内のそれよりも強くなる場合があることは、前述のMarkusenやParkの類型でも明らかである。

ただし、「主体」「関係性」といっても、それらを類型化する視角は多様である。産業地域における構造の類型化は、その要素である「主体」と「関係性」の類型の組み合わせによって可能となる。以下、「主体」「関係性」それぞれの類型の視点を示す。

(1) 主体

①規模

構造の要素となる主体の規模については、大きく分けて三つに分類できる。これらは「大企業中心」、「大企業と中小企業」、「中小企業中心」の三類型である。大企業中心は企業内部の規模の経済性を発揮し、大量生産志向となりやすく、中小企業のみの産業地域は分業の利益を享受し、柔軟な生産システムを構築しやすい。

②多様性

業種や業務内容の種類の豊富さも構造に関連する主体の要素の一つである。これは、二分的なものでなく連続的な類型として「多様」と「画一」がある。「多様」では異業種の間で起こるような知識の交換などJacobs（1969）のいう外部性が発揮されやすく、多様性がない状態、すなわち「画一」では、同一あるいは類似の産業の特定地域内の集積で生じるメリット、たとえば労働市場が分断されている場合の採用のしやすさなどMarshallのいう外部性が発揮されやすい。

③完結性

完結性には、主に「完成品製造＋部分品製造」、「完成品製造のみ」、「部分品製造のみ」の三類型がある。「完成品製造＋部分品製造」では、完成品製造企業の地域内支配傾向が強くなり、Park（1996）のいう「ハブ・アンド・スポーク」型産業地域となる。同様に、「完成品製造のみ」では外部からの部品調達などに頼ることになり、「サテライト」型産業地域となる。「部分品製造のみ」では完成品製造を外部に頼ることになり、「マーシャル型」となる[9]。

④地域外とのリンケージの担い手

産業地域にとって、地域外とのリンケージの担い手がどのような企業であるかということも重要な類型基準となり得る。主に「流通企業」が担うタイプと、「製造企業」が担うタイプがあり、この分類は山崎（1977）でも取り上げられている。本書で対象とする伝統的な織物産地では、地域外とのリンケージを流通企業が担う「問屋制」から、それを製造企業が担うこともある「工場制」へと移行したケースもあった。しかし、その後、大量生産型の工場が撤退し、比較的小規模な機業を束ねる「問屋制」へと再移行した例もみられ、この選択はその時々の経営環境と条件による（辻本 1978、中林 2006）。

(2) 関係性

①地域内リンケージの有無・強弱

関係性の諸要素の一つは、産業地域内における各主体間の結合の有無および強弱である。その強弱を定量的に測定するのは容易ではないが、たとえば取引の頻度やウェイトを代理変数とすることはできるであろう。同じ産業地域内に立地しながら結合されていない（「分離」されている）場合もある。

②地域内リンケージの階層性

主体間の関係性は必ずしも対称ではない。主体の規模の差、相手に与える影響、力関係などによってその関係性は異なる。取引においても、どちらが価格など条件を実質的に決定するかは、各主体にとっての取引の効果を決定づける大きな要素である。地域内のこうした関係性は、非対称的な階層関係か、対称的な非階層（ネットワーク）関係かによって分類することができる。

③統合度および統合様態

企業の経済活動、とりわけ取引関係は、製品の原材料・部品の調達、製造、在庫管理、輸送、販売、消費までの一連の流れ、すなわちサプライチェーンに組み込まれている。一つの製品・サービスのサプライチェーンにもさまざまな機能が必要であり、それぞれの機能をどのような主体が担うかによって主体間の関係も変わってくる。複数の機能を別々の主体が担っていたものを一つの主体（あるいは主体の実質的な支配下にあるグループ）が担うようになることを

表 5-2　構造類型の視点による再類型化

構造類型の視点 ＼ Park 分類		マーシャル型	ハブ・アンド・スポーク	サテライト	先駆的ハイテク型
主体	規模	中小	大・中小	大（分工場など）	大・中小
	多様性	多様	画一	多様 or 画一	多様
	完結性	非完結	完結	非完結	完結
	地域外とのリンケージの担い手	流通 or 製造	製造	製造	流通 or 製造
関係性	結合の有無・強弱	強い	強い	分離	強い
	階層性	ネットワーク	階層	（分離）	ネットワーク
	統合度と統合様態	分化	水平的統合・垂直的分化	垂直的統合・水平的分化	分化
	地域外とのリンケージの集約度	分散	集約	分散	分散

資料：Park（1996）p.484 をもとに筆者作成。

分化（分業)、その逆を統合と呼ぶ。サプライチェーンに沿った分化・統合をそれぞれ「垂直的分化」、「垂直的統合」、サプライチェーンにおける同一機能の分化・統合をそれぞれ「水平的分化」、「水平的統合」という。分化および統合は、地域内の主体間の関係性を変化させるだけでなく、地域内の分化および統合の度合いは、集積作用にも影響を及ぼす。

④地域外とのリンケージの集約度

産業地域はどこでも地域内だけで完結することは希であり、地域外とのリンケージが存在する。そのリンケージが地域内の特定少数の企業が担っているの（集約的）か、多数の企業が担っているの（分散的）かについても、産業地域の構造を類型化する要素となる。地域外とのリンケージは需要搬入だけでなく、情報の収集・発信や地域内のガバナンスにとって重要であり、リンケージの有無が地域内での企業の役割やポジションを規定する。地域外との集約的なリンケージは地域内の階層的なリンケージに繋がりやすく、地域外との分散的なリンケージは地域内のネットワーク的なリンケージに繋がりやすい。

以上、「主体」4 要素、「関係性」4 要素のあわせて 8 つの構造類型の要素によって Park による産業地域類型を表現してみる（表 5-2)。これによると、マーシャル型は中小規模中心、多様、非完結となり、外部とのリンケージの主体は流通企業の場合も製造企業の場合もある。地域内の結合は強く非階層型で分化（分業）されており、地域外とのリンケージは分散されている場合が多い。同様に、「ハブ・アンド・スポーク」は大企業と中小企業が混在し、画一的な製品・サービスを生産している完結性の高い地域となる。外部とのリンケージの担い手はハブとなる製造企業（大企業）であり、地域内の結合は強く、階層型になるとともに、完成品では水平的統合となるが、部分品などでは垂直的分化となっている。地域外とのリンケージはハブ企業に集約されている。他方、「サテライト」は他地域にある大企業の分工場などが主体で、製品は多様な場合と画一的な場合が考えられる。地域内では完結せず（非完結）、外部とのリンケージの主体は各分工場が担い、地域内の結合は弱く、分離されている。企業ごとに垂直的統合・水平的分化となり、地域外とのリンケージは各分工場に分散している。

４．産業地域の構造変化

(1) 主体の変化

①規模の変化

主体の規模の変化は三類型（大企業中心、大企業と中小企業、中小企業中心）相互の変化によって表現できる。たとえば、大企業中心から中小企業が追加され、大企業と中小企業とが混在する産業地域へと変化する場合がある。大企業からのスピンオフ・スピンアウトはこうした変化の契機となり、東京都八王子市、静岡県浜松市などにみられる。また、中小企業中心の地域に大企業が進出する場合もある。本書で取り上げる繊維産地でも、産地への大手商社や大手紡績企業の進出によって、それまでのネットワーク的なリンケージが系列化によって階層化されていくという変化が過去にあった。1960 年代の岡山県倉敷市のユニフォームアパレルが、紡績企業に系列化された例がある。

一方で、大企業と中小企業の混在から中小企業中心へと変化する産業地域もある。東京都大田区は、都市化のなかで大企業が地方に移転し、中小企業中心の構造へと変化した典型例といえる。また、大企業と中小企業の混在から大企業中心へと変化した例としては、明治・大正期から戦後にかけての名古屋を中心とした時計産地を挙げることができる。

②多様性と画一性の相互変化

画一から多様へ、あるいはその逆の構造変化もある。繊維産地の例でいえば、山梨県富士吉田市は、八王子産地などからの受注生産構造の期間が長かったが、受託する製品が変わるたびに旧製品を生産し続ける企業と新製品を手掛ける企業とに分かれ、結果として多様な繊維製品を生産する産業地域へと変化していった。

③完結性の変化

非完結から完結への変化は、完成品製造主体の追加、あるいは既存の部分品製造主体が完成品製造機能を付加させることによって実現する。たとえば、部品メーカー中心の産業地域がデザイン機能を組み込むことによって完結性を備える場合がある。市場を持つ大都市などでは完結性の構造となりやすい。また、生産する製品が変わることでこうした状況が生まれる場合もある。たとえば、和装では織物（生地）が完成品となるが、洋装の場合、縫製（組立）工程を経て完成品となる。そのため、和装産地が縫製工程を地域内に備えないまま洋装産地化した場合には、完結から非完結へとその構造が変化する。

④地域外とのリンケージ担い手の変化

地域外とのリンケージは、流通企業が担うタイプと、製造企業が担うタイプがあり、流通企業・製造企業相互に変化が起こる場合がある。地域内の流通企業である買継・産地問屋が衰退し、機業が地域外の企業と直接取引するようになった繊維産地もある。この場合、地域外とのリンケージの担い手は流通企業から製造企業へと変化したことになる[10]。

(2)　関係性の変化

①結合と分離

産業地域内における各主体間の結合度の変化は産業地域の構造変化の一つ

図5-3　結合と分離

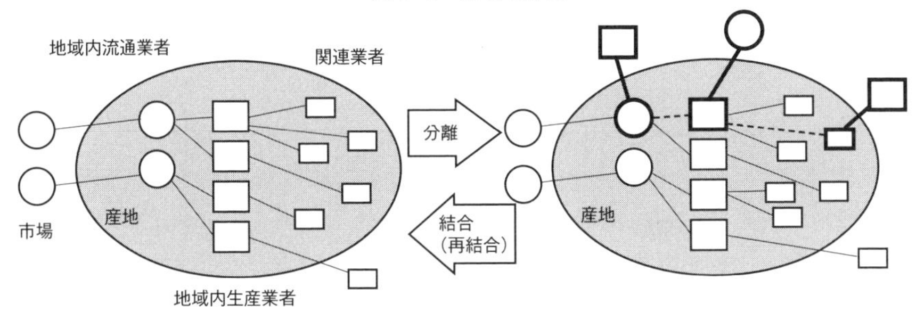

資料：筆者作成。

図5-4　統合と分化

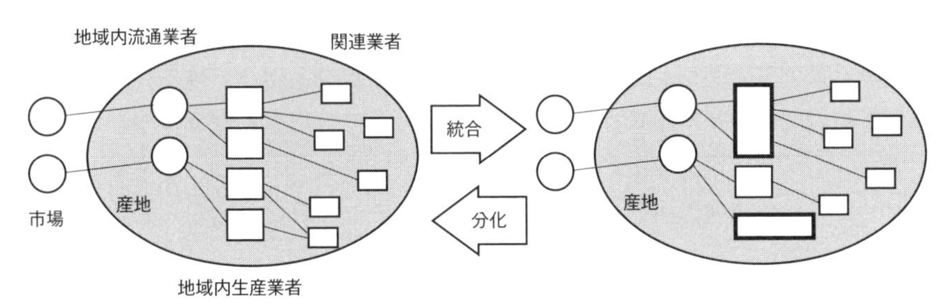

資料：筆者作成。

である。結合すれば産業地域内に知識の伝播などの集積が生まれる。一方、同じ業種で完成品と、それに必要な部品を生産しているという主体間など、結合に蓋然性がある主体間であっても、結合がなくなる場合もある。ここではこれを「分離」という。さらに「分離」されていても、何らかの環境変化によって「再結合」される場合もある（図5-3）。

②階層化と非階層化

産業地域内のリンケージにおいて、ネットワークから階層へ、あるいは階層からネットワークへという変化が起こる場合がある。たとえば、ハブ・アンド・スポーク産業地域のなかで、ハブを担う企業が弱体化したことにより地域内の系列関係が崩れると、階層からネットワークへと変化（非階層化）する。逆に、マーシャル型産業地域にハブを担うような大手企業が進出してきて産地内企業を系列化する場合には、ネットワークから階層へと産業地域の構造が変化（階層化）する。

③統合度および統合形態の変化

産業地域では、水平的ないし垂直的な統合または分化という変化も起こる。産業地域が生産する製品・サービスの需要が高まる、あるいは各工程の専門性が高まれば、工程が分化し分業体制が整備される。一方、衰退産業の下では垂直的統合が多くみられる（Stigler 1951)。生産技術の変化によって垂直的統合が起こる場合もある[11]（図 5-4)。

④地域外とのリンケージにおける集約度の変化

地域外とのリンケージが特定の企業に集約されたり、あるいは多数の企業が地域外との関係性を持つようになり、リンケージが分散されたりする。地域外とのリンケージを集約していた企業（ハブ企業）の衰退により、地域外とのリンケージをハブ企業以外の企業が持つようになる。これは集約から分散への構造変化である。

(3) 構造変化をもたらす諸要因とプロセス

本章の最後に、前述した構造変化を引き起こす諸要因について整理する。地域をめぐる構造の分析は、Massey（1984; 1995）によれば①産業立地分析、②空間構造分析、および③個別地域・国民経済への影響分析、という三つの枠組によって構成されるという。このうち、①産業立地分析は、マクロ経済条件に規定されて個別資本・産業の生産諸条件が与えられるとともに、立地条件を形成していくプロセスである。②空間構造分析は、新たな立地展開に伴い既存の空間構造が再編され、経済・社会、政治的諸関係も変化していくプロセスである。③個別地域・国民経済への影響分析では、立地展開と空間構造に規定される個別地域の構造と各地域の機能の再編、および全体からみた地域間格差と地域間関係の再編プロセスである[12]。これは方法論の提示ではあるものの、構造の変化が、「マクロ経済条件」から「個別企業」へ、それが「立地条件」、さらに「空間構造」や「経済・社会、政治的諸関係」へと順次影響を及ぼすプロセスが描かれている。

企業を取り巻く「マクロ経済条件」、すなわち経営学的な環境変化はさまざまであり、それは産業横断的に影響を及ぼすものも、特定産業にのみ影響を及ぼすものもある。後者であっても、環境変化の多くは地域性なく発現される。企業は環境変化に適応すべく、それを「刺激」と捉えて何らかの経営行動が発現（「反応」）するが、「刺激」に対する「反応」は企業によって異なる。

こうした「反応」は、それ自体が次なる経営行動を生み出す要因となり、新たな均衡的状況になるまで地域と企業は相互的に変化あるいは行動を繰り返す。たとえば、都心の中小企業を中心とした工業地域が、個別企業の地方化や海外化の結果、集積作用が減少し、さらなる個別企業の地方化や海外化を生み出すとともに、産地内に留まろうとする企業は、集積作用の減少にも耐えられる地域外リンケージの構築（たとえば取引の広域化）により、こうした変化に対抗しようとする。こうした相互性は、まさにGiddensが主張した構造の二重性、すなわち構造が主体行為の結果であるとともに媒介でもあることと符合する。

また、産業地域の構造変化は大企業の工場立地の戦略など国内の、あるいはグローバルな産業配置の力にも規定される。さらには他産地の企業との相対的位置や競争関係にも影響を受ける。一方で、特定の産業に属する産業地域において、特定の環境変化に対して共通した反応を示す場合もある。産業地域の特性の違いを越えたこのような共通的な反応は、各企業の経営行動と、その結果としての地域の反応に普遍化できるメカニズムが存在する可能性があることを示している。

環境変化、経営行動と産業地域の構造変化を単純に図示すると図５-５のようになる。需要、技術、海外化などの環境変化が二つのルートによって産業地域内企業の経営行動に影響を与える。一つは当該産業地域の企業に影響を及ぼし得る地域外企業の経営行動である。もう一つは環境変化が産業地域内企業の経営行動に直接影響を与えるというルートである。他方、産業地域内では、産業地域内企業の経営行動により、たとえ当該企業が産地外に転出しなくても、主体としての機能変化や他の主体との関係性を変化させることによって産業地域の構造を変化させる。それは産業地域の集積作用を強めたり弱めたりすることを通じて、さらなる産業地域内企業の経営行動を誘発する。産業地域内では

図 5－5　環境変化、経営行動と産業地域の構造変化

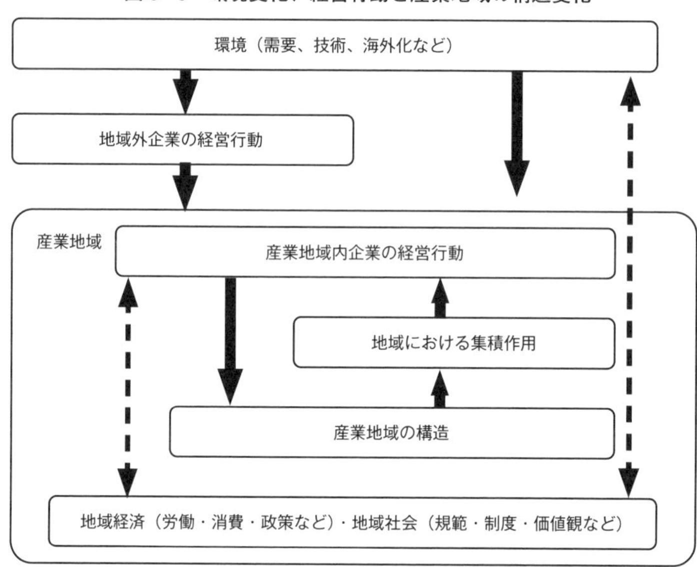

資料：筆者作成。

これが繰り返される。

なお、Polanyi（1957）は経済過程に秩序を与え、社会を統合するパターンとして、互酬、再配分、交換の三つを挙げ、「経済が社会あるいは社会構造に埋め込まれている」とした。Granovetter（1985）はネットワーク理論の発展を援用し、「経済活動は社会関係の構造のなかに埋め込まれている」と主張する。社会のなかにある人間関係の構造やネットワークが信頼性などを醸成して、問題行動を抑制するなど経済的な行動にも大きな影響を及ぼしている。また、産業地域内における典型的な経済活動が取引であるが、相互作用は取引の場面にとどまらない。また、Storper & Harrison（1991）が指摘するように、取引以外の相互作用も存在する。このように、環境変化は地域経済（労働・消費・政策など）や地域社会（規範・制度・価値観など）に影響を与えることによって、産業地域内企業の経営行動を励起させることもある。もちろん、企業は地域の制度や文化、規範を含めた「限定された合理性」のなかで収益最大化を図る主体であり、その経営行動は、社会的な要素をも加味したうえで「経済的」に決定されるのであるが、このような取引以外の相互作用は軽視すべきではない。これらについての詳述は別の機会に譲りたい。

注

1　ここでは、ある地域のある産業の比率を全国の同産業の比率で除したものをいう。

2　なお、地域産業や地域経済の理論では、「地域」の定義や範囲が問題となる。このことについては本書の目的ではないため詳述しないが、主な争点については加藤和暢（2018）pp.31-70に詳しい。

3　「Industrial District」は「工業地域」と訳される場合も多い。ただし、サービス産業化の進展の中、工業とサービス業を「生産」の文脈で明確に分けることは困難になりつつある。たとえば、サービス業の集積地域でもある米国シリコンバレーも「Industrial District」である。こうしたことから、本書では「産業地域」と表記する。

4　「産地」は一般的に「生産地域」あるいは「産出地域」と同義であり、「産業地域」とは同義とされていない。ただし、上記注のように工業とサービス業を「生産」の文脈で明確に分けることは困難になりつつあるなか、サービスも「生産」するのであり、「産地」はより幅広い「産業地域」に同義化しても差し支えないと考える。こうしたことから、本章では「産地」を「産業地域」と同義として取り扱っている。

5　産業地域の構造に関して、企業活動が特定地域に集中して立地している状態を「（産業）集積」その状態の構造を「（産業）集積構造」という。産業地域という概念は、集積している状態とはいえないものも含むという意味では産業集積は産業地域の部分集合といえる。

6　たとえば、国際的産業配置の観点からは、雁行形態論（赤松 1965）をはじめ、一般立地条件が集積効果を上回る状況（渡辺 2011）による中国等への生産拠点の移管なども指摘されている。地域の視点では、第三のイタリアのような中小企業主体でも競争力ある産地との比較検討も実施され、企業家や職人の質的問題への言及（岡本 1994）や地域産業の視点では経路依存性に伴うロックイン効果によるイノベーション不足なども指摘される。

7　ただし、「誘致型」というのは厳密には「構造」といえるかどうか疑問ではある。

8　たとえば、山崎（1977）の類型における「生産形態」や「経営機能」は、「主体」と「関係性」の要素である。

9　この点、山崎（1977）は「経営的機能」という言葉を使用し、その中身について「製品の企画、生産、販売、仕入、金融等の経済的・経営的な機能」と説明している。すなわち、一つの製品（あるいはサービス）が完成して提供されるまでにはさまざまな機能が必要であり、これらが産地に備わっているか否かである。しかし問題はどこまでを完結とみるか、非完結とみるかである。製品の価値が確定するのは顧客の手に渡ったときであり、産地という特定の地域である以上、国内あるいは海外に市場を求める場合には、ほとんどの場合何らかの「機能」を産地外の企業（あるいは拠点）に依存せざるを得ないともみることができる。くわえて、OEMやODMなど、企画機能やデザイン機能については特定の企業が完全に担うような取引形態ではなく、協働して機能を果たしていくような場合も想定できる。山崎は、遠州の織物産地を「産地非完結型」としたが、これは、産地外の紡績企業や総合商社の下請的地位にあったからであり、企画、デザイン、マーケティング、金融などの経営的諸機能が産地外に存在していたからにほかならない。

10　機業が地域外の企業と直接取引するようになる変化については、第6章で詳述する。

11　生産技術の変化によって垂直的統合が起こるケースについては、第8章を参照されたい。

12　この分析プロセスは、単一企業の複数工場立地の研究や理論へと発展していくことになる。

第6章
需要縮小と構造変化
和装産地：西陣・丹後・桐生・十日町・米沢

本章では、主に2000年以降の和装産業を取り上げ、需要縮小期において産業地域内外の取引がどのように変容し、その変容が産業地域にどのような影響をもたらすかについて産地横断的に観察することで、需要縮小期における構造変化のメカニズムに関する示唆を得る。展示販売の常態化や委託販売の増加による機業の在庫リスクや販売リスクの増大、産業地域内企業の倒産・廃業などによる「非予定調和的な機能欠落」は、取引の直接化や生産工程の垂直的統合という不可逆的な取引変容を引き起こす。これにより、産業地域の構造は集積拡大前の状態には戻らず、地域外とのリンケージにおける担い手の変化や分散、および地域内の垂直的統合がみられるようになる。

1．問題の背景と対象産地

(1) 問題の所在・背景と目的

和装産業は、わが国の伝統的な文化産業であるものの、西陣、丹後、十日町など和装産業を基盤とした産地は需要縮小によって厳しい状況に置かれている。着物小売市場の推移をみると、1980年代には10年間で約15%減、1990年代には約53%減であったが、2000年代は2010年までの10年間でも約56%減と最も割合が大きくなっている（図6-1）。生産量でみても、2018年は約211万m²（約44万反相当）となっており、1985年と比較して約50分の1、2000年との比較でも約15分の1と大きく縮小している（図6-2）。他方、輸入品への代替が急速に進行している洋装産業と異なり、輸入量も縮小傾向にあるのが和装産業の特徴である。和装用の絹織物および絹製着物の輸入量の推移をみると、

図６-１　着物小売市場の推移

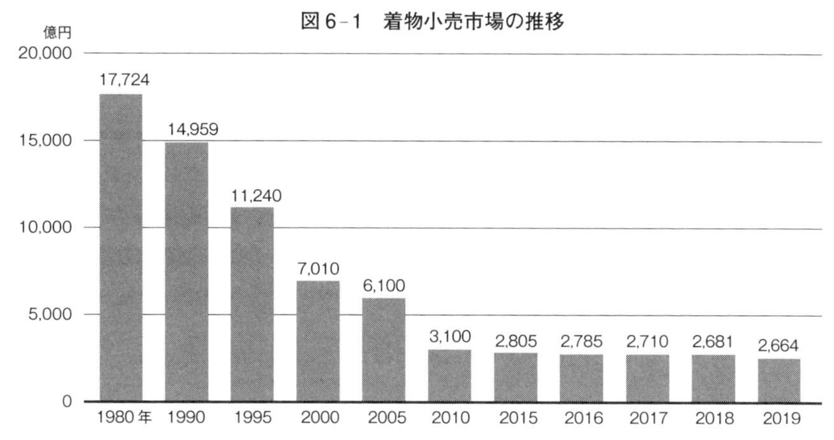

注：矢野経済研究所推計、2019年は予測値。
資料：矢野経済研究所『きもの産業年鑑』各年版より作成。

図６-２　絹・絹紡織物生産量の推移

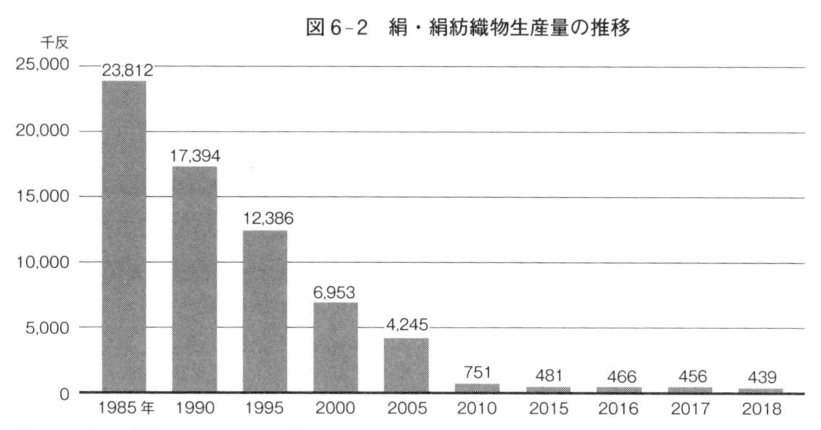

注：1）反への換算は１反＝4.81㎡で行った。
　　2）調査対象は従事者10名以上及び２以上の事業所を有する企業、羽二重など広幅織物も含む。
資料：経済産業省『経済産業省生産動態統計年報 繊維・生活用品統計編』各年版より作成。

図 6-3　絹織物および絹製着物の輸入量の推移

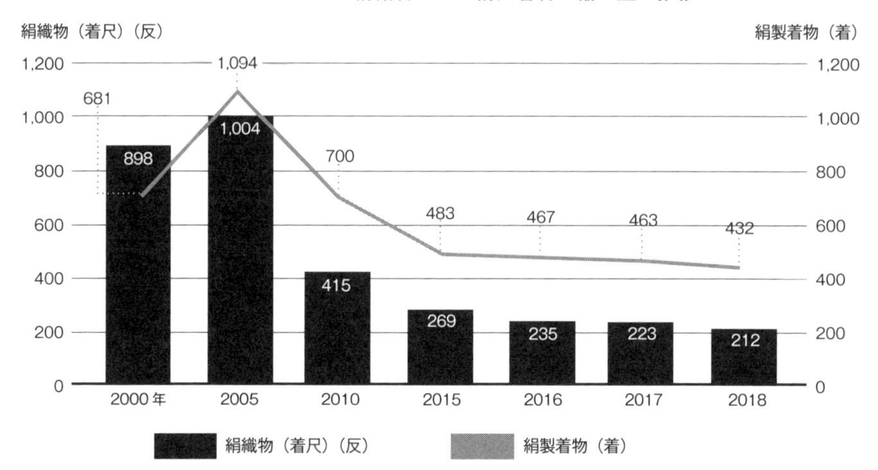

注：1）絹織物は巾が 45cm 以下のもので、貿易統計品目コード 5007200.34,35,39 の合計で、仮絵羽など着物地（反物）を裁断して仮仕立したものを含む。
2）反への換算は 1 反＝ 4.81㎡とした。
3）絹製着物については、貿易統計品目コード 6211492190 とし、本仕立のみ外国で行われるものなどを含むため、一部国産絹織物との重複計上がある。
資料：財務省『貿易統計』各年版より作成。

2015 年は 2000 年に比べて絹織物、絹製着物とも大幅に縮小している。2000 年以降の和装産業における国内生産の縮小は、輸入圧力によるものではなく、主に市場縮小そのものによって生じていることがみてとれる（図 6-3）。

本章は、このような環境変化に揺れ動く和装産業を取り上げ、需要縮小期として主に 2000 年以降の状況をみていく。こうした需要縮小期に発生する諸事象に対応しようとする経営行動によって、産業地域内外の取引がどのように変容し、その変容が産業地域の構造にどのような影響をもたらすかについて産地を横断的に観察することで、需要縮小がもたらす産業地域の構造変化を明らかにしていく。

(2) 先行研究と本章の位置づけ

需要縮小による産業地域の構造変化メカニズムについては、これまでもいくつかの有力な指摘がある。アダム・スミスは「分業の範囲は市場の広がりの程度によって制約されている」とし、Stigler（1951）は、衰退産業の下では垂直的統合が多くみられることを指摘した。Jacobs（1969）は、効率性を追求した垂直的統合となった産業地域では、小企業の仕事が奪われ、衰退に向かうことを示唆した。藤田（2003）は、集積衰退の主要因として Arthur（1989）のいう「ロックイン」を挙げる。地域内企業が特定の経路あるいは知識基盤に依存することから集積効果が狭い分野に特定され、イノベーションが阻害されるとする。日本で産業集積の縮小に関する本格的な研究を進めた植田（2004）は、産業集積が量的に縮小する背景として、グローバル化、開業率の低下、ロックインといった諸要因を挙げる。

これらを整理していくと、需要縮小による産業地域においては、二つの経路があることがみえる。一つは、他の製品・サービス分野、あるいは他の成長産業分野へ転換できないことである。和装産業の場合、たとえば洋装への転換、あるいはインテリアなど非衣料分野への転換などである。これは、転換を果たすという意味でダイナミック（動的）な経路といえる。これを実現しようとする場合、何らかのイノベーションが必要となることはいうまでもない。これを阻害するのが、産業地域の前向きな転換を妨げる要因となる「ロックイン」である。地域内の開業率の低下も、新しい動きを妨げるという意味で「ロックイン」によるものと位置づけられる。

産業地域の衰退のもう一つの経路は、転換を伴わない現在の産業・製品分野のなかで集積としての競争力を喪失することである。これは、ダイナミック（動的）なプロセスとは対照的に、現在の産業分野でのルーティンな活動のなかで衰退が起こるという意味で、スタティック（静的）な経路といえる。このような衰退を抑止するためには、個別企業の競争力に加えて、縮小するなかでも集積作用を高めるか、あるいはどれだけ集積を維持できるかが重要な要素となる。

実は、こうしたスタティック（静的）な経路は、先行研究では必ずしも十分に示されてはいなかった。ある地域における、一般立地条件による企業の他地域への移転や、グローバル化の進展による衰退を指摘した研究の多くは、外部環境の変化による衰退の要因を示したものであり、需要縮小による集積内部の変化経路を焦点としていない。そのなかでも手掛かりとなるのは Stigler（1951）や Jacobs（1969）が指摘する垂直的統合である。しかし、垂直的統合が衰退産業でみられることや、垂直的統合が集積作用の一つである「分業の利益」を奪って集積に衰退をもたらすことは示されているものの、具体的にどのようなメカニズムで垂直的統合が起こるのかを必ずしも明らかにはしていない。日本では、山下（1998）が、企画・設計、試作、量産という三つのフェーズのバランスの崩壊を集積衰退の要因としている。山下が示した尾州毛織物産地の事例では、企業が量産フェーズを重視しすぎた結果、生産性向上は図られたものの製品のバリエーションが縮小し、低迷の原因となったという。ただし、東アジア各地域の量産に特化した集積や、試作フェーズで縮小しながらも一定の競争力を持つ東京都大田区の機械産業の集積などを広く眺めてみると、一般化した理論の確立にはなお検討の余地がある。

なぜ、こうした需要縮小に伴う産業地域の構造変化プロセスがあまり検討されてこなかったのか。それは、需要縮小ではないほかの要因によって変動しているからにほかならない。あえて言うなら、他の要因のほうが産業地域に与える影響が大きいからであった。最も大きな他の要因は、他地域との地価や労働費をめぐる一般立地条件の競争による影響である（渡辺 2011）。産業地域は、需要の拡大・縮小にかかわらず、集積作用の効果を上回るように他地域の一般立地条件が比較優位となれば、企業が地域外に転出してしまう。機械産業における中国など東アジアへの生産拠点の移転をみれば明らかである。こうして、需要縮小の影響を純粋に抽出して産業地域を観察することが困難であったことが、検討が進まなかった背景にあると考えられる。ここに、研究対象として和装産業を選んだ理由がある。なぜなら、和装産業は需要縮小の度合いが大きいことに加え、海外や国内他地域との一般立地条件の競争が産業地域に与える影響が比較的少なく、需要縮小の影響を抽出しやすいからである。

本章の焦点は、スタティック（静的）な産業地域において、需要縮小に対応しようとする企業行動を起点として生じる具体的な取引変容が、産業地域の構造に影響を与えるメカニズムである[1]。対象とする和装産業自体には他の産業ではみられない特徴や個別性はあるものの、需要縮小局面における取引変容と産業地域の構造変化のメカニズムを明らかにすることは、こうした局面での産地政策の処方箋を示すことに繋がる。

それでは、スタティック（静的）な産業地域において、その維持・発展を妨げ、衰退を進行させてしまう要因はいったい何であろうか。もちろん、その一つは集積規模の縮小に伴う集積作用の減少である。しかし、ここで観察するのは、需要縮小が取引変容を引き起こし、集積規模の縮小が集積作用を加速度的に減少させ、集積の衰退を加速させてしまうという一連のメカニズムである。

(3) 産地の基本構造、観察対象および研究方法

①和装産地の基本的構造

和装産地での中心的生産機能を担うのは機業であり、関連生産業者を活用しながら織物を生産する。生産された織物は産地の商業資本である買継・産地問屋[2]を通じて京都室町や東京堀留にある集散地問屋（前売問屋）に流通される（図6-4）。製品は集散地問屋から各地の地方問屋ならびに小売店（チェーン専門店や一般小売店）に渡り、最終消費者に届く。こうした買継・産地問屋といった、いわゆる「問屋制」は、意匠、染色、織布の各工程に多様な加工法を提供する専業化した企業が集積していることを前提に、それらを市場の動向に合わせて柔軟に組み合わせる生産組織として発展し、「柔軟な専門化」により大衆化と多様化を可能にした（中林 2006; pp.92-93）。

関連工程を担う主体（企業）には、機業と水平的な分業を行う「出機」と呼ばれる下請型の機業と、垂直的な分業を行う各種業者がある。各種業者には、織物のデザインを創作する「図案」や「紋意匠図」、それを織機にセットする紋紙やデータにする「紋彫」や「フロッピー製作」、糸を撚る「撚糸」、糸を染める「糸染」、織機の糸を準備する工程を担う業者として「糸繰」「整経」「綜絖」、織物や糸に精練・漂白および整理仕上などの処理を行う「整理加工」、機械の修理や部品補充を担う「機料品」などがある（図6-5）。

こうした産地内分業は、「社会的分業」ともいわれる。「社会は分業から発達する」としたDurkheim（1893）の社会分業論では、分業が進んでいない社会での「機械的連帯」では成員が類似し、それを条件として強固な共同意識のもとで連帯するという。分業が進んでいくと、個性的かつ異質な個人が特定の関係で結ばれるようになる「有機的連帯」へと進化する。ポスト産業革命の時代には、「第二の産業分水嶺」（Piore & Sabel 1984）により大量生産方式から

図6-4　和装産地の基本構造

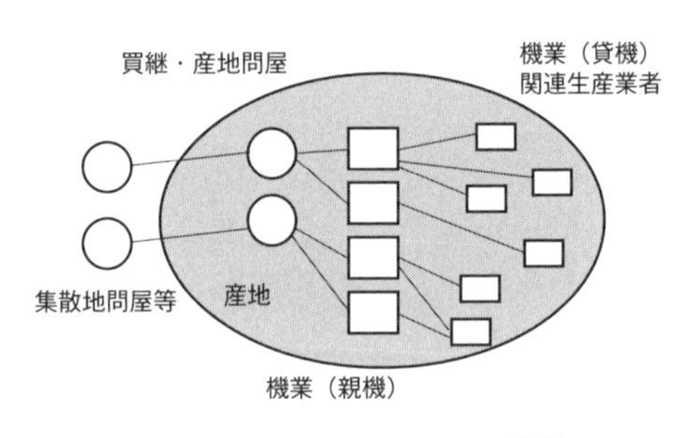

流通（集散地問屋等、買継・産地問屋）　生産（機業、関連生産業者）

資料：筆者作成。

図6-5　和装産地の工程分業構造

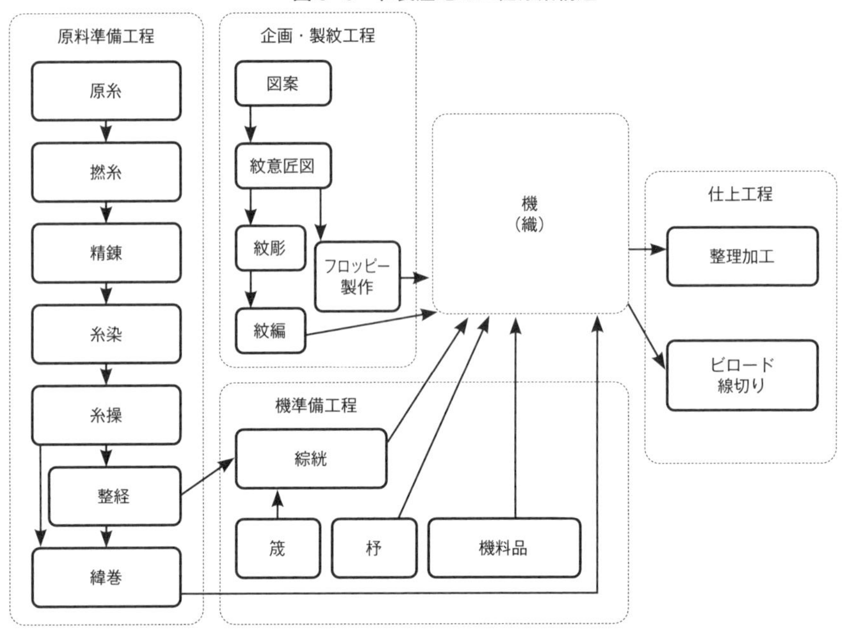

資料：西陣織物工業組合「西陣織工程図」より作成。

多様なニーズに対応する生産方式である「柔軟な専門化」へと移行が進んだが、これを実現するうえで産業集積のメリットが強調されるようになった。

歴史的には変遷があるものの、現時点における和装産地の構造は共通の類型を示す。すなわち、主体は中小企業中心で、多様な製品をつくるわけではなく画一的な製品をつくる傾向がある[3]。和装は織物（生地）自体が完成品といえるため、産地での完結性は高い。地域外とのリンケージの主体は、地域内の流通企業である買継・産地問屋が担う。地域内の結合は強く、流通企業が製造企業を支配する階層的な地域内リンケージとなっている。工程別に分化（分業）が進展し、地域外とのリンケージは流通企業に集約されている。

②観察とする事象・プロセス

本章で観察するのは、主に2000年代以降に顕著となった四つの事象である。まず、集積外との取引変容により産業地域の構造要素の一つである主体、すなわち企業に変化がみられる事象のうち、各産地に共通して発生している事象と

図6-6　分析対象とするプロセス　　**図6-7　分析対象産地および集散地**

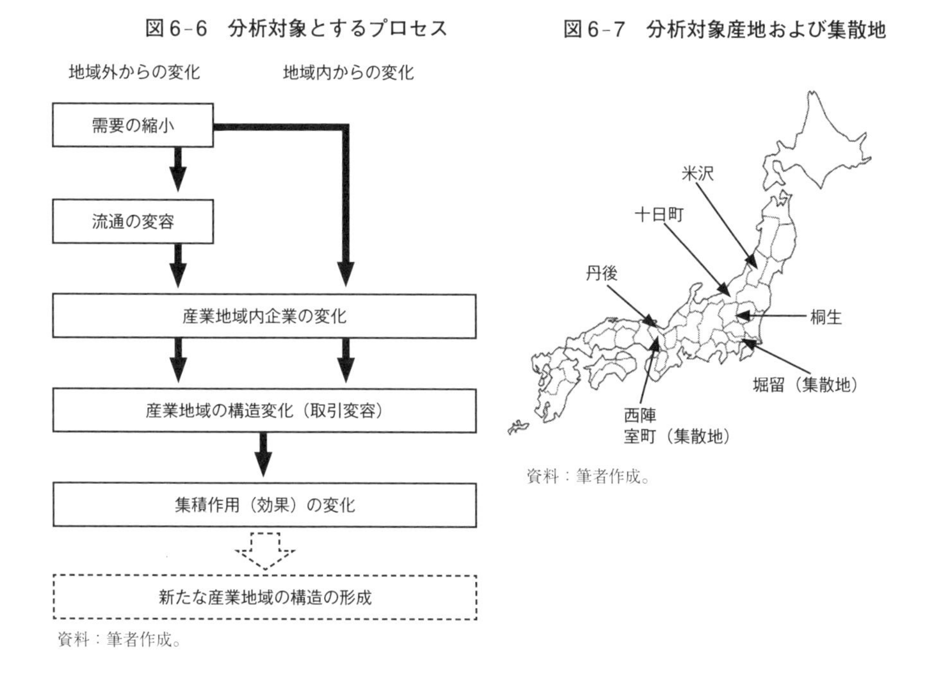

資料：筆者作成。

資料：筆者作成。

表6-1　インタビュー先一覧

年月日	地域	インタビュー先
2015. 8.24	桐生	K 組合
2015. 9. 1	桐生	KA 社（染色整理）、KR 社（刺繍）、KMK 社（ニット）
2015. 9.10	桐生	KG 社（機業）、KH 社（機業）、KI 社（機業）
2015. 9.11	桐生	KM 社（機業）、KK 社（機業）、KTK 社（ニット）
2015. 9.18	桐生	KF 社（繊維製品）
2015. 9.25	桐生	KW 社（繊維機械）、KA 社（染色整理）
2015. 9.28	桐生	KY 社（刺繍）
2016.10. 3	米沢	Y 組合、YN 社（機業）、YK 社（機業）
2016.10.18	堀留	H 組合
2016.10.31	西陣	N 組合、NY 社（機業）
2016.11. 1	西陣	NN 社（機業）、NM 社（機業）、NW 社（機業）
2016.11.28	丹後	TG 組合、TGT 社（機業）
2016.11.29	丹後・室町	TGY 社（機業）、TGK 社（機業）、MY 社（買継・産地問屋兼集散地問屋）、TGC 社（染色整理）
2017. 3. 9	堀留	HS 社（集散地問屋）
2017. 3.16	堀留	HT 社（集散地問屋）、HK 社（集散地問屋）
2017. 3.17	堀留	HM 社（集散地問屋）
2017. 3.24	堀留	HY 社（集散地問屋）
2017. 6. 8	十日町	T 組合、TC（買継・産地問屋）
2017. 6. 9	十日町	TK 社（機業）、TJ 社（機業）、TN 社（買継・産地問屋）
2017. 9.21	米沢	YT 社（染色整理）
2017. 9.22	米沢	YF 社（買継・産地問屋）、YW 社（買継・産地問屋）、YY 社（買継・産地問屋）
2018. 4.19	（京都）室町関連	TNS 社（染色整理）、TIS 社（染色整理）
2018. 4.20	室町	MK 社（集散地問屋）、MT 社（集散地問屋）、MC 社（集散地問屋）、M 組合
2019. 7.19	米沢	YA 社（機業）、YI 社（機業）、YB 社（機業）
2019.12. 5	丹後	TGMA 社（機業）、TGMI（機業）
2019.12. 6	丹後	TGD 社（機業）、TGR 社（機業）

資料：筆者作成。

して取り上げるのは次の二つである。一つは展示販売の常態化、もう一つは機業と問屋との間で広がる委託販売（生地貸し）の増加である。これらの取引変容は機業のリスク増大をもたらす。

続いて取り上げるのは産業地域内に発生する二つの事象である。一つは買継・産地問屋の欠落による地域外とのリンケージの担い手の変化と分散、もう一つは出機および整経、綜絖、染色整理等の関連工程を担う主体の欠落である。これらはいずれも集積内の機能欠落に該当する。以上四つの事象によって取引変容がどのように起こるのか、さらにその変容が産業地域の構造にどのように影響するのかをみていく（図6-6）。

③対象とする地域および研究方法

また、事象の観察にあたり、和装産業に関する各産地を横断的にみていくことが本章の特徴の一つである。2015年より、和装産地のうち、桐生、西陣、丹後、米沢、十日町の各産地の組合および企業に対して非構造化インタビュー調査を実施した。集積外からの裏付けも重要であるため、あわせて京都室町、東京堀留の集散地問屋なども同様に調査した（図6-7および表6-1）。

2．統計でみる各産地の概況

各産地における和装関連企業の事業所数及び従業者数をみると、いずれの産地においても量的な縮小傾向にあることがわかる。繊維工業全体の従業者数の変化をみると、1986年から2014年までの長期では、西陣▲61%、丹後▲79%、桐生▲69%、米沢▲64%、十日町▲71%と、いずれの産地も6～8割の大幅な減少となった（表6-2）。

次に、産地の中心的役割をなす織物製造業（機業）の従業者数の変化を1986年から2014年までの長期でみると、西陣▲70%、丹後▲83%、桐生▲80%、米沢▲74%、十日町▲85%と、西陣、米沢で7割、その他の産地では8割以上の大幅な減少となった。西陣はインテリアや和装小物、桐生や米沢は洋装への転換が比較的進展している反面、後染の振袖・訪問着と絣が中心の十日町では現在でも和装産地の様相が色濃くなっており、織物製造業における各産地間での減少率の差、和装を手掛ける割合の差とも符合している。

また、産地の関連生産業者の一つである染色整理業についてみていくと、1986年から2014年までの長期では、西陣▲66%、丹後▲82%、桐生▲59%、米沢▲78%、十日町▲76%と、桐生ではやや減少割合が緩やかだが、そのほかの地域では、織物製造業の減少割合と同程度の減少をみている[4]。

さらに、産地の流通業者である繊維・衣服等卸売についてみると[5]、1986年から2014年までの長期では、西陣▲78%、丹後▲77%、桐生▲86%、米沢▲83%、十日町▲80%と、こちらは、西陣、桐生、米沢で織物製造業の減少割合よりも高い割合での減少がみられる[6]。

表6-2 各産地の事業所数、従業者数の推移

産地	業種分類	1986年		2001		2014		1986 → 2014
		事業所数	従業者数	事業所数	従業者数	事業所数	従業者数	従業者数増減率（%）
西陣	全産業	19,515	95,839	13,894	79,142	10,799	80,462	-16
	製造業	6,187	29,361	3,003	14,400	1,736	8,935	-70
	繊維工業	2,999	13,576	2,286	8,827	1,211	5,308	-61
	製糸，紡績，撚糸	59	265	66	404	37	137	-48
	織物	1,773	7,884	1,320	4,338	554	2,362	-70
	染色整理	375	1,956	313	1,261	176	657	-66
	ニット生地・製品	4	29	6	21	—	—	—
	外衣	25	93	24	192	23	112	—
	下着	10	146	4	22	1	2	-99
	和装製品・他衣服	123	1,029	189	1,184	179	1,077	5
	繊維機械	42	220	30	69	16	34	-85
	繊維・衣服等卸売	424	3,453	426	2,400	139	754	-78
丹後	全産業	16,560	54,782	10,668	47,846	7,409	40,320	-26
	製造業	9,747	27,336	4,437	15,401	2,304	9,650	-65
	繊維工業	8,974	21,168	3,788	9,422	1,818	4,531	-79
	製糸，紡績，撚糸	142	612	86	325	39	120	-80
	織物	8,157	17,291	3,314	6,905	1,467	3,017	-83
	染色整理	34	682	24	331	17	125	-82
	ニット生地・製品	41	546	9	34	—	—	—
	外衣	47	525	33	376	17	182	—
	下着	14	215	12	537	4	297	38
	和装製品・他衣服	29	103	34	146	85	184	79
	繊維機械	49	293	28	221	16	54	-82
	繊維・衣服等卸売	112	465	57	186	35	107	-77
桐生	全産業	10,821	64,575	8,334	53,032	6,146	48,161	-25
	製造業	3,730	30,700	2,196	19,428	1,303	13,910	-55
	繊維工業	2,424	11,827	1,228	5,528	777	3,665	-69
	製糸，紡績，撚糸	93	297	33	91	14	33	-89
	織物	707	3,128	297	1,190	159	616	-80
	染色整理	201	1,672	124	984	60	686	-59
	ニット生地・製品	79	457	41	208	—	—	—
	外衣	367	2,340	179	794	92	425	—
	下着	12	177	6	23	4	38	-79
	和装製品・他衣服	113	549	93	441	63	245	-55
	繊維機械	32	130	15	92	9	44	-66
	繊維・衣服等卸売	131	778	113	522	25	112	-86
米沢	全産業	5,660	43,986	5,633	46,215	4,664	42,137	-4
	製造業	928	18,096	740	15,226	521	11,012	-39
	繊維工業	406	4,414	264	2,331	153	1,611	-64
	製糸，紡績，撚糸	39	407	26	155	14	87	-79
	織物	185	1,536	103	625	69	407	-74
	染色整理	41	623	24	301	14	135	-78
	ニット生地・製品	19	272	15	133	—	—	—
	外衣	33	1,043	27	729	17	518	—
	下着	4	127	0	0	0	0	—
	和装製品・他衣服	20	141	19	126	13	123	-13
	繊維機械	4	23	3	40	1	1	-96
	繊維・衣服等卸売	113	630	78	372	22	107	-83
十日町	全産業	4,968	27,531	4,062	26,244	3,330	23,619	-14
	製造業	1,779	9,715	712	5,740	455	4,698	-52
	繊維工業	1,681	6,152	467	2,462	248	1,777	-71
	製糸，紡績，撚糸	71	291	24	69	10	23	-92
	織物	941	2,059	153	318	56	305	-85
	染色整理	520	2,968	217	1,435	120	704	-76
	ニット生地・製品	8	143	4	49	—	—	—
	外衣	11	211	13	142	9	58	—
	下着	4	36	2	17	0	0	-100
	和装製品・他衣服	16	31	13	236	17	513	1555
	繊維機械	10	55	10	28	1	1	-98
	繊維・衣服等卸売	78	618	62	370	27	125	-80

注：1）民営事業所で、洋装も含まれる。業種分類は各年によって異なるため、近似の業種分類にて再編成しているので必ずしも各年が完全に接続するわけではない。たとえば「和装製品・他衣服」は、帯のほか、はかま、羽織、ふろしきなどのほか、ネクタイ、スカーフ、マフラー、ハンカチ、織物製手袋など洋装品も広く含んでいる。2014年のニット生地・製品は外衣に含まれる。

2）2001年以前は事業所・企業統計調査、2014年は経済センサス基礎調査。調査方法が異なるため単純に比較できないが、業種区分を調整するなど両者の統計を可能な限り比較可能なものとして整理した。

3）丹後は京丹後市・宮津市・与謝野町・伊根町、西陣は京都市北区・上京区としている。

4）2001年以前の数値には、十日町には合併前の川西町・中里村・松代町・松之山町、桐生には合併前の新里村・黒保根村、丹後には新設合併前の京丹後市内各町（丹後町・峰山町・大宮町・網野町・弥栄町・久美野町）および新設合併前の与謝野町内各町（加悦町・岩滝町・野田川町）をそれぞれ含む。

（資料）総務省「経済センサス－基礎調査」「事業所・企業統計調査」各年版より作成。

3．各産地の歴史的経路と需要縮小

(1) 西陣

西陣は最も歴史がある和装産地の一つであり、7世紀律令制のもとで織物の生産に従事した織部司にさかのぼることができるとされる。平安遷都を機に織部司が京都市上京区の地に建設されたことから始まった。この頃は奥羽地方で養蚕していた糸を使用していた（佐々木 1932)。鎌倉幕府の成立により武家政治に変わると織部司は解体され、独立した職人が機業を営むこととなる。応仁の乱によって一時期中断したものの、乱が治まると織工が京都に戻り、「練貫方」という機業集団と、団体同業組合の由来ともされる「大舎人座」が組成され、これが西陣地域における機業集積の出発点となる（後藤 1960; p32-35)。江戸時代には大陸から高機を導入し、先染の多彩な織物を生産していくとともに、染、練、紋などの社会的分業がみられるようになった。明治中期にはいわゆる工業化（マニュファクチュア）の段階を迎え工場制機械工業が出現し、着尺を中心に力織機、機械製糸などが導入された。一方、産地問屋との関係においては、機業が糸を買い入れて織物を生産し、産地問屋に引き渡す「振機」と、産地問屋が織機を押さえ、その織機で生産した分をすべて買い取る「伏機」があった（黒松 1965)[7]。

戦後、絹織物業も「七・七禁令」[8]の対象となったため、西陣でも倒産、廃業が増加した。しかし、1940年代後半に価格統制や配給制度から絹織物が解除され、力織機も導入されて再び増勢となった。生産量の増大により、1947年頃から丹後への出機（外注）が開始され、日本最大の先染織物産地の地位を確立した。また、大衆品の割合が高まるにつれて、出機はより一層促進された（同志社大学人文科学研究所編 1982)。

西陣の品種別出荷金額の推移を出荷金額合計でみると、1955年から1990年にかけて上昇し、その後は減少に転じている。品種別にみると、帯地は1969年に着尺を超え、1981年まで上昇を続けた後、減少に転じている。他方、1955年時点では金額が最も大きかった着尺は1975年をピークに減少に転じている。1990年まで伸びていたのはネクタイ、マフラー、服地その他である。2015年では、服地その他の出荷金額はそれまで主力であった帯地に近づいて

表6-3　品種別出荷金額の推移：西陣

単位：百万円	1955年	1960	構成比（%）	1969	1975	1981	1990	構成比（%）
帯地	6,688	8,650	*35.5*	51,102	134,114	170,672	159,720	*57.2*
着尺	10,427	11,049	*45.3*	27,293	28,948	20,393	7,710	*2.8*
金襴	770	673	*2.8*	2,269	7,506	6,725	13,567	*4.9*
ネクタイ	853	1,084	*4.4*	5,347	10,783	7,131	12,590	*4.5*
マフラー	677	651	*2.7*	575	904	751	1,159	*0.4*
服地その他	1,575	2,265	*9.3*	6,161	22,846	51,773	84,716	*30.3*
合計	20,990	24,372	*100.0*	92,747	205,101	257,444	279,462	*100.0*

単位：百万円	1996年	2002	2008	2015	構成比（%）
帯地	86,073	31,996	22,165	14,013	*43.9*
着尺	5,510	2,673	1,996	1,217	*3.8*
金襴	8,972	3,830	4,924	2,515	*7.9*
ネクタイ	6,455	2,802	917	539	*1.7*
マフラー	881	83	39	31	*0.1*
服地その他	45,003	19,233	27,863	13,577	*42.6*
合計	152,895	60,618	58,005	31,892	*100.0*

注：1）1960年、1990年、2015年の右側の斜体数字は当該年度の合計に対する各品種の構成比（%）を示している。
2）1969年以前はマフラー類は肩傘である。
3）マフラーはマフラー・ショール・ストールである。
4）服地その他は、インテリアを含む。
5）「帯地」については「帯裏地」を含む。
6）2015年は京都府統計課「織布生産動態調査」、他は西陣機業調査委員会「西陣機業調査」による。
資料：西陣織物工業組合（2015）「西陣生産概況」、西陣機業調査委員会「西陣機業調査の概要」各年版より作成。

いる（表6-3）。

(2) 丹後

丹後の絹織物の生産は平安時代から始まり、「丹後絹」と呼ばれていた。「丹後絹」には「精好（せいごう）」[9]と「紬」の2種類があったとされる。「丹後ちりめん」[10]の生産は、西陣からちりめん技術が伝播した享保年間（1716-1736年）からであった（池田 1960; pp.70-72）。ちりめん技術の伝播は、江戸時代に京都西陣で新たな絹織物「お召ちりめん」が生まれ、「丹後絹」が衰退したのが契機となる。享保年間に、加悦の手米屋小右衛門など3人が京都西陣でちりめんの技術を習得、とくに撚糸について西陣のものと比較しながら研究を重ねることで技術を持ち帰り、それを丹後地方全体に広めた（峰山町 1963; pp.193-194）。

流通に関しては、京都問屋の前貸[11]による支配を受けており（池田 1960; pp.79)、販売先はおろか、販売価格の決定権も京都問屋にあったとされる（宮津市史編さん委員会 2004; pp.100-102）機業は「大会所」という統一組織をつくりこれに対抗したが、京都問屋に代わって地域内の糸問屋が勢力を伸ばし、商業資本による支配は維持された。幕末には宮津藩の政策により糸問屋と機業の直接取引は禁止され、藩の保護下に「糸絹縮緬問屋」が置かれ、機業を統制することとなった。

明治期になると地域で精練業が開始され、これが昭和初期から地域で精練と検査を行う国練検査制度の土台となった。また明治中期からは西陣からジャ

図6-8　京都府内の後染和装製品、先染和装製品の流通（概略）

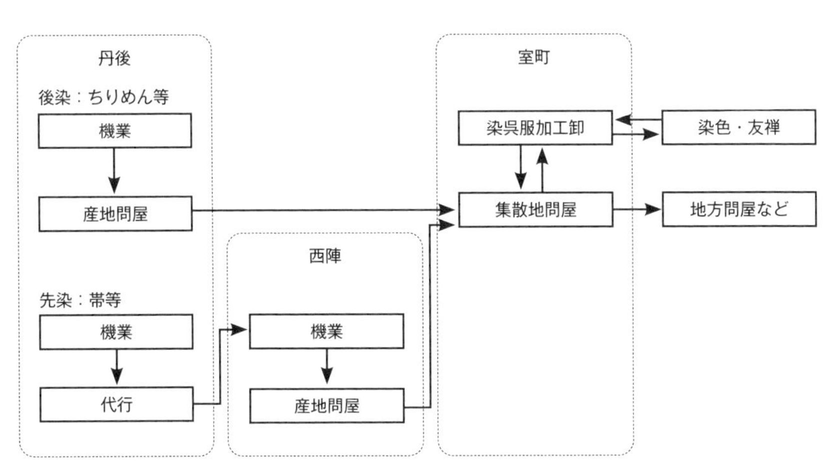

資料：筆者作成。

表6-4　生産反数、推定出荷額等の推移：丹後

	1973年	1981	1990	2000	2010	2018
織機台数	38,887	39,940	29,396	12,551	5,402	3,260
組合員数	8,771	9,251	7,449	3,217	1,297	747
生産反数（反）	9,196,894	5,228,104	2,888,377	1,273,773	515,721	282,158
推定出荷額（百万円）	211,880	170,463	112,774	26,539	10,019	6,552

注：1）1反当たり13メートル換算
　　2）織機台数・組合員数については年度末、2000年より織機台数は稼働可能台数
　　3）出荷額は組合員の全品種における生産量を推定し試算したもの
　　4）組合員数とは丹後織物工業組合の加入軒数である。
資料：丹後織物工業組合（2019)「丹後産地の推移」より作成。

カード機が導入され、紋織物の生産が増加し、白生地のちりめんと並ぶ主力製品となっていった（数納ほか 2009）。戦後は絹織物だけでなく、ポリエステルちりめんなども開発され、ちりめんが洋装向けにも出荷され、地域の製品に多様化をもたらした。また、1947 年頃から西陣から丹後への出機が開始された。このように、丹後は、京都室町の集散地問屋を主たる顧客とするちりめんなどの白生地と、西陣から生産受託するジャカードによる紋織物などの先染織物という二つの製品を主力とし、それぞれ固有の流通経路があることが大きな特徴となっている（図 6-8）。

丹後の生産反数、推定出荷額等の推移をみると、1973 年から現在に至るまで一貫して減少傾向にある。織機台数や組合員数は 10 分の 1 以下、生産反数や推定出荷額でみると 30 分の 1 以下となっている。2000 年から 2018 年までをみても、織機台数、組合員数、生産反数、推定出荷額とも約 4 分の 1 となり、減少に歯止めがかかっていない（表 6-4）。

さらに、品種別推定出荷額割合の推移をみると、1973 年ではちりめんを主とする後染正絹が約 7 割、ジャカードによる紋織物を主とする先染正絹が約 25% であったが、後染正絹の大幅減少によって先染正絹の割合が相対的に増加し、2010 年では後染正絹約 5 割、先染正絹が約 4 割となっている。ポリエス

図 6-9　品種別推定出荷額割合の推移：丹後

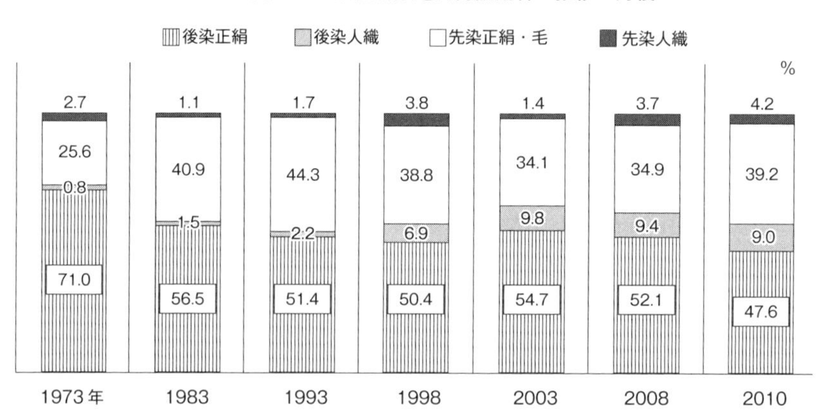

注：人織とは人造繊維のことである。
資料：丹後織物工業組合（2019）「丹後産地の推移」より作成。

テルちりめんを主とする後染人繊は、2003年には約1割を占めるまでになったが、2010年には9.0%と再び産地内シェアを減少させている（図6-9）。

(3) 桐生

桐生の織物起源については、有史上の初出は続日本紀であり、和銅6年(713年）に上野の税（調）は以後絁と定め、翌年にこれを納めたとある(市川 1959; p.287、桐生市ホームページ)。当初は比較的廉価な「田舎反物」であったが、1738年に西陣から高機[12]による技術が伝播すると、1本の緯糸に2本の経糸をからませて、織地に透かし目をつくる紗織物や、2、3本の経糸の上に緯糸を順次上下させて斜めの紋をつくる綾織物など先染織物の一大産地となった。1700年代後半には織物整理方法の布張法、染色方法の紅染法など染色・整理技術が西陣から伝播した（桐生織物史編纂会 1974a; p.112-114)。これに伴い専業の染色業者が垂直分化され、1790年には京都の紋工が桐生に渡り紋様や図案の指導にあたった（市川 1959; p.294)。流通については、以前は行商人による流通を主軸としていたが、1731年の桐生絹市の開催に伴って産業地域内の流通企業が発展した。販路は、絹市開設当初は京都を主体としたが、東京にも販路を拡げ、1750年代には国売（地方への販売）にも力を入れた。地域外への販売を一手に引き受けていたのが産業地域内の流通企業（買継・買次）であった。

明治中期からは輸出用の羽二重の生産を手掛け、フランスや米国などが主な輸出先となった。くわえて、タフタを生産してインドへも輸出するようになった。1887年には外国製の力織機を導入した日本織物株式会社が地域に設立されるとともに、1906年には整経など織物準備のための機械を製造する桐生製作所も立ち上がり、機械の製造から織物に至るまでの織物関連企業の幅広い立地をみるに至った。他方、1870年代後半には桐生から北陸へと羽二重の生産方法が伝播されると、北陸産地の台頭により輸出用羽二重は衰退し、再び紋織物に傾斜した（上野 1989a; pp.47-50)。大正および昭和初期には人絹交織の文化九寸帯や御召が開発されるなど、時代のニーズに応じて新製品を生み出しながら発展してきたが、1970年代以降は他の産地と同様、生産量が減少傾向に転じた。織物生産高等の推移をみると、1981年から2017年にかけて約8分の

1の水準にまで縮小している（表6-5）。

桐生の特徴は、洋装・広巾織物を中心としていた桐生織物協同組合（現：桐生織物協同組合・広幅協議会）と、国内需要で和装・小巾織物を中心としてきた桐生内地織物協同組合（現：同・内地協議会）とが1987年に合併するまで並立してきたことにある。販路も少しずつ異なり、輸出用は機業から買継経由で横浜などの商館に渡るルートと、機業から直接商館に渡るルートがあったが、内地（国内）向けは買継経由で集散地に渡る（桐生織物史編纂会 1974b; p.464-466)。品種別構成比の推移をみると、和装・小巾織物を中心としてきた内地協議会の落ち込みが激しく、相対的に広巾化が進んでいることがわかる。広巾織物への移行は、商社や紡績企業の介入の契機をつくることになり、買継のオルガナイザーとしての役割を低下させた（上野 1989a; p57)。

表6-5　組合別織物生産高等および品種別構成比：桐生

			1981年	1990	2000	2010	2017
桐生織物協同組合	織物生産高等（百万円）		27,491	21,819	11,872	6,279	3,472
	広幅協議会	生産高等（百万円）	11,471	13,440	7,034	4,250	2,629
	品種別構成比（％）	服地	—	—	55	63	78
		インテリア・資材	—	—	31	22	5
		ネクタイ	—	—	8	10	13
		その他	—	—	6	5	4
	内地協議会	生産高等（百万円）	16,019	8,378	4,838	2,029	843
	品種別構成比（％）	帯地	65	74	71	59	56
		着尺	11	7	7	7	6
		広幅生地	19	10	12	19	26
		服飾品	5	9	10	15	12
桐生染色組合	素材別構成比（％）	合繊	32	47	55	80	80
		レーヨン・アセテート	38	31	32	10	5
		絹	13	11	7	5	5
		綿・ウール	17	11	6	5	10

注：1）1981年は、内地協議会は桐生内地織物協同組合、広幅協議会は桐生織物協同組合のデータ。
2）原統計の品目名は、各年版により異なっている場合がある。
①内地協議会の「広幅生地」は、1981年は「広巾」、1990年は「その他」、2000年は「金襴他」である。
②内地協議会の「服飾品」は、1981年は「染加工品」、1990年、2000年は「服飾工芸品」である。
③桐生染色組合の「レーヨン・アセテート」は、1981年、1990年は「レーヨン」、2000年は「レーヨン・キュプラ等」である。
資料：桐生市繊維振興協会「桐生繊維業界の実態」各年版より作成。

(4) 米沢

米沢織の基礎をなしたのは、関ケ原の戦いで豊臣方についてこの地に移封された上杉家とされる（渡部・小澤 1980）。当初は、織物の原材料としての青苧、桑、紅花を京都などに移出していたが、18世紀半ば、9代目藩主鷹山の時代に新潟県小千谷から縮織の技術を導入して織布の生産に成功し、養蚕の振興と相まって原材料から一貫した織物の産地となった。京都だけでなく江戸にも販路を拡げ、「米沢織」としてのブランドを確立した。明治時代には、自ら糸を買って染め、その糸で製織して問屋などに販売する自営業者のほか、原材料を提供され出来高制によって賃金を得る内職、こうした内職に原材料を提供し賃金を支払う代わりに織布を得る産地問屋などに分化していく。19世紀後半には羽二重の生産を目論んで桐生からバッタン（飛杼を用いた織機）、それに続いてジャカード機が導入され、生産性が飛躍的に向上する。米沢織物業組合が設立された1892年頃には、米沢産地は絹織物、綿織物両方を生産し、国内向けには帯地、袴地、お召縮緬、海外向けには羽二重、風通織などを生産していた。

さらなる発展の基盤となったのは、1915年、米沢高等工業学校の研究により日本で初めて人造絹糸（レーヨン）が開発され、帝国人絹（現：帝人）が市内で操業開始したことである。米沢産地は、開発された人絹を使用した織物の開発に注力し、人絹白生地「みつほ絹」などのヒット商品を生み出した。1950年代には、和装を主とした小巾織物に加え、婦人服地を中心とした洋装の広巾織物もこの地の特産品と認知されるようになった。米沢産地は、絹、化合繊、あるいは絹と化合繊との混織を得意とし、その織物技術だけでなく、伝統的にこの地で生産されてきた紅花やくちなし、ザクロなどを用いた独自の糸染で差別化を図った。和装では紬袴・着尺・角帯などの男物が得意であり、絹を原料とした袴地は全国の約95%のシェアを誇る（米沢繊維協議会 2017）。帝人との繋がりは現在でも強く、同社のストレッチ繊維を使用した特殊な服地を得意としている企業もある。1980年頃までは小巾織物が服地（洋装）織物を生産額で上回っていたが、1990年には逆転した（表6-6）。

表6-6　品種別生産額の推移：米沢（単位：百万円）

	1973年	1980	1990	2000	2005	2010
小巾織物	13,346	9,397	6,503	2,728	2,570	1,547
服地織物	5,596	6,002	9,380	4,441	4,219	2,802
輸出織物	135	370	748	832	350	84
インテリア	154	322	—	—	—	—

資料：米沢織物工業組合（2017）「米沢織物工業組合の推移」より作成。

(5) 十日町

十日町は、先染の流れをくむ絣と、後染の染呉服の二つを主力としている和装産地である。十日町も、歴史をたどれば米沢と同様、中世までは青苧を原料とした越後布の産地であった。江戸時代、播州明石から小千谷に渡った明石次郎によって織布技術の向上が図られ、越後布を改良した、麻糸を原料とした越後縮がこの地の名産となり、京都、大阪、江戸の商人が入り込み、取引が行われた（十日町市博物館 1983）。江戸末期からは、京都西陣、上野桐生の渡り職人であった飯塚（宮本）茂十郎などが絹織物の技術をこの地に導入し、絹を原料とした越後縮風の絹縮が生産され、夏着尺である透綾（すきや）などの製品が生み出された。明治時代には、播州明石を本場とした強撚の糸を使用した明石縮を十日町で織るための技術導入が試みられ、商品化された（土田 1969）。

明石縮は緯糸に強撚糸を使用するため、濡れると縮むという欠点を有していたが、十日町では、大正時代に蒸熱加工を施すことによりこの欠点を解決し、これが「ちぢまぬ明石縮」として産地の主力商品となった。しかし、明石縮は夏物であり、工場の生産平準化には冬物商品の開発が必要であった。そこで、大正時代にはお召、昭和初期には意匠白生地を開発、明石縮を加えた三品種で工場制・通年操業としての産地が確立することとなる。

戦後、絹織物の統制が解除されると、産地は新たな主力商品を模索し始める。その一つがマジョリカお召である。日本の経済復興が進展するに伴い、色鮮やかな織物が好まれるようになっていた時代、マジョリカお召は「織物は色数に制約があって派手なものができない欠点を、ヨコ糸をカスリ捺染して紋の上にのせるという斬新なアイデアで華麗な多色使いに成功した画期的な織物」（佐野 1985）である。1962年には18万反も生産されて一大ヒット商品となった。しかし、他産地が化繊との交織による類似製品を生産して競合が生じ、マジョ

表6-7　品種別販売点数の推移：十日町（単位：点）

	1972年度	1980	1990	2000	2005	2010	2015
振袖	161,244	95,013	55,463	32,296	27,697	22,061	17,259
着尺	117,362	62,167	5,427	1,584	1,887	666	723
付下	210,709	165,037	46,871	11,242	8,992	4,779	4,253
訪問着	15,919	6,960	76,973	33,286	16,494	8,813	7,340
留袖	26,358	62,437	41,645	10,961	3,874	2,713	1,670
紬・絣	652,205	296,484	100,007	41,906	38,053	16,435	12,825
羽尺・コート	193,357	365,464	14,277	1,722	—	—	—
羽織	1,087,115	82,043	—	—	—	—	—
その他	291,998	102,639	11,490	5,860	7,804	6,047	5,193
合計	2,756,267	1,238,244	352,153	138,857	104,801	61,514	49,263

注：2005年度以降の「羽尺・コート」は「その他」に統合。
資料：十日町織物協同組合（2016）「地域と産業：染と織の複合産地としての十日町産地」より作成。

リカお召ブームが終わり、新たな活路が必要となった。

1960年代から主力製品となっていくのが後染の黒絵羽織である。ただし、後染への転換を実現するためには、布染の技術の導入が不可欠であった。そこで、十日町産地の江戸屋が、金沢の地方問屋の支援を受けて、布染を試行した。江戸屋の技術者が金沢に派遣され、工房や工場に滞在して技術習得に励んだという。加えて、京都出身の川勝氏（十日町実業高校教諭）が織物組合加工部の技術顧問に就任、1966年には友禅加工場を備え、京都から長期雇用契約で技術者を招いて指導にあたらせた。こうして、後染の技術は産地に導入されていった。十日町における1960年代からの後染への転換は、新たに導入した後染技術の一貫生産によって実現した（十日町市史編さん委員会 1997）。しかし、1972年からの品種別販売点数の推移をみると、後染の主力製品である「振袖」も、先染の「紬・絣」も減少傾向に歯止めがかかっていない（表6-7）。

4．需要縮小と流通の変容

(1) 展示販売の常態化

従来、集散地問屋と小売との共同で実施されていた展示販売は、産地の機業を巻き込みながら実施されることが多くなり、問屋の在庫活用から機業の在庫活用へと変容している。こうした展示販売の回数や規模を統計で示すのは困難であるが、新聞記事検索により「呉服展示会」記事数の推移をみると、1990

表 6-8 「呉服展示会」記事数の推移

期間（年）	記事数
1990-1994	121
1995-1999	106
2000-2004	148
2005-2009	172
2010-2014	75
2015-2019	98

注：日経四紙（日経・産業・流通・金融）の記事検索「呉服 and 展示会」での検索数
資料：日本経済新聞社「日経テレコン」のデータより筆者作成。

年代は10年間で227件であったが、2000年代には320件と大幅に増加している。一方、2010年以降は減少傾向にある。5年ごとの推移では2005年から2009年までが172件と最も多い（表6-8）。

展示販売は1970年代後半から定着した販売形態である。「小売または集散地問屋が消費者セールと名を打つ催事販売を自ら主催し、小売店が消費者を集め、その場で販売する方法を多用した（HY社、堀留、集散地問屋）」という。しかし、当時は、本来的に在庫機能を有する集散地問屋あるいは産地問屋が商品を提供し、小売が集客するという「卸・小売」間の関係において実施された。こうした販売方法が2000年代から産地内の機業を巻き込んで実施され、かつ常態化した[13]。2009年頃には、全国5地域で開催された和服販売仲介大手の大型即売イベントには、あわせて約2000人が参加し、そのうち90%以上の人が商品を購入、取扱高は2億円以上となったという記録もある。また現在でも、呉服の大手通販会社などは全国各地で展示販売会を開催している。

常態化したきっかけの一つは、「2006年に自己破産した呉服販売大手に由来する（TN社、十日町、買継・産地問屋）」との指摘がある。この企業グループは、「グループ会社18社で全国に500店舗超をチェーン展開し、2005年10月期にはグループ売上約560億円をあげていた。販売はスーパーなどに小売店を出店するほか、ホテルや貸会場、仕入先の催事場を利用した呉服展示会販売で、毎年7月の京都祇園祭期間中に開催する大規模な催事販売で高い知名度を誇っていた」という（東京商工リサーチ、2006）。現在では「年5回程度展示即売会を行い、このときはメーカー（機業）の在庫を用いる（HT社、堀留、集散地問屋）」企業や、「月に1回のペースで機業の在庫を活用した売り出しを行う小売もある（TN社、十日町、買継・産地問屋）。」という。展示販売では、機業の在庫を用いることで集散地問屋や小売の販売・在庫リスクは極小化される。

(2) 委託販売（生地貸し）の増加

上記にくわえて、洋装業界の委託販売制度と類似した販売方式が、和装業界では2000年代から機業・問屋間で広がっている。委託販売（近年では商品管理責任の移転を伴わない消化仕入）は、洋装業界では普及した取引形態として知られている。洋装業界では、1950年代に樫山株式会社が「委託販売制度」を百貨店に対して適用し、既製服の売れ残りを製造卸業者が引き受けることとなった。地域による流行のタイムラグや売れ行きの店舗間格差を商品移動によって吸収して販売・在庫リスクを緩和できるからである。和装業界でも委託販売は存在していたが、これらはあくまでも集散地問屋と百貨店との関係において実施されるか、機業が自ら企画した一部製品の場合であった[14]。

しかし、2000年代半ばから集散地問屋と小売との関係における委託販売が川上に波及し、機業からの委託販売が増加した。「2004年ぐらいから、いわゆる染つぶし業者（十日町や室町の染織物メーカー）が問屋に染生地を貸すという行為が頻繁に実施されるようになった（HY社、堀留、集散地問屋）」との指摘がある。産地でも「ナショナルチェーン（和装大手小売チェーン）と集散地問屋間の取引は一部買い取り・一部委託という変則であったため、たとえば全量の1/3を買い取り、1/3を集散地問屋の在庫、残り1/3は買継の在庫として、リスクを分担していた。これにより、従来は在庫を持たなかった買継も在庫を持ち、その後は機業も在庫を抱えることとなった（TC社、十日町、買継・産地問屋）」という。

こうした取引の背景としては、需要縮小に伴い和装製品が売れなくなったため、小売あるいは集散地問屋として在庫リスクを抱えられなくなったことが大きい。このとき、まずは買継・産地問屋が引き受けることになるが、これらも抱えきれなくなると、機業が在庫保有の主体となる。しかし、こうした取引変容は、産地外からの圧力のみによって生じたわけではなく、機業から踏み込むケースもみられる。着尺の委託販売拡大に先導的な役割を果たしたとされる西陣の機業は、「①買い取りでも手形取引、調整金などの名目での値引き、返品などを考慮すると、委託販売と現金決済のほうが資金繰りの目途が立ちやすかった。また、②当時6万点にも及ぶ在庫があり、委託販売に3万点の商品（生地）を回せる蓄積があったことから、他社に先駆けて集散地問屋に対して生地貸しを行った（NM社、西陣、機業）」と委託販売拡大の背景を振り返る。

これらの取引変容を裏付けるデータも存在する。産地の企業に対して定点的にアンケート調査が実施されている西陣産地の状況をみると、販売金額に占める委託販売の割合は1970年代の半ばから一貫して上昇傾向にあるものの、着尺では1999年45.1％、2008年54.3％、2014年69.9％と、2000年代から委託販売の割合が半数を超え、買い取りに代わり主流になったことがわかる。帯地は着尺よりも増加が緩やかで半数には届いていないものの、1999年41.7％、2008年43.9％、2014年45.9％と上昇している（表6-9）。

(3) 機業のリスク増大と取引の直接化

産業地域外からの圧力である展示販売の常態化と委託販売の増加により、機業の在庫リスクや販売リスクは増大するとともに、産業地域内の流通企業（買継・産地問屋等）の金融機能は縮小する。

生産者である機業のリスク増大を示すデータは生産動態統計にある。これによれば、生産者における絹・絹紡織物の在庫保有月数は、1995年には0.8カ月分であったものが2000年には1.4カ月分と1カ月分を超え、2010年には4.9カ月分、2015年には5.7カ月分と急増し、2018年には半年分以上の在庫を保有するに至っている（表6-10）。

これにより機業と産業地域外の流通企業（集散地問屋や小売）との直接取引の機会が提供されることとなった。在庫機能を流通に分担してもらうことで技術開発や生産に集中するという一種の「分業の利益」を享受していた機業は、増大したリスクを軽減するため、自ら在庫最適化のための市場情報把握に動く必要性が生じたのである。展示販売への参画は、市場情報を収集する場として活用された。

たとえば、室町や西陣の後背地として生産に特化し、従来であれば産業地域内に在庫機能をほとんど持つ必要がなかった丹後地域では、「集散地（室町）

表6-9　販売金額に占める委託販売の割合：西陣（単位：%）

	1975年	1990	1999	2008	2011	2014
着　尺	15.2	32.3	45.1	54.3	60.1	69.9
帯　地	28.3	35.2	41.7	43.9	44.6	45.9

注：1990年までは、着尺にウール着尺を含んでいない。
資料：西陣機業調査委員会『西陣機業調査の概要』各年版より作成。

表6-10　生産者における在庫保有月数の推移（単位：月）

	1985年	1990	1995	2000	2005	2010	2015	2016	2017	2018
絹・絹紡織物	0.6	0.8	0.8	1.4	1.4	4.9	5.7	5.8	5.9	6.1
織物全体	0.4	0.5	0.7	0.7	0.7	0.7	1.1	1.0	0.9	0.9

注：在庫保有月数＝期末在庫数量／年間生産数量×12
資料：経済産業省『生産動態統計年報 繊維・生活用品統計編』各年版より作成。

の問屋機能の低下により白生地在庫を機業が保有するに至り、問屋に頼る状況ではなく、自ら市場に売りに行くことになった。これにより白生地だけでなく、色生地、衣服製品まで手掛ける企業が産地内で出てきた（TG組合、丹後）」という。別の丹後の機業は、「展示販売によって集散地問屋と知り合うきっかけができ直接取引に繋がった（TGT社、丹後、機業）」としている。十日町では「元来、機業に対し買継は製品を売り渡してから現金決済までの金融機能を果たしていたが、委託販売であればその金融機能は発揮しえないため、機業は小売などとの直接取引を行う（TN社、十日町、買継・産地問屋）」ようになり、それを裏付けるように機業からも「展示販売が横行する時期に集散地問屋へのアプローチを進めるとともに、小売との直接取引も開始した（TK社、十日町、機業）」という。在庫機能を重畳的に持つこととなった機業は、買継・産地問屋を経由するメリットが減少する。買継・産地問屋もまた、機業の直接取引に対する抑止力が低下しており、自らも企画機能を保有するなどして生き残りを図ることとなる。

(4) 産地流通の欠落と取引の直接化

需要縮小に伴い、地域外とのリンケージを担っていた買継・産地問屋の倒産・廃業が多数みられる。この主な原因は、売上高減少に加え、在庫負担による資金繰り悪化と、集散地問屋など顧客の倒産等による貸倒の発生である。前述の販売・在庫リスクのシフトも相まって、こうした機能の欠落により、機業は、産地外の集散地問屋や小売との直接取引を進展させる。たとえば桐生では、「もともと買継機能も兼ね備え、東京の集散地問屋と取引していた（KK社、桐生、機業)」という企業もあるが、「買継の廃業により、東京の集散地問屋と取引を開始した。その先の顧客である百貨店とも付き合いがあり、週に1回程度接触する。これにより市場情報を入手している（KG社、桐生、機業)」とする企業もある。米沢でも、「従来は全量、買継を通じて販売していたが、2006年に取引していた買継の廃業を受け、集散地問屋と直接取引するようになった（YN社、米沢、機業)」、十日町でも「買継が先に倒産することにより、機業と集散地問屋との直接取引が増加した（TC社、十日町、買継・産地問屋)」という。買継の力が強いといわれる米沢でさえ「買継が廃業すれば、機業が集散地問屋と直接取引が始まる。他の買継へとスライドすることはない。しかし、直接取引は物流などを機業自らが担うことになり、かえってコストがかかることにもなる（YY社、米沢、買継・産地問屋)」としている。機業が取引の直接化を進めればマージンを節約できる反面、機業が個別に営業や物流の機能を保有することでコストアップに繋がり、とくに小規模の機業にとって重い負担となる。産地全体でみれば、買継・産地問屋が担っていた地域外との「リンケージ機能」が失われる。「リンケージ機能」の本質は、高岡（1998）によれば、地域外の需要を最適な産地内供給者に結びつける「需給コーディネート機能」と、機会主義的行動を抑制して産地全体の評判を維持する「取引ガバナンス機能」である。産地としてこうした機能が失われれば、需給の最適マッチングの困難や産地全体としての評判の低下に直面する可能性がある。

集散地である室町と至近距離にある西陣では産地問屋が大幅に縮小し、「販路は産地問屋が半分程度、残りは集散地問屋と小売業（NW社、西陣、機業)」という企業はまだ産地問屋経由が多いほうであり、「集散地問屋がほぼ100%(NN社、西陣、機業)」という企業をはじめ、集散地問屋や小売との直接取引が増加している。これを前出の西陣における調査でみていくと、販路としての産地問屋の割合は低下傾向にある。着尺においては1975年には64.3%であったが1999年には50.3%まで減少する。さらに2000年以降、その割合は急減し、2014年には23.2%となる。産地問屋を通さない取引、いわゆる直接取引が主体となっている姿がうかがえる。帯地においても、着尺よりはまだ産地問屋経由の取引が多いものの、1999年の57.9%から2014年には36.0%まで減少し、

表６-11　販路としての産地問屋の割合：西陣（単位：％）

	1975年	1990	1999	2008	2011	2014
着尺	64.3	53.3	50.3	30.6	29.3	23.2
帯地	60.6	64.5	57.9	49.6	41.8	36.0

注：1990年までは、着尺にウール着尺を含んでいない。
資料：西陣機業調査委員会『西陣機業調査の概要』各年版より作成。

表６-12　機業の和装織物推計生産高と産地問屋の推計販売高の比率：桐生（単位：百万円）

	1981年	1990	2000	2010	2017
和装織物推計生産高等（A）	12,175	6,787	3,773	1,339	522
和装織物産地問屋推計販売高（B）	10,118	5,831	1,713	537	200
（B）／（A）（％）	83.1	85.9	45.4	40.1	38.3

注：１）和装織物とは帯地・着尺の合計である。
　　２）「和装織物推計生産高等（A）」は、内地協議会における生産高等（加工高を含む）に和装織物の取扱比率を乗じたものである。
　　３）「和装織物産地問屋推計販売高（B）」は、桐生織物産地元売組合および桐生織物商友会（2006年までは桐生織物買継商友会）における販売高にそれぞれの和装織物の取扱比率を乗じて合計したものである。
資料：桐生市繊維振興協会「桐生繊維業界の実態」各年版より作成。

表６-13　産地の流通企業（産地問屋等）の役割についての機業の評価

産地の流通企業（産地問屋等）の役割が大きい：		あてはまる	ややあてはまる	どちらともいえない	あまりあてはまらない	あてはまらない	合計
西陣	企業数	8	1	12	3	7	31
	構成比（％）	25.8	3.2	38.7	9.7	22.6	100.0
丹後	企業数	0	0	6	2	4	12
	構成比（％）	0.0	0.0	50.0	16.7	33.3	100.0
米沢	企業数	5	4	2	2	0	13
	構成比（％）	38.5	30.8	15.4	15.4	0.0	100.0
和装５産地	企業数	14	5	25	7	12	63
	構成比（％）	22.2	7.9	39.7	11.1	19.0	100.0
その他の産地	企業数	26	23	47	19	53	168
	構成比（％）	15.5	13.7	28	11.3	31.5	100.0
織物（機）業合計	企業数	40	28	72	26	65	231
	構成比（％）	17.3	12.1	31.2	11.3	28.1	100.0

注：1）織物（機）業合計は全国の織物（機）業の合計である。
　　2）和装５産地は、本章で取り上げた西陣、丹後、桐生、米沢、十日町の合計。ただし、桐生と十日町は集計企業数が少ない（10未満である）ため、個別に表示していない。
資料：繊維産地調査チーム（2019）「繊維産地調査（アンケート調査）」[16]より作成。

同様に直接取引化が進行している（表6-11）。

また、桐生において、機業の和装織物推計生産高と産地問屋の推計販売高の比率をみると、1981年には83.1％であったものが、2000年には45.4％、さらに直近の2017年には38.3％まで低下していることから、「産地問屋を通さない取引」の割合の増加が取引金額の面からもうかがえる（表6-12）。

さらに、実施したアンケート調査により、産地の流通企業の役割を機業が評価した結果をみる（表6-13）[15]。これによれば、「産地の流通企業（産地問屋等）の役割が大きい」という項目について、米沢では約7割、十日町では集計企業数が少ないものの2社中1社が「あてはまる」「ややあてはまる」としているのに対し、西陣では3割弱、丹後や桐生ではゼロとなっている。米沢や十日町は他産地に比べて集散地問屋がある東京や京都まで距離があり、機業自身で集散地問屋への営業活動を行うことが比較的困難であるという背景がある。「米沢は他の産地と比べて買継の力がまだ維持されている」（Y組合、米沢）というコメントとも符合している。こうした産地間での違いはあるものの、もはや買継・産地問屋の役割は和装産地でも絶対的なものではないことが調査結果からもみてとれる。

さらにアンケート調査によって、産地問屋等の減少に対して、機業が過去に

表6-14　産地問屋等の減少への対応

産地問屋等の減少に対して、過去にどのように対応したか（複数回答）		他の産地問屋等を探して、取引を始めた	産地問屋等経由の取引ではなく、産地外の問屋との直接取引を始めた	その他	何も対応しなかった	合計
西陣	企業数	11	13	2	3	25
	構成比（%）	44.0	52.0	8.0	12.0	100.0
丹後	企業数	4	6	0	3	11
	構成比（%）	36.4	54.5	0.0	27.3	100.0
米沢	企業数	3	8	4	0	12
	構成比（%）	25.0	66.7	33.3	0.0	100.0
和装5産地	企業数	19	33	6	6	55
	構成比（%）	34.5	60.0	10.9	10.9	100.0
その他の産地	企業数	38	72	20	31	144
	構成比（%）	26.4	50.0	13.9	21.5	100.0
織物（機）業合計	企業数	57	105	26	37	199
	構成比（%）	28.6	52.8	13.1	18.6	100.0

注：1）織物（機）業合計は全国の織物（機）業の合計である。
2）和装5産地は、本章で取り上げた西陣、丹後、桐生、米沢、十日町の合計。ただし、桐生と十日町は集計企業数が少ない（10未満である）ため、個別に表示していない。
資料：繊維産地調査チーム（2019）「繊維産地調査（アンケート調査）」[16]より作成。

どのように対応したかをみていこう。これによると、「他の産地問屋等を探して、取引を始めた」という企業よりも「産地問屋等経由の取引ではなく、産地外の問屋との直接取引を始めた」企業のほうが、いずれの産地でも上回っている。買継・産地問屋の廃業や倒産が、機業と産地外の企業との直接取引のきっかけとなっていることがわかる（表6-14）。

5．需要縮小に伴う産地内分業の変容

(1) 分業を担う主体の欠落と垂直的統合

垂直的な分業体制にはさまざまなメリットがあることが知られている。たとえば、市場の不確実性が高い場合、それぞれの工程の最適規模に差がある場合などには分業体制のほうが効率的であったり、リスクを抑制したりできる(Scott 1988a)。この場合、取引費用が問題となるが、空間的集積によって機会主義的な行動が抑制されて取引費用が低減し、また輸送費用も節約できる環境下では、工程が垂直的に分化し、分業体制となる[17]。

しかし、需要縮小に伴い、産業地域内の関連工程を担う企業の倒産・廃業も多数みられる。欠落のおそれがある機能として多くの産地から挙げられていたのは、織機の部品交換、メンテナンス等を行う機料品店である。「機料品店は2軒、力織機の組立請負業者2軒、メンテナンス部品のうち枯渇化している部品は産地が共同で製造依頼するか代替品を活用する必要がある（N組合、西陣)」という。すでに産地間で枯渇部品の融通が行われている。整経・綜絖などの織の準備工程についても「整経業者が2軒しかなく、綜絖も1軒しか産地に存在しない（NY社、西陣、機業)」状況である。一方、出機のように設備が現に存在する工程では、収入が多少でもあれば稼働するという状況であったが、ここにきて高齢化も限界となり、廃業へと舵を切り始めた。これにより、中心的な生産を担う機業（親機）は、分業されていた生産機能の欠落をカバーしようとする。その方法は、垂直的統合に伴う初期投資の有無や技術的な対応可能性によって複数の選択肢がある。整経、経つぎ、綜絖など、労働集約的で技術的にも対応可能な場合には垂直的統合に向かう。比較的規模の大きい機業の場合には、廃業しようとする工場をそのまま買収することなどにより垂直的

統合を図るケースも各産地でみられる。垂直的統合により、「分業の利益」は失われ、専門技術の深耕や変化への柔軟性といった集積作用は低下する。一方、撚糸や染色整理など設備集約的で機業が技術を有していない工程は、産業地域内の他の業者を探して新たに外注するか、産地を越えて外注先を確保するという選択肢も視野に入る。

需要縮小期の和装産業ではさらに問題が複雑となる。急速な需要縮小にもかかわらず、これまで分業を担う事業者のなかにも廃業を思いとどまる者がいたのは、主に①過去の設備投資が埋没費用[18]となっていること、②好況期における資産蓄積、③年金収入からの内部扶助、によるものである。機業との取引価格は、これらの要因によって下方硬直化していた。このため、垂直的統合を行おうとすれば個別企業においてコストアップになる。「出機の廃業は生産に大きな影響を及ぼすおそれがあるものの、生産を維持しようと内製化すれば大幅なコストアップになる（TK社、十日町、機業）」ゆえ、内製化にも踏み切れず生産量を落とさざるを得ない機業も存在する。

産地内の関連工程の状況を前出の西陣の調査によってみると、データが存在する2011年から2014年にかけての各工程における外注先確保難の企業割合は紋紙処理、糸染、糸繰、整経、経つぎ、綜絖で増加している。また、自社加工企業割合、つまり、垂直的統合を図っている機業の割合も撚糸、絣・捺染加工を除く工程で増加している。ただし、割合でみた場合、機業自体の数の減少が

表6-15　関連工程の状況：西陣

	外注先確保難の企業			自社加工企業		
	割合（%）		数増減（社）	割合（%）		数増減（社）
	2011年	2014		2011	2014	
回答数（N）	369	321	-48	370	322	-48
図案	7.3	5.9	-8	39.3	39.9	-17
紋意匠	9.5	9.3	-5	19.8	20.9	-6
紋紙処理	7.6	8.4	-1	18.2	19.6	-4
フロッピー	11.9	10.0	-12	27.4	29.9	-5
撚糸	4.3	3.7	-4	2.2	2.2	-1
糸染	8.4	10.0	1	3.5	4.0	0
絣・捺染加工	6.0	4.7	-7	2.2	1.9	-2
糸繰	7.0	9.0	3	31.7	36.1	-1
整経	9.8	15.0	12	5.4	7.5	4
経つぎ	10.0	15.3	12	20.6	24.3	2
綜絖	15.2	17.1	-1	2.2	2.5	0

資料：西陣機業調査委員会『西陣機業調査の概要』各年版より作成。

データに影響してくるので、企業数でも比較すると、整経や経つぎで増加がみられる。このことから、3年間にこれらの工程を垂直的統合した企業が少なくともそれぞれ4社、2社存在すると推測できる（表6-15）。

(2) 分業を担う主体の欠落と機業の対応

実施したアンケート調査をもとに、和装産地の分業構造について、洋装を主体とした他の織物産地と比較しながら、その特徴を抽出していきたい。

①整経工程

整経とは、経糸として必要な本数・長さ・密度・幅および色糸の配列順序などに従い、一様な張力でビームなどに巻きとる工程である。この工程は一定の設備投資を要し、機業が内製で実施するのは容易でない。和装産地では、「社内」21.1%、「外注」77.2%、「両方」1.8%となっており、外注依存型の工程といえる。他の織物産地では「社内」37.9%、「外注」50.3%、「両方」11.8%となっており、和装産地は他の織物産地と比べて「社内」の割合が低く「外注」の割合が高い。これは、主に和装産地の機業の小規模性に由来していると考えられる（表6-16）。外注先確保の状況について和装産地では、外注先確保を「困難」とする機業は35.0%と多い。その他の産地との比較では、その他の産地では「困難」は29.2%となっており、和装産地はその他の産地に比べて外注先の確保に苦労している企業の割合がやや高い傾向がみられる。外注先減少への対策としては、和装産地では「主に産地内で探す」56.5%、「主に産地外で探す」は13.0%、「主に内製化する」は8.7%、「とくに考えていない」が21.7%となっており、「主に産地内で探す」が最も多い。

②整理加工工程

整理加工は、織物の生地に加工を施して、その生地の用途に応じた特性、機能および風合いを付加する工程である。この工程も、一般に大型の設備が必要であり、機業が内製化するのは容易でない工程の一つである。和装産地では、「社内」7.3%、「外注」90.9%、「両方」1.8%となっており、こちらも外注依存型の工程といえる（表6-17）。外注先確保の状況について和装産地では、外

表 6-16　整経工程の状況

		社内か外注か			合計	外注先確保は困難か		合計
		社内	外注	両方		困難	困難ではない	
和装５産地	企業数	12	44	1	57	14	26	40
	構成比（%）	21.1	77.2	1.8	100.0	35.0	65.0	100.0
その他の産地	企業数	61	81	19	161	33	80	113
	構成比（%）	37.9	50.3	11.8	100.0	29.2	70.8	100.0
織物（機）業合計	企業数	73	125	20	218	47	106	153
	構成比（%）	33.5	57.3	9.2	100.0	30.7	69.3	100.0

		外注先減少への対策				合計
		主に産地内で探す	主に産地外で探す	主に内製化する	とくに考えていない	
和装５産地	企業数	26	6	4	10	46
	構成比（%）	56.5	13.0	8.7	21.7	100.0
その他の産地	企業数	58	14	11	28	111
	構成比（%）	52.3	12.6	9.9	25.2	100.0
織物（機）業合計	企業数	84	20	15	38	157
	構成比（%）	53.5	12.7	9.6	24.2	100.0

注：表中の「和装５産地」とは、本章で取り上げた西陣、丹後、桐生、米沢、十日町である。
資料：繊維産地調査チーム（2019）「繊維産地調査（アンケート調査）」より作成。

表 6-17　整理加工工程の状況

		社内か外注か			合計	外注先確保は困難か		合計
		社内	外注	両方		困難	困難ではない	
和装５産地	企業数	4	50	1	55	12	30	42
	構成比（%）	7.3	90.9	1.8	100.0	28.6	71.4	100.0
その他の産地	企業数	30	100	2	132	23	73	96
	構成比（%）	22.7	75.8	1.5	100.0	24.0	76.0	100.0
織物（機）業合計	企業数	34	150	3	187	35	103	138
	構成比（%）	18.2	80.2	1.6	100.0	25.4	74.6	100.0

		外注先減少への対策				合計
		主に産地内で探す	主に産地外で探す	主に内製化する	とくに考えていない	
和装５産地	企業数	21	7	2	13	43
	構成比（%）	48.8	16.3	4.7	30.2	100.0
その他の産地	企業数	42	22	3	25	92
	構成比（%）	45.7	23.9	3.3	27.2	100.0
織物（機）業合計	企業数	63	29	5	38	135
	構成比（%）	46.7	21.5	3.7	28.1	100.0

注：表 6-16 に同じ。
資料：繊維産地調査チーム（2019）「繊維産地調査（アンケート調査）」より作成。

注先確保を「困難」とする機業は28.6%と約3割の企業が「困難」としており、その他の産地よりも高い割合を示している。和装産地において、より外注先確保が「困難」となっている状況がうかがえる。外注先減少への対策としては、和装産地では「主に産地内で探す」48.8%、「主に産地外で探す」は16.3%、「主に内製化する」は4.7%、「とくに考えていない」が30.2%となっており、「主に産地内で探す」が最も多く、内製化するのは現実的でない。その他の産地との比較では「主に産地内で探す」の割合が和装産地ではやや高い。

③産地外への外注

アンケート調査により、産地外に外注している関連工程とその外注先所在を具体的に尋ねた（表6-18）。これによると、撚糸、糸染、染色を中心に多様な工程がすでに産地外の企業に外注されている。桐生や米沢では、物理的距離が

表6-18　関連工程における産地外への外注例

産地	産地外に外注する工程	外注先所在地
西陣	撚糸	石川県小松市
	染色	西陣以外の京都市内
	整経	西陣以外の京都市内
	仕立て	東京、兵庫
丹後	糸染	京都市、兵庫県西脇市
	糸練	京都市
	整経（サイジング）	福井県
	染色	京都市
	精錬	京都市、石川県小松市
	整理	京都市
桐生	撚糸	石川、福井
	糸染	新潟
	糸染	愛知、京都、石川
	整理	山梨
米沢	紋意匠	京都
	撚糸	北陸地方、新潟
	糸染	京都、新潟県栃尾
	染色	桐生、京都府亀岡市
	絣・捺染	新潟県
	シャーリング加工	桐生
十日町	捺染	京都
	注染	東京、中京地域

注：アンケートの自由回答記述を整理したため、加工の種類や所在地の記載にばらつきがある。
資料：繊維産地調査チーム（2019）「繊維産地調査（アンケート調査）」より作成。

比較的遠い中京地域や関西地域へも外注されていた。

6．構造変化のプロセス

いずれの産地でも買継・産地問屋や関連生産業者は多少なりとも残っており、機業は、たとえ取引していたこれらの企業が倒産・廃業して機能欠落に直面したとしても、産地内の同機能を果たす他企業への取引へと移行することも考えられる。しかし実際には、そのようにならないケースが多い。ではなぜ、地域内の他企業との取引には移行せず、直接取引や垂直的統合へと移行していくのであろうか。これについて、買継・産地問屋の倒産・廃業による取引の直接化を例にとって分析する。買継・産地問屋においては、集積の拡大期と縮小期では異なった取引変容プロセスが生じる。すなわち、買継・産地問屋が需要拡大とともに新たに創業し、その数が増加するときは、予定調和的に取引のリンケージが付加される。たとえば、歴史ある買継が商権を握っていたため新規参入買継の組合への加入がなかなか認められなかった十日町でさえ「新規参入の買継は、商材拡大に伴って産地と今までに取引がない集散地問屋に販路開拓していった（TC社、十日町、買継・産地問屋、2017年6月8日調査）」というように予定調和的に参入が果たされ、取引の秩序は維持された。

一方、需要縮小期において買継・産地問屋が倒産・廃業した場合、非予定調和的なリンケージの寸断が生じることとなる。これは、前述のKG社、YN社およびTC社の調査結果にみられた。とくに倒産は貸倒損失の発生にみられるように突発的に生じる。寸断が生じた場合、そのリンケージに依存していた企業（この場合は主に機業）は、早期の取引復元のため、別の新たな買継・産地問屋を探すのではなく、間接的に取引があった地域外の集散地問屋との直接取引へと移行し、地域外とのリンケージの担い手は流通企業から製造企業へと変化するとともに、買継・産地問屋に集約されていた地域外とのリンケージは分散していく。前述の機業のリスク増大も直接取引の基盤となっている。

このような「非予定調和的な機能欠落」による取引の直接化をモデル的に示す（図6-10）。初期には「集散地問屋－買継・産地問屋－機業」といった分業構造が維持されている状態である。集積は需要によってその規模を変化させ

図6-10 「非予定調和的な機能欠落」による取引の直接化

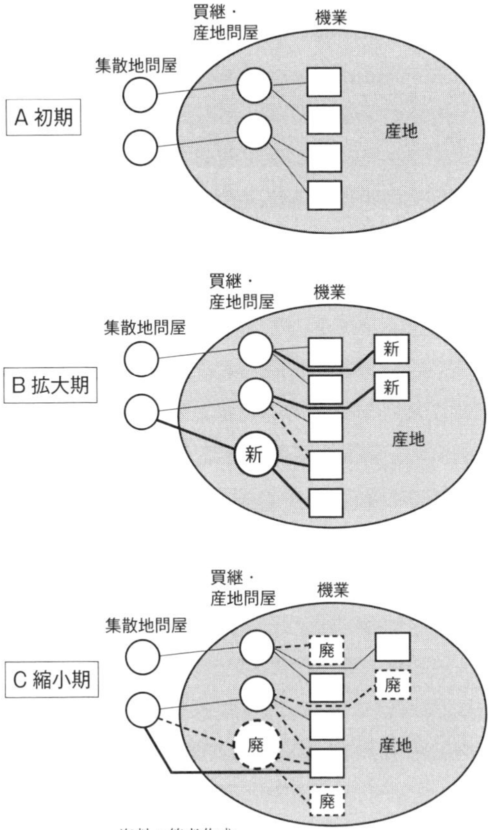

資料：筆者作成。

ていく。拡大期においては、産業地域内の企業も増え、機業の増大に伴い新たな買継・産地問屋も生まれるが、これらは製品を供給してもらう機業と、その製品を提供する集散地問屋との取引の見込を持ちながら設立する。またそうでなくても、機業や集散地問屋との新規取引を開拓しながら創業活動を推進する。このように拡大局面では、予定調和的に新たな企業が生まれるため、分業の秩序は維持される。一方、縮小局面では全く異なる展開となる。買継・産地問屋が倒産・廃業する際には、取引先である機業や集散地問屋は非予定調和的に取引が寸断する。このとき、早期の取引復元のため、他の買継・産地問屋を探して取引を再開するよりも、集散地問屋との直接取引へと移行する。これにより、「集散地問屋－買継・産地問屋－機業」といった分業構造に綻びが生じることとなる。この結果、集積が、たとえ縮小によって拡大前と同規模に戻っただけであるとしても、産業地域の構造は元の状態には戻らず、その変化は「等縮尺」とはならない。生産に関わる産業地域内の分業も、高齢化というシグナルはあったとしても、倒産や廃業の際には非予定調和的となる場合が多い。機業は、関連工程を担う主体の欠落により生産自体ができなくなる危機に直面し、労働集約的で技術的に対応可能な工程を中心として垂直的統合を図る。このように、産業地域内の生産機能の欠落は取引を変容させ、結果として分業構造を変化させる。Stigler（1951）は衰退産業の下での垂直的統合を指摘しているが、ここで強調しておきたいのは、「非予定調和的な機能欠落」による分業構造の変化が集積作用にさらなる影響を及ぼすことである。

7．需要縮小がもたらす構造変化：リンケージの担い手の変化、分散、垂直的統合

本章で取り上げた取引変容は、いずれも個別企業への影響にとどまらず、個別企業の行動の結果が産業地域の構造へ影響を与える。展示販売の常態化や委託販売の急増による機業の在庫リスクや販売リスクの増大は買継・産地問屋の機能を弱め、さらにこれらの倒産・廃業という「非予定調和的な機能欠落」は取引の直接化という不可逆的な取引変容を引き起こし、流通企業から製造企業への「地域外とのリンケージの担い手の変化」と「リンケージの分散」を促す。これにより分業構造は集積拡大前の状態には戻らず、買継・産地問屋が果たしてきた「リンケージ機能」は加速度的に失われる。さらに関連生産業者の倒産・廃業に伴う「非予定調和的な機能欠落」は「垂直的統合」を促進させる。これは分業の利益を低下させるとともに、専門技術の深耕や変化への柔軟性といった集積作用を減少させる（図6－11）。

しかし、これらの変化は産業地域にとってマイナスばかりではない。機業と地域外の集散地問屋や小売との直接取引は、新たな市場情報を産業地域内に取り込む機会となり、新製品開発などの活路に繋がる可能性もある。リンケージ

図 6-11　和装産地における構造変化のメカニズム

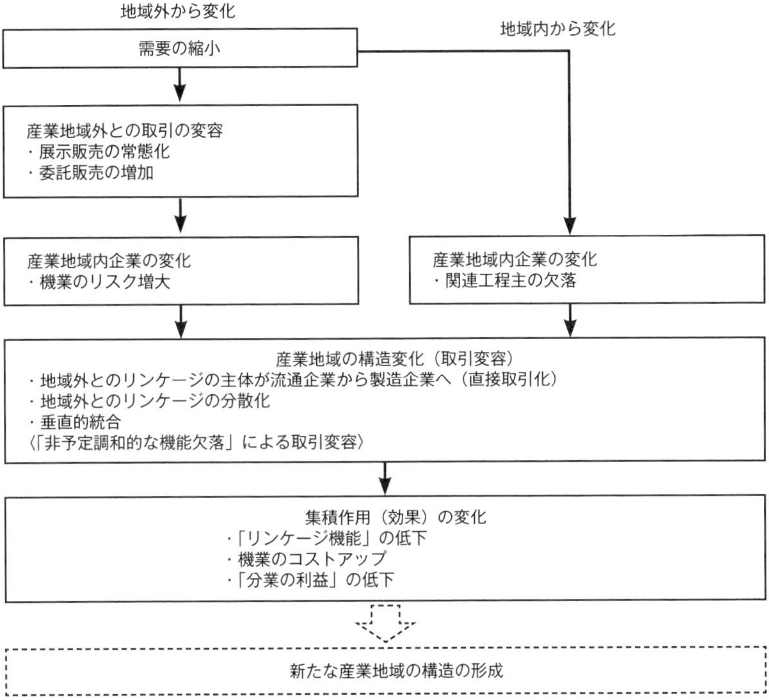

地域外から変化

地域内から変化

需要の縮小

産業地域外との取引の変容
・展示販売の常態化
・委託販売の増加

産業地域内企業の変化
・機業のリスク増大

産業地域内企業の変化
・関連工程主の欠落

産業地域の構造変化（取引変容）
・地域外とのリンケージの主体が流通企業から製造企業へ（直接取引化）
・地域外とのリンケージの分散化
・垂直的統合
〈「非予定調和的な機能欠落」による取引変容〉

集積作用（効果）の変化
・「リンケージ機能」の低下
・機業のコストアップ
・「分業の利益」の低下

新たな産業地域の構造の形成

資料：筆者作成。

の分散により買継・産地問屋経由では摂取困難であった情報が地域内に取り込まれ、ロックイン（Arthur 1989）の解除の機会を提供するかもしれない。垂直的統合は工程間の技術の擦り合わせを容易にし、新たな技術開発に繋がる可能性もある。また、イノベーションが必要とされる社会への移行により、産業地域内での知識の伝播や創造などさまざまな相互作用がイノベーションの発生に寄与する。ここでは、各主体の異質性が重視され、社会的分業の程度はその異質性をも左右する。産地の拡大期には、分業が広がり、「柔軟な専門化」を実現するほか、イノベーションに資する相互作用も活発になる。しかし現在、多くの織物産地は、縮小傾向のなかでどのように変化していくかが問われている。こうした意味では垂直的統合と代替的に行われる関連工程の産地間取引は、地理的近接性のメリットを犠牲にするものの、垂直的統合によるコストアップを緩和するとともに、結果的に産地内になかった新たな知識を取り込む好機となる。

くわえて、産地では新たな取引形態を模索する動きもみられる。人材育成のノウハウがある企業では、「西陣6社との取引のうち、5社は月額固定制に移行した。残り1社も最低保証付きの工賃となっている（TGY社、丹後、機業、2016年11月29日調査）」というように、出機の減少を見越した生産機能確保を図りつつ、分業の利益を失わないための取引形態もみられる。こうした取引形態の発生は、需要縮小期においても集積作用を維持する萌芽として注目に値する。

本章では、一つの産地ではなく、産地横断的に観察することにより、産地共通的な取引変容によって産地がどのような影響を受けるかを検討した。ここで観察したのは、需要縮小によって各産地に共通的な取引変容が発生し、産業地域の構造にさらなる影響を及ぼすというものであった。具体的には、地域外とのリンケージの担い手の変化および分散、関連工程における産業地域内での垂直的統合によって「等縮尺」の縮小とはならず、集積内の分業構造に一種の綻びが生じ、結果として、衰退地域では累積的かつ循環的に集積が薄くなる（Kaldor 1970）かのように、集積作用は純粋な規模的縮小による減少よりもさらに減少する。

今後とも、個別企業の行動と集積作用との相互関係の変化を丁寧に注視していかなければならない。また、産地によって相違がある課題について、産地を相対化して考察することも意義ある研究課題と認識している。くわえて、以下の三つの主要な研究課題が残されている。第一には海外を含めた産地間競争の検討、第二にはロックインとイノベーションとの関係性など動的なメカニズムについての集積横断的な検討、第三には他業種の集積、たとえば洋装産業、食品産業、機械産業への研究結果の適用可能性の検証である。

［付記］本章は、奥山（2018）を大幅に加筆・編集したものである。奥山雅之（2018）「需要縮小期における和装産業の取引変容と集積――リスク増大と分業構造変化が集積に与える影響――」地域活性学会『地域活性研究』Vol.9、pp.5-14。

注

1　スタティック（静的）な産業地域とは、ここでは①非連続的なイノベーションの必要性が少ないこと、あるいはそうした状況を想定したもの、②同種産業集積間の一般的立地競争を無視しえること、あるいはそうした状況を想定したもの、という2点を満たすものを指す。こうした意味で、たとえば洋装業界は①には該当するが②は非該当、印刷業界は②は該当するが①は該当しない。

2　「買継」「産地問屋」という名称については、「買継」は在庫を持たない仲介業者、「産地問屋」は在庫を保有する流通業者と分けて名称を使用する場合もあるが、現在ではこれら事業者の機能は錯綜しており、必ずしも明確に区分できるわけではない。なお、東日本の産地では「買継」、西日本の産地では「産地問屋」と呼ばれることが多い。

3　ただし、多様性については産地によって異なる。

4　なお、織物製造業に比べて十日町は染色整理業の割合が高く、丹後はその割合が低いが、これは、後染の振袖・訪問着を手掛ける十日町と白生地生産と先染の帯地を主体とする丹後との主力製品の違いが表れている。

5　ただし、「繊維・衣服等卸売」には完成品衣服などを地域の小売店に卸す地方問屋などが含まれ、全数が買継・産地問屋というわけではないことに留意が必要である。

6　米沢や十日町において織物製造業の事業所数に対して繊維・衣服等卸売業の割合が高いのは、東京や京都などの集散地からの物理的距離が離れていることから、これら買継・産地問屋の役割が比較的重要であることを示している。他方で丹後はこの割合が低いが、これは丹後が後染織物に使用される白生地の生産と西陣からの帯地・先染着尺の外注生産を主体とした産地であり、外注を取りまとめる独特の「代行店」が存在するものの、その役割は相対的に少ないとみられる。

7　黒松（1965）によれば、西陣の産地問屋は買継商と呼ばれているが、桐生などの「買継商（関東型買継商）」とは異なり、原糸や意匠、製品販売や融資など多くの機能を有していた「問屋」であった。

8　「七・七禁令」とは、1940年に発布された「奢侈品等製造販売制限規則」であり、不急不用品・奢侈贅沢品・規格外品等の製造・加工・販売を禁止する省令である。

9　精好（せいごう）織とは、横糸に太い絹糸を使用した伝統的な織布方法である。

10　丹後ちりめんは、強い撚りをかけた緯糸を使用して織布する織物で、生地の表面のシボ（凹凸）を特徴としている。

11　一般には、銀を前もって貸して、製品（絹織物）で返済するという方法である。

12　高機とは、経糸の開口部を足で操作するようにして生産性を高めた織機で、紗織物、綾織物および紋織物などの生産に使用される。

13　前出の矢野経済研究所（2017）の「2016年販売チャネル別呉服小売市場構成比」によれば、チェーン専門店39.7%、一般小売店20.3%で過半数を占めている。訪問・催事販売は全体の2.9%にすぎない。ただし、ここでは、こうした販売チャネル別のデータではチェーン専門店や一般小売店などに含まれる店舗内あるいはこれら企業が主催する展示即売会などをこれに含んでいる。

14　黒松（1965）によれば、西陣および室町において、集散地問屋が急に顧客があり商品を必要とするとき、一時的に産地問屋から商品を借入れ、顧客に示す「検印（けんじるし）」という例外的取引があったとされる。また、「今日でも西陣型買継制度のもとにあって、機業家自身が買継商へ随時持ち込んだ製品については、（機業側は）委託としての契約をしない限り買い取られたものであるとしているのに対し、買継商は機業家がせっかく製品を持ち込んで来たのだから販売の機会を与えるために預かっておくに過ぎないとするような曖昧な取引が支配的である。」としている。こうした意味では機業と産地問屋との間においては「生地貸し」は多かれ少なかれ存在していた。現代的問題は、集散地問屋から小売業まで一貫して流通企業が在庫を持たない傾向にみることができる。

15　買継・産地問屋の企画機能強化は、たとえば「別注品」という自社製品を開発し、集散地問屋に販売するといった方法で行われる。この場合の在庫リスク・販売リスクは通常、買継・産地問屋が負担する。

16　掲載表は、筆者を含む研究者が全国の織物業および繊維関連産業を対象に実施した「繊維産地調査（アンケート調査）」の結果の一部である。実施時期は2019年9月、織物業の調査対象数は830企業、回収数は262企業、郵送配布・郵送回収の方法で実施した。研究者のメンバーは、筆者のほか、吉原元子（山形大学）、内本博行（山形大学）、竜浩一（阪南大学）、中川翔太（明治大学）である。

17　Scott（1988b）は、取引費用と輸送費用の合計を「リンケージ費用」と呼び、地理的な近接がリンケージ費用を節約できるとしている。

18　埋没費用とは、過去に支出した費用のうち、今後の意思決定の内容にかかわらず、取り消すことができないものをいう。

第7章

生産の海外化と構造変化

縫製・アパレル産地：北埼玉・岐阜・倉敷

本章では、アパレル産業における生産の海外依存、市場の変化といった外的変化への対応に伴う、産地内企業の海外生産や生産品目の変化といった産地の内的変化を背景として、縫製・アパレル産地の構造がどのように変化したのかを明らかにする。具体的には、北埼玉、岐阜、倉敷の三つの縫製・アパレル産地を対象とし、産地内企業の海外生産や生産品目の変化を伴いながら、構造としてのアパレルと縫製業との取引関係の変化と、三産地におけるその共通点および相違点を観察する。

産業地域内企業の海外生産や生産品目転換により、産地の衣服製造において相互に取引関係を築いてきたアパレルと縫製業との生産品目に違いが生じ、その結果、アパレルと縫製業との間に「分離（unlinking)」が発生する。また、「分離」の様態は産地によって異なる。北埼玉は「分離」が広範にみられ、岐阜はロットサイズによる「分離」が生じた。倉敷においては、品目による一部「分離」がみられるものの、アパレルと縫製業との取引関係は広範に保たれており、他産地に比べて「分離」は一部にとどまっていた。生産の海外化によって、産業地域の構造は集積拡大前の状態には戻らず、各地域の特性に応じた地域内リンケージの「分離」を引き起こす。

1．問題の背景と対象産地

(1) 問題の所在・背景と目的

アパレル市場は成熟市場といわれて久しいが、国内の小売市場ベースでは9兆円前後で推移し、意外にも横ばい傾向を示す[1]。また、グローバル市場に目を向ければ「2025年までに実質ベースで年平均成長率3.6％、物価変動を加味した名目ベースで7.6％の成長余力があり、2015年に1兆3,060億ドルだった市場規模は2025年に2兆7,130億ドル（名目ベース）にまで成長する」とするレポート（福田 2017）もある。こうしたグローバル市場における成長の一方、国際間の生産ネットワークによって特徴づけられる生産の急速なグローバル化により、1960年代までは繊維・アパレルの輸出大国であった日本はその役割を急速に失い、1970･80年代には韓国、台湾、1990年代は中国へとその役割がシフトした（Bonacich *et al.* 1994）。国内においては、もともとは都市型産業であった衣服製造業は、企画・デザイン機能は都市部に保持しながらも、製造工程における空間的分業は都市部から地方部、さらには海外へと広がりをみせ、国内生産は輸出の遅れと輸入の浸透により急速に縮小した[2]。

本章では、産地内企業の海外生産や生産品目の変化といった産地の内的変化を背景として、生産の海外化過程における構造変化の一類型としての「分離」を示す。詳しくは後述するが、「分離」とは「いまだ産地内に両企業群が存在しているにもかかわらず、産地内で分業としての取引があった企業群間の取引（取引的結合）がなくなること」をさす。ここでは「分離」が生じるプロセスや背景を考察しながら、その産地間の相違を明らかにしていく。

（2）先行研究と本章の位置づけ

繊維・アパレル産業における海外生産化は、産地外からの需要が海外へと流れ出てしまうという外的変化であると同時に、産地内企業自体が海外生産に踏み出すという内的変化でもある。一般に、地域内の集積作用を上回る程度に他地域の一般立地条件が優位となれば、企業が産業地域外に転出する条件が具備される。1990年以前の地方生産化と同様、1990年代以降の海外生産化は、繊維・アパレル産業だけでなく、労働費などをめぐる一般立地条件によるところが大きい（渡辺 2011）。

生産の海外化、ME（マイクロ・エレクトロニクス）化、サービス化などの外的要因を背景として、取引の広域化や異業種への参入など産地の構造変化を示した研究は多数ある（加藤 2003; 渡辺 2007など）。近年では、山本（2011）が神戸ケミカルシューズ産地を取り上げ、オルガナイザーとしての役割を果たしてきた生産業者の企画・流通機能への傾斜を指摘した。さらに繊維産業に限れば、社会的分業体制のなかで属人的で極端に特殊な技術に特化した部分は旧来の分野に固定され、新たな展開に困難が生じることを示唆した関（1978）、顧客側からの厳しい選別によって水平的分業体制が崩壊することを示した上野（1989b）などが産地縮小過程での具体的な構造変化を指摘している。

また、生産の海外化に伴い、必ずしも産地内のすべての生産活動が海外化されるわけではなく、産地内で行われていた一連の生産活動（たとえば工程）が分解され、その一部のみを国内他地域や海外へと分散立地させるフラグメンテーションも発生する（木村 2006）。縫製・アパレル産地の主工程である縫製は労働集約的であり、海外へのフラグメンテーションの対象となりやすい。その形態は、大きく分けて海外企業への受託生産によるものと、直接投資（合弁、独資など）による自社工場の設立があり、立地優位性とともに、企業にとって優位なほう（アウトソーシングか所有か）が選択される（Dunning 2001）。

ここで取り上げる産地（北埼玉、岐阜、倉敷）の先行研究に目を移すと、その蓄積は産地によって異なる。最も活発に研究されているのは倉敷（児島地区）であり、近年の研究のみを列挙しても、コンヴァンシオン理論に基づき分析した立見（2004）、この地域のジーンズ産業集積を対象として集積の内発的発展におけるリンケージ企業の商人的な役割を示した田中（2018）、三備地区（備前・備中・備後）を対象として広域的な視点から産地の課題を描いた藤井ほか（2007a; 2007b; 2008）、流通・生産の変化に焦点を当てた塚本（2016）など多様な分析がなされている。岐阜産地についても多くの文献をみることができる。実態調査をベースとした野田（2004）、地域企業家などへのインタビュー調査によって実態を明らかにした荻久保・根岸（2003）などである。他方、北埼玉においては、行田を中心に分析した竹内（1973）、産地成立と発展段階での生産構造を明らかにした上野（1977）、主に1980年代までの生産・流通構造の変容を取り上げた荒木（1994）がみられるものの、2000年代はほとんどみられず、研究蓄積は他地域に比べて極めて限られる。

ただし、商人的リンケージという概念を軸にして倉敷、岐阜、今治の各産地を取り上げながら産地の異同を分析した田中（2018）を例外として、先行研究のほとんどは一つの産地を取り上げてその構造変化を論じるものであり、その変化が産地特有のものなのか、産地共通的なものなのか十分に検討されていない。本章では、一つの産地ではなく、三つの産地を取り上げ、産地横断的に観察する。これにより、各産地の構造変化の共通点と相違点を抽出できると考える。

(3) 研究方法および観察対象とする地域・事象

①縫製・アパレル産地の基本的構造

繊維・アパレル産業の生産・流通構造は極めて複雑で、多段階の生産工程および流通を経て消費者に提供されるが、可能な限り単純化して描くと、企画・デザイン、原料、生地、縫製、小売といったサプライチェーンがあり、各段階で卸・商社が介在する場合がある。染色・整理・加工業者は、製品の種類に応じて機能を分担する。アパレル自体も卸の一種ではあるが、企画・デザインを自らの責任で行い、在庫リスク・販売リスク保有の主体であり、多くの場合、衣服づくりの起点となる企業である。このうち、縫製・アパレル産地の主たる集積企業はアパレルと縫製業である（図7-1）。

本章における縫製・アパレル産地とは、単なる賃加工的な縫製産地ではなく、産地内の企業が主に自らの企画によって衣服を製造販売している産地と定義する。その主たる企業は、企画・デザイン・卸売を担い、縫製工程も有する製造卸としての「アパレル」と、縫製工程を中心に生産のみを担う「縫製業」である。つまり、生産の主体をなす縫製工程は、「アパレル」自身が保有するものと、「アパレル」や同業他社からの受託生産を業とする「縫製業」が行うものとがある。これら産地における衣服製造企業の二類型を定義すると、以下のとおりとなる。両者の主たる相違は、主に製品に対して販売リスクを負うか否かである[3]。

・アパレル：自らの責任で企画・デザインを行う業態である。縫製工程を自ら有する工場保有形態と、企画・デザイン機能と卸売機能のみを持つ工場非保有形態とがある。

・縫製業：縫製の受注生産を行う業態である。単なる受託生産の場合、多くは賃加工または属工（付属品のみ工場が手配し生地は支給される形態）のどちらかである。ただし、アパレルに対し、自ら生地を仕入れて縫製し、製品を販売する企業（OEM; Original Equipment Manufacturer)、これに加えて企画・デザインなどの提案を行う企業（ODM；Original Design Manufacturer）もある。

縫製・アパレル産地では、衣服という完成品を製造しているため産業地域において完結性を有している。地域外とのリンケージの主体は、一部製造機能も保有する流通企業である地域内のアパレルが担う。地域内の結合は強く、アパレルが縫製業を支配する階層性の強い地域内リンケージとなっている。また、

図７-１　衣服の生産・流通経路（概観）

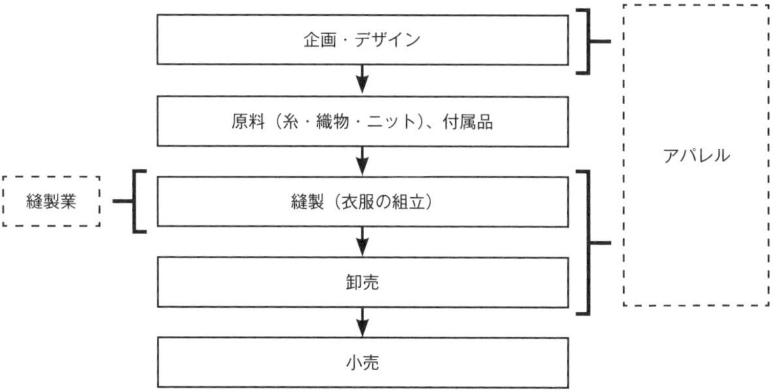

企画・デザイン
原料（糸・織物・ニット)、付属品
縫製（衣服の組立）
卸売
小売
縫製業
アパレル

資料：筆者作成。

図７-２　観察対象とするプロセス

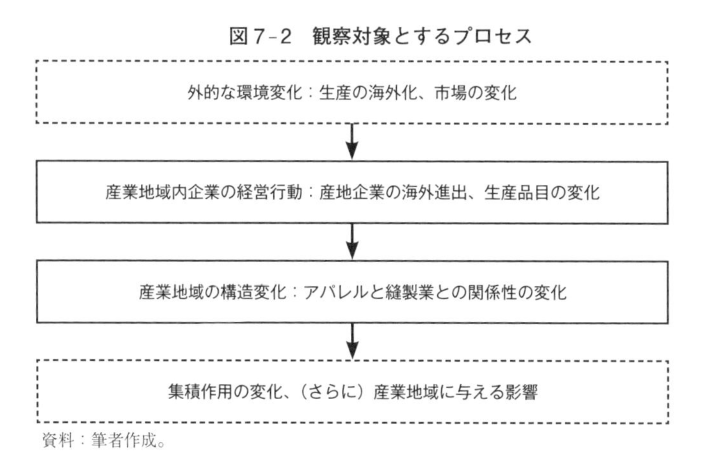

資料：筆者作成。

多くの場合、工程別に分化（分業）が進展し、地域外とのリンケージはアパレルに集約されている。

②観察する事象・プロセス

観察対象とするのは、主に1990年代以降のアパレル市場の変化と、これに伴う生産の海外化という外的変化を起因とした各産地の内的変化（地域内企業の海外生産や生産品目の変化）が、産業地域の構造変化をもたらすという一連のプロセスである。着目する産業地域の構造は、主に衣服製造業を構成する二つの主体であるアパレルと縫製業との取引関係（地域内リンケージの有無・強弱）である。

この二つの企業群は、縫製・アパレル産地のなかで相互補完的な役割を果たしている。アパレルは市場とのリンケージ機能[4]を担い、縫製業は、アパレルのみでは不足する生産機能を必要に応じて提供することで柔軟な生産体制を確立してきた。これにより、集積作用の一つである「分業の利益」を相互に享受してきたのである。これら企業群の構成や相互の取引関係は産業地域の構造そのものであり、その変化は集積作用にも影響を及ぼす（図7-2)。

③対象とする地域および研究方法

衣服を製造する縫製・アパレル産地として本章で取り上げるのは、埼玉県

図7-3　分析対象産地

資料：筆者作成。

行田市、羽生市、加須市（以下「北埼玉[5]」という）、岐阜県岐阜市（以下「岐阜」）、そして岡山県倉敷市[6]（以下、「倉敷」）である（図7-3）。衣服製造業の工場数の都道府県別推移をみると、これらの地域を含む各県は、20世紀半ばから大きな消費市場を内包する大都市型の産地（大阪、愛知、東京）に次ぐ地位を継続している（表7-1）。

前述の事象・プロセスの観察にあたり、三産地を横断的にみていくことが本研究の特徴の一つである。2017年より、各産地の組合および企業に対して非構造化インタビュー調査を実施した（表7-2）。もちろん、産業地域の変化は、取り巻く環境や経営者の意思決定、産地の制度やネットワークなどさまざまな要因によって規定されるものであり、それらをすべて洗い出すことはできないが、統計による俯瞰的な把握、組合など業界団体へのヒアリングによる産地の全体像の把握を含めて総合的に観察し、その構造変化を多面的に捉えていくことを試みる。

表7-1　衣服製造業工場数の都道府県別順位の推移

順位	1950年	1960	1970	1980	1990	2000	2010	2014
1	愛知	大阪	東京	東京	大阪	大阪	大阪	大阪
2	大阪	東京	大阪	大阪	**岐阜**	東京	愛知	愛知
3	東京	**埼玉**	**岐阜**	**岐阜**	東京	**岐阜**	東京	東京
4	**埼玉**	愛知	**岡山**	愛知	愛知	愛知	**岐阜**	**岐阜**
5	**岡山**	**岐阜**	愛知	**埼玉**	**埼玉**	**埼玉**	**岡山**	**岡山**
6	奈良	**岡山**	**埼玉**	**岡山**	**岡山**	栃木	**埼玉**	**埼玉**

注：2010年以降は従業者数4人以上、分類改定が実施された2010年以降は日本標準産業分類の中分類を統計的に分解して算出した。
資料：経済産業省『工業統計』、総務省・経済産業省『経済センサス－活動調査』各年版より作成。

表7-2　インタビュー先一覧

年月日	地域	訪問・インタビュー先
2017.6.30	岐阜	GR社（縫製業）
2017.7.13	岐阜	GS社（アパレル）
2017.7.14	岐阜	GA組合、GH社（アパレル）、GF社（アパレル）
2017.11.24	北埼玉	TF社（アパレル※現在は本社を東京に移転）
2018.5.17	北埼玉	SF組合、SA社（アパレル）、SK社（アパレル）
2018.6.7	倉敷	KK組合、KA社（アパレル）
2018.6.8	倉敷	KB社、KJ社、KS社、KN社（以上、アパレル）
2018.6.21	北埼玉	SG社（アパレル）、SO社（縫製業）

資料：筆者作成。

2．各産地の歴史的経路と生産の海外化

(1) 歴史的経路

①北埼玉

北埼玉は、もともと土壌が綿作や藍作に適していたことから綿布産地として出発した織物産地であり、綿を原料とした青縞が生産されていた。その後、明治中期には日本の綿花生産が衰退消滅することで「織物生産と地元原料との密接な連関性は断たれ」たが（榊原 1981）、綿織物を縫製して製品を生産することで産地の維持を図った。その一つが行田を中心とした足袋の生産である。行田では江戸の享保年間（1716-1736 年）に忍藩士の副業として足袋の生産を開始したとされているが、記録として最も古いものは 1777 年にある。この頃には、すでにアパレルとしての「足袋屋」と、縫製業としての「長物師」「下請家内労働」との分業体制があった。北埼玉の足袋製造業は、戦前の段階で学生服や作業服へと大きくシフトした倉敷のそれとは異なり、大規模工場の流れ生産システムと社会的分業体制を両立させながら戦後も足袋の生産を維持した。しかし、高度成長期に入ると、「足袋は戦前から続く衣服の洋装化の波に直撃され、その需要は急速に減退」（上野 1977）していく。

北埼玉の衣服製造は、明治期より足袋の副業としての作業用和装品の製造を原型とし、昭和初期に長ズボン、乗馬ズボンなどから始まる。副業としてこれらを手掛けていたからこそ、足袋の販路を衣服販売に活用することができた。戦中は、行田市に陸軍被服本廠が設置されたこともあり、指定商社を通じて下請形態で軍服の縫製を手掛ける工場が立地し、これらは縫製技術を獲得していった。足袋の減退に伴い「1950 年代より作業服や学生服へと展開していった」（SG 社）という。しかし、学生服の分野では、戦前に足袋を諦めてこの分野へ大きく舵を切った倉敷よりも進出が遅れた。倉敷と同様、1950 年代より合繊系列化も行われたが、大量生産によるコストダウンやテレビコマーシャルなどによる販売促進策でも倉敷に劣位し、学生服では倉敷に次ぐ地位しか獲得できなかった。その結果、倉敷の学生服アパレルの全国展開に押されながら、1970 年頃から生産品目が分化していく。一つは、倉敷に対抗し、学生服を維

持しようとした企業群である。二つめは、戦中に軍需で技術を獲得し、当時、民間需要が増えて市場参入の余地があった作業服や事務服といったユニフォーム分野へと転換する企業群である。そして三つめは、東京の馬喰町・横山町の集散地問屋街などと繋がりを持ち、ファッション性の高い婦人服などを手掛けるようになった企業群である。このように北埼玉は、作業服、学生服などの厚物の縫製だけでなく、カジュアルな薄物を含めた縫製・アパレル産地へと変貌したのである（竹内 1973）。

②岐阜

岐阜は、北埼玉、倉敷に比べて新しい縫製・アパレル産地として位置付けられる。その歴史は、新品衣料品が統制下にあった戦争直後の、岐阜駅前の古着マーケットであった「ハルピン街」からスタートした。文字どおり、ハルピン引揚者がこの地で商売を始めた。統制解除後は、一宮・尾西、長浜、浜松などの織物業者から生地を集めてハルピン街の事務所の1階で縫製するなど、縫製工程を持つ企業も多かった。このように、一宮・尾西など織物産地を近隣に擁していたことも産地形成に大きな役割を果たした。

岐阜のアパレルは、生産量の拡大に伴い近隣へ内職を出すようになる（荻久保・根岸 2003）。やがてハルピン街の企業がアパレル、内職が縫製業へと発展していく。製造卸業者の販路は東京や大阪、宇都宮、新潟といった大都市、中都市の仲買人への行商と、全国からの岐阜への買い付けであった。品目としては、古着の販売からスタートし、その後ジャンパーの生産が主力となり、その後、紳士服製造へと展開する。この時代の顧客は主に大阪、東京の集散地問屋、全国のセルフ式問屋、名古屋の小売業などであった。

その後の岐阜の急成長は、量販店との取引を背景としたものである。当時、低価格の衣服を強みとしていた岐阜産地は、同じく低価格を強みとしていた量販店と強く結びついて生産量を拡大させた。1960年代以降は量販店向けに婦人服のウェイトが高まり、婦人服や子供服は店舗型の比較的小規模なアパレル、紳士服は比較的大規模なアパレルが担った[7]。小規模アパレルはすべての生産機能を持つことはできず、他産地と同様、生産拡大に伴ってプレス、裁断、穴かがり、芯地などの工程で社会的分業が進展する。

当初は「安物の岐阜」と評価は低かったが、生産拡大とともに大手繊維メーカーからも注目を浴びた。東レや帝人はスポーツウェアや子供服向けに合成繊維をこの産地に供給し、1964年からは伊藤忠商事、丸紅、蝶理、日綿實業（現：双日）、伊藤萬（現：日鉄物産）などの大手商社もこの地に営業所を構えた（リサーチセンター 1973）。これらは金融機能だけでなく、生地や付属品のコーディネートや量販店ルートの開拓を担い、産地の生産拡大に寄与した。量販店向けには、自社ブランド製品だけでなく量販店のPB（プライベートブランド）商品を扱い、OEMとして量販店ブランドの別注品の生産も担った。他方、岐阜駅前の地方問屋向け店舗式卸業態としての小規模アパレルも維持された。

③倉敷

倉敷は、北埼玉と同じく綿花栽培を発祥とした綿織物と足袋の産地であった。倉敷における衣服製造業の中心地は1967年の3市（倉敷、児島、玉島）合併前の旧児島市である。児島が綿花を活用した織物産地として名を馳せたのは江戸中期にさかのぼる。当時、児島にある瑜伽大権現（由加山）は信仰地として栄え、参拝客を集めた。その参拝土産として平たく織った「真田紐」が人気を博した。この頃に厚手の小倉帯地も児島の主力生産品となった[8]。

小倉帯地を生地とした足袋の生産が明治初期の1869年より開始された。1916年には岡山県の足袋生産量は1000万足、1919年には2000万足を超え日本一となった。しかしその後、貼付式ゴム底の地下足袋で市場を席巻した久留米産地が台頭し、その影響を大きく受けた児島は、北埼玉よりも早く学生服や作業服へと転換した（中込 1975）。

厚地の綿織物を原料として製造が開始されたのが学生服と作業服であった。1918年に角南周吉が学生服の縫製を始めたのが起源とされるが、学生服製造の指導的役割を果たしたのは1896年創業の児島織物であったとされる。同社は足袋地の生産を主力としていたが、1921年に足踏みミシン20台を購入して学生服の生産に踏み切った（角田 1975）。児島織物は、買収によって糸、生地、染色、縫製の一貫体制を構築した一方、他の学生服アパレルは分業による生産を志向し、裁断、プレス、刺繍、芯地などの工程で社会的分業が進展した。

転機が訪れるのは、合繊の勃興による学生服製造企業の合繊系列化である。当時、合成繊維業界は天然繊維から合成繊維へと転用できる製品に攻勢をかけており、その一つとして学生服があった。1952年には東洋レーヨン（現：東レ）系列には岡山県内を中心に5社（1955年からは10社）、1954年には倉敷レーヨン（現：クラレ）系列には二十数社が参加した。1957年には、素材はナイロン、ビニロンからテトロンへと変わり、東レ系列と帝人系列に再編成される。これにより、合繊メーカーの染色済みの生地が商社経由で産地に供給されるようになり、綿織物の紡績、織布、染色は衰退した[9]。こうして、紡績、織物、縫製と一貫した機能を有していた産地は大きく変化し、縫製を中心とした縫製・アパレル産地としての性格が決定づけられたのである。1960年代半ば以降、小学生や大学生の服装はカジュアルとなり、学生服需要は減少し、1969年には大手の西原商店が倒産する。倒産を免れた企業にあっても、大手企業を中心に四国や九州に分工場を設立し、あるいは産地外の薄物縫製工場の力を借りながらカジュアル衣料へと多角化していく。

学生服市場の成熟化のなかで、産地を代表する製品となっていったのがデニム・ジーンズである。1965年に合繊系列に参加できず厳しい経営を強いられていたマルオ被服（現：ビッグジョン）が輸入デニム生地を使用して初めて国内縫製に成功したものが国産ジーンズ（「CANTON」ブランド）の発祥といわれている。1973年には倉敷紡績が国産デニム生地の生産を開始し、生地も日本製という意味で純国産ジーンズが完成した。厚手生地を得意としていた産地の縫製技術の基盤に加え、ミシンやアタッチメントの改良、米国からのミシン導入などによって成し得たとされる。新たなデニム・ジーンズの縫製技術は、「生産量の増大に伴い、受託加工、親戚関係、企業間の人的異動などによって産地に伝播した」（KB社）という。これにより、産地では学生服分野で合繊系列外であった企業、受託縫製していた企業などがデニム・ジーンズへと転換し、学生服と並ぶ製品群となった。国産ジーンズの特徴は、その加工にある。日本独自のデニム・ジーンズ加工方法が多く開発され、これらの加工を学生服の合繊系列化で仕事を失いつつあった綿織物の染色加工業者が担った。染色加工に必要な水処理施設を有していたからである。倉敷の歴史的経路として特筆すべきことは、織物を含めて多様な製品を展開してきたことである[10]。こうしたなかから、デニム・ジーンズという新たな製品群が生まれた。

④三産地における歴史的経路の相違

以上のように、三産地における歴史的経路は主に次の3点に相違がみられる。

第一に、縫製・アパレル産地に至る経路の相違である。北埼玉や倉敷は綿生産から糸、生地、縫製品の順で発展した川上発祥の産地であるのに対し、岐阜は問屋街から出発して製造機能を備えるようになった川下発祥の産地である。

第二に、縫製・アパレル産地としての品目である。北埼玉や倉敷は足袋生産からの経路で学生服を手掛け、厚物中心で品目を多様化していくが、北埼玉が東京の影響で薄物を含めた産地へと変貌していくのに対し、国産ジーンズで躍進した倉敷は、産地内の縫製は厚物に特化し、薄物は産地外を活用する体制を採った。一方、岐阜は、黎明期に一時的に学生服を手掛けたものの、基本的には薄物の布帛やメリヤスを得意としながら、婦人子供服を中心としていった。

第三に、販路の相違である。北埼玉は、東北方面の直販ルートを活かしながらも、比較的距離が近い東京の集散地問屋のルートを活用した。岐阜は、当初は行商などで地方問屋に販売していたものの、問屋街店舗を活用した全国の地方問屋や小売店などに販売するルートに加えて量販店ルートを主としていった。倉敷は、問屋を通すものもあるが、基本的には大手を中心として小売店や学校への直販体制を志向する傾向がある。

(2) 1990年代以降の概観

1990年代以降の三産地の推移を、事業所・企業統計調査及び経済センサスによって概観する。統計上の制約のため、1991年、2001年、2009年、2014年の各年についてみていく（表7-3）。

まず、年代を通じた各産地の特徴についてみていくと、衣服製造業の事業所数では岐阜、従業者数では倉敷が大きく、北埼玉はいずれの数値でも他の産地を下回っている。一方、製造機能を持たない事業所である衣服等卸売業まで含めてみると、事業所数、従業者数とも岐阜が最大である。岐阜の卸売業の集積は他産地に比べて圧倒的に厚いことがわかる。倉敷は原材料から製品までの一貫生産地としての名残もあり、製糸、紡績、化繊等、織物・ニット生地、染色整理など原材料の集積が比較的厚く、とくにデニム・ジーンズ加工へと転換していった染色整理が多く立地している。北埼玉は、卸売業および原材料とも集積が薄く、縫製・アパレルからみると川上、川下連関性が少ない産地といえる。

また、年代を区切って推移をみると、各産地とも1990年代以降は縮小傾向にあるが、産地ごとの特徴点もいくつか抽出できる。まず、1991年から2001年にかけては、縮小割合に大きな差はないが、岐阜は事業者数より従業者数の減少割合が大きく、逆に倉敷では従業者数より事業所数の減少割合が大きい。岐阜では比較的大規模な企業の移転や廃業が発生し、倉敷では小規模な企業が淘汰されたと推測できる。2001年から2009年までは北埼玉の落ち込みは緩やかで、事業所数は減少したものの従業者数はほとんど減少しなかった。倉

表7-3　三産地の業種別事業所数・従業者数の推移

		1991年		2001		2009		2014	
		事業所	従業者	事業所	従業者	事業所	従業者	事業所	従業者
北埼玉	製糸、紡績、化繊等	15	117	8	66	7	60	6	49
	織物・ニット生地	49	467	9	249	7	94	7	113
	染色整理	9	206	7	73	12	115	3	43
	衣服製造業	805	6,457	524	4,171	423	4,177	248	2,437
	（増減率；%）	—	—	(▲34.9)	(▲35.4)	(▲19.3)	(+0.1)	(▲41.4)	(▲41.7)
	衣服等卸売業	87	435	85	541	69	484	46	398
	繊維機械製造業	32	177	23	110	16	62	14	52
岐阜	製糸、紡績、化繊等	62	460	28	120	15	150	8	68
	織物・ニット生地	368	1,574	91	511	63	290	49	289
	染色整理	36	885	25	569	32	214	18	187
	衣服製造業	2,092	13,980	1,337	7,017	754	4,240	548	2,927
	（増減率；%）	—	—	(▲36.1)	(▲49.8)	(▲43.6)	(▲39.6)	(▲27.3)	(▲31.0)
	衣服等卸売業	1,582	12,056	1,057	7,551	697	6,123	526	4,460
	繊維機械製造業	195	2,066	105	1,008	88	694	63	507
倉敷	製糸、紡績、化繊等	175	1,226	72	419	31	249	21	109
	織物・ニット生地	93	1,107	28	474	63	476	50	361
	染色整理	40	1,045	36	824	29	621	24	392
	衣服製造業	1,321	12,370	680	7,197	489	5,676	407	5,584
	（増減率；%）	—	—	(▲48.5)	(▲41.8)	(▲28.1)	(▲21.1)	(▲16.8)	(▲1.6)
	衣服等卸売業	79	643	77	546	74	684	62	447
	繊維機械製造業	30	280	31	249	24	219	29	162

注：1）衣服等卸売業は、「衣服・身の回り品卸売業」が正式名称である。
2）製糸、紡績、化繊等は「製糸業、紡績業、化学繊維・ねん糸等」が正式名称である。
3）被合併町村（北埼玉は騎西町・南河原村・北川辺町・大利根町、岐阜は柳津町、倉敷は船穂町・真備町）の数字を反映している。
4）表中の増減率は、それぞれの左列の年を基準としたものである。
資料：総務省『事業所・企業統計調査』各年版、総務省・経済産業省『経済センサス―基礎調査』各年版より再編・作成。

表 7-4　三産地の付加価値額の推移

金額：百万円 増減率：%		1990 年	2000		2010		2014	
		金額	金額	増減率	金額	増減率	金額	増減率
北埼玉	製造業	275,609	301,252	+9.3	326,124	+8.3	309,815	▲ 5.0
	繊維合計	36,558	21,886	▲ 40.1	11,778	▲ 46.2	18,945	+60.9
	繊維工業	12,696	6,529	▲ 48.6	–	–	–	–
	衣服製造業	23,863	15,357	▲ 35.6	–	–	–	–
岐阜	製造業	217,030	147,611	▲ 32.0	94,723	▲ 35.8	98,107	+3.6
	繊維合計	64,002	27,683	▲ 56.7	9,302	▲ 66.4	8,004	▲ 14.0
	繊維工業	16,398	7,234	▲ 55.9	–	–	–	–
	衣服製造業	47,604	20,449	▲ 57.0	–	–	–	–
倉敷	製造業	971,995	809,576	▲ 16.7	660,666	▲ 18.4	536,905	▲ 18.7
	繊維合計	96,171	77,922	▲ 19.0	56,696	▲ 27.2	56,349	▲ 0.6
	繊維工業	23,150	17,150	▲ 25.9	–	–	–	–
	衣服製造業	73,021	60,772	▲ 16.8	–	–	–	–

注：1）従業者数 4 人以上事業所の集計。2010 年より繊維工業および衣服製造業それぞれの数値は公表されていない。粗付加価値額である。
2）市部のみの数字が公表されており、被合併町村（北埼玉は騎西町・南河原村・北川辺町・大利根町、岐阜は柳津町、倉敷は船穂町・真備町）の数字を反映していない。
3）表中の増減率は、それぞれの左列の年を基準としたものである。
資料：経済産業省『工業統計調査』各年版より再編・作成。

敷でも衣服製造業の落ち込みは従業者数で 2 割程度にとどまっている。この時期、最も落ち込みが激しかったのは岐阜である。さらに 2009 年から 2014 年では、倉敷は従業者数で横ばいを維持したが、岐阜は約 3 割減、北埼玉は約 4 割減と大きく減少している。

次に、工業統計調査等によって付加価値額の推移をみる[11]。減少割合が比較的少ないのが倉敷、2010 年に落ち込んだものの 2014 年には回復したのが北埼玉、一貫して大幅に減少しているのが岐阜である（表 7-4）。

(3)　産地企業の海外生産

①北埼玉

北埼玉は、産地企業自体の海外生産は他産地ほど進まず、とくに直接投資は「自社以外ほとんどみられなかった」（SG 社）という。その要因はいくつかある。一つは、官公需のユニフォームや学生服など多品種少量生産で短納期の製品が主体となったこと、二つめは、大規模な企業が育たず、直接投資を行う決断が難しかったことである[12]。また、アパレル、縫製業とも、東京に近い埼玉での人材確保は難しく、東北から「出稼ぎ」の人材の力を借りて産地の工場を運営していた。こうしたことから、1960年代後半から東北へと分工場を展開し、量産品は分工場が担ったため、海外工場を持つインセンティブが強く働かなかったことも要因の一つである[13]。たとえば、学校用の運動着を扱うSK社は、地域内の自社工場と東北の分工場で製造し、海外生産は一部のみである。「出稼ぎや集団就職の労働者が帰省した。その人材を活用して青森県に工場を展開した」というように、労働者が移動した時代からの関係性を活用しながら東北を中心に工場を展開した。

こうしたなかにあっても、カジュアルに進出したアパレルは、低価格化に対応するため海外へと生産をシフトさせた。靴下や肌着などを展開する企業の例では、海外への委託生産が主体で、北埼玉に工場を保有せず、備蓄倉庫を数か所持つのみとなっている。例外的な海外への直接投資企業としてSG社（アパレル）がある。SG社は1919年に地下足袋の製造販売を行う会社として創業、その後、学生服では地域でトップ級の企業となるものの、倉敷との競合は激しく、企業ごとに受注する作業服（別注作業服）に転換する。社内は企画・デザイン機能に特化し、1980年代は北埼玉周辺の工場や海外（中国やベトナム）に委託生産していた。バブル経済の真最中にあった1990年頃、別注作業服は活況を呈した。同社は将来の需要拡大を見込み、1991年、それまで深い取引関係にあった日本の繊維商社、インドネシアの大手紡績会社と合弁でジャカルタ近郊に縫製会社を設立した。インドネシアを選んだ決め手は、商社の強い勧めと合繊の生地が現地で入手できることであった。作業服や白衣だけでなくカーテンやブックシェルフなど幅広い注文を受け1995年に生産量が最大となったが、その後は中国との競合により十分な受注が確保できず1997年に撤退した。現在は、企業再編により規模を縮小、再び別注作業服に特化し、生産は国内外の工場に委託している。

②岐阜

縫製・アパレル産地のなかで最も早く海外展開に動いたのは岐阜である。アパレルでは製品の拡大に伴い1960年代は東北や九州に分工場を展開していた企業もいくつかあったが、1970年代から多くのアパレルが韓国への委託生産をしていた。「韓国には一定の縫製技術があり、量販店向けに比較的安価な製品であれば指導がそれほど必要なかったこと、小ロットだと生地を持ち込んで1週間以内で完成するという比較的短納期もメリットであった」（GA組合）という。また、北埼玉は東北へ、倉敷は中国・四国・九州へと、「出稼ぎ」を受け入れていた関係性を活かしながら展開したのに対し、岐阜は、産地として確固たる展開地を持ち得なかったことも、早期に海外へと目を向けさせた。たとえば、大手アパレルのなかには、量販店向けの大量生産を中心としながら1980年代から生産委託を開始するとともに、直接投資では1990年代初めにインドネシア、1994年に中国と日本の商社および現地企業との合弁で海外工場を立ち上げた企業もある。他方、海外に合弁工場を持ちながら多品種少量品を国内に残した企業もあった（小谷 2013）。

岐阜産地の海外展開の特徴は、アパレルの垂直的直接投資だけでなく、受託生産側の縫製業の水平的直接投資が活発に行われたところにみることができる。縫製業では、当初は商社の要請もあり、海外現地企業への委託生産をめざして縫製技術の指導に出向いていたが、現地工場の品質に目途がつくと、「すかさず日系アパレル商社や量販店が割り込んできて、縫製業者の頭越しに現地メーカーとのライン貸しなどに走るため、これに対処するためにも縫製業者としては、合弁強化によって製品の一手販売権の獲得を余儀なくされ」たという（藤井 1997）。縫製業にとっては、合弁による自社工場としなければ、商社やアパレルによる垂直的統合が進み、自分たちへ受注が流れなくなる可能性があった。

直接投資にて海外生産化に踏み切った縫製業の一つであるGR社は、その前身が1951年に内職的な下請からスタートした企業である。生産品目としては、当初はメンズコートだけであったが、徐々にピーコート、ダッフルコートなどへと拡大し、名古屋の大手繊維商社が製品のOEM部門を立ち上げた時期、あるいは東京の原宿系アパレルが勃興した時期と重なり、名古屋や東京からの受注で業容は一気に拡大した。海外との関わりは商社との関係のなかから生まれ、1984年に韓国、その後台湾、香港、タイと立て続けに縫製技術指導業務を受託、1カ所につき月2回程度の出張でこなした。海外生産の始まりは1984年の韓国縫製工場への委託加工である。しかし、出資していない工場への技術指導には限界を感じるようになったという。研修生を受け入れていた中

表7-5　三産地の企業による海外進出の状況

産地	No.	業態	品目	海外進出年および国
北埼玉	1	A	ユニフォーム	1991 インドネシア
岐阜	1	A	ニット	1968 台湾
	2	A	ホームウェア	1993、2005、2009 中国、2015 ベトナム
	3	A	メンズ・レディース	1992 中国、1994 中国4工場、1996 中国
	4	A	レディース	1994 インドネシア、1995、2000 中国
	5	A	レディース	1992 インドネシア、1994 中国
	6	A	レディース	1994 中国
	7	A	レディース	1994 中国
	8	A	レディース	1994 中国
	9	S	レディース	1990、2002、2005 中国、2011 カンボジア、2016 カンボジア
	10	S	メンズ	1993、1994、1997、2003 中国、2010 ベトナム、2015 ミャンマー2工場
	11	S	レディース	1991、1992、1993、2001、2006 中国、2010 バングラデシュ、2014 ミャンマー
	12	S	メンズ・レディース	2002 中国、2006 中国、2012 カンボジア
倉敷	1	A	ジーンズ	1990 中国
	2	A	作業服	1996 中国
	3	A	作業服	1998 中国、2001 中国
	4	A	作業服	1995 中国
	5	A	学生服・ユニフォーム	1995 中国、2010 中国

注：1）合弁を含む出資した工場の進出のみ。海外進出国には、すでに撤退したものも含む。
2）参考資料には、2拠点以上の進出企業のみ掲載されているため、実際に進出している企業はこれ以上に多いと推測される。A：アパレル、S：縫製業。
資料：東洋経済新報社『海外進出企業一覧』国別編 1980、会社別編 1991·2000·2010、21 世紀中国総研（2017）『中国進出企業一覧』2016·17 年版、およびインタビュー調査より作成。

国江西省南昌市から工場をつくってほしいと依頼され、1989年に同市を訪問し、1991年に研修帰国者を雇用する工場を合弁にて設立した。1996年に、いわゆる「暫定8条（暫8）[14]」が制定され、国内生地を中国現地に持ち込んで縫製したのち製品を日本に再輸入する場合の関税が軽減されると、さらに生産が拡大した。2000年、華南市の中国工場は700名まで拡大、2011年からカンボジアのプノンペン市に進出、当初は40名規模であったものの現在では2工場1300名体制となっている。国内では企画・デザイン部門を設立（20名体制）し、下請ではなく、アパレルや百貨店から企画、デザインを含めて一貫して請け負うODMとしての受注体制を強化してきている。

岐阜では中国に進出した企業のコミュニティが当時からあり、ピーク時には36社を数えるまでになったという。しかし現在は、12社が確認できるほどである（表7-5）。その内訳はアパレル8社、縫製業4社となっているが、この二つの企業群は、現在では顧客が大きく異なる。アパレルの多くは量販店が中心であるのに対し、縫製業の多くは商社を通じて百貨店向けの製品を縫製している。「量販店からの受注に依存し、百貨店など高級衣料品へとシフトできなかった縫製業の多くは、海外から撤退した」（GR 社）のである。価格が重視される量販店向けの縫製は、現地資本工場に受注を奪われたのである[15]。

③倉敷

倉敷産地の生産の海外化は、品目によって様相が異なる。すでにほとんどが海外生産となっているのは作業服の分野である。しかしスタートはそれほど早くなく、1990 年半ばである[16]。海外化が遅れた理由は、作業服の多くは繰り返し生産品であり、ロットごとの微妙な色の違いが許されない（色再現性が重視される）からである。中国では、染色技術は縫製技術ほど十分に向上せず、あるいは水質による影響のため、色再現性が悪かった。たとえば作業服アパレルの KS 社は、1996 年に繊維商社、地元の縫製業とともに中国に合弁工場を設立したのが本格的な海外生産のスタートであったという。しかし、2006 年には 10 年の契約期間満了により合弁工場を解消、以後は商社経由での海外工場への委託生産が中心であり、産地内の縫製業との取引は、短納期で国内でないと間に合わない発注があったときに限られ、ほとんどなくなった。ただし、現在でもネーム付けや検品では産地内に協力企業が存在するという。

デニム・ジーンズにおいては、大手企業はメーカーとしてブランドを持つ、いわゆる NB（ナショナルブランド；メーカーによるブランド）アパレルでは 1990 年代初頭には海外生産体制を整え、需要の拡大に応えていくなかで、ファーストブランドは国内地方工場、セカンドブランドは海外工場という形で産地から離れていった。2000 年代以降は小売店や SPA（アパレル製造小売；Specialty store retailer of Private label Apparel）が海外縫製の PB 商品を大量に市場に投入、NB は徐々に市場を失った。他方、現在でも、中堅アパレルの中量品では四国などの国内分工場と産地内の縫製業、小規模なジーンズショップが手掛ける小ロットの製品については産地内の縫製業が、それぞれ生産を担当している。

学生服は、1970 年代から台湾・韓国でシャツ類などの委託生産を開始するなど、海外への生産委託は比較的早い段階から実施し、一時は詰襟などの標準学生服も海外で生産されていた。しかし、中国の生産体制が整う1990年代以降、学生服の市場が大きく変化した。それは、標準的な「学生服」から各学校の個性を重んじる学校別の制服（「学校服」）へと転換したことである。スカートのチェック柄は学校別に「止め柄（Exclusive Design）[17]」となり、その学校のアイデンティティを示すものとなった。これに伴い生産方式は単品大量生産方式から学校ごとの多品種少量生産方式となり、学生服アパレル各社は生産を国内に回帰させ、四国や九州に位置する分工場や地域の協力工場との関係を維持することとなる。たとえば大手のKA社は、自社工場に加え、県内20社、県外80社の協力工場と取引し、シャツを含めた全アイテムの90%は国内生産であるという。一方、中堅のKN社は、海外縫製でも短納期を実現する体制を整えている。

④三産地における海外生産の相違

海外生産への踏み出しが早かったのは岐阜であった。それは、量販店向け製品が主体であり、価格低下圧力が高かったこと、地方への縫製工場の展開地に乏しかったことが背景にある。またタイミングも重要な要因である。アパレル市場全体が伸びていた1990年代初期の海外進出により、海外生産を増産という形で確保した。撤退した企業も多いなか、アパレルは量販店、縫製業は百貨店向けの製品で生き残りを図った。倉敷は生産品目によって海外への反応は大きく異なった。定番かつ大量生産中心の作業服は、海外生産にシフトした。デニム・ジーンズは、SPAのPB商品との競合により産地に残ったのは中量品・少量品であった。学生服は「学校服」となり、個別化が進んだことから多品種少量生産となり、逆に国内生産に回帰した。北埼玉は、海外生産できるほどの体力を有した企業が少なかったことに加え、国内、東北を中心とした生産ネットワークを構築していたこともあり、海外生産への反応速度は遅かった。その結果、東北地方の生産ネットワークを活用する方向となった。

横断的に観察すると、こうした海外生産への対応の違いは、その時点での顧客や生産品目、および産地外国内工場の展開余地に大きく影響を受けたことがわかる。国内生産について倉敷は中国・四国、九州に、北埼玉は東北に伸ばし、人材確保難への対応を図ったが、岐阜は1990年代当初、量販店向けの価格志

表7-6　三産地における業種細分類別従業者数構成比の推移

		従業者数構成比（%）	1995年	2000	2005	2010	2014
全国	布帛	メンズ	16.6	14.5	14.8	14.6	15.4
		レディース	40.1	39.3	36.8	33.8	31.2
		子供服	1.7	1.8	1.5	1.1	1.1
		シャツ	5.7	5.4	4.9	5.1	5.5
		ユニフォーム・スポーツ	11.3	11.3	12.7	] 19.0	19.7
		スクール	2.2	2.9	4.1		
	ニット	ニット製外衣	3.6	4.2	3.2	2.3	2.6
		ニット製アウターシャツ類	7.3	8.9	9.3	11.9	10.8
		セーター類	7.7	7.3	6.2	5.7	6.3
		その他のニット製	3.6	4.5	6.4	6.5	7.3
埼玉	布帛	メンズ	20.5	16.6	21.0	21.1	26.3
		レディース	48.2	46.3	38.0	33.2	27.8
		子供服	0.6	0.8	0.1	0.1	2.0
		シャツ	1.6	2.0	0.7	0.4	0.6
		ユニフォーム・スポーツ	12.2	14.3	16.3	] 29.0	28.2
		スクール	3.5	4.6	9.1		
	ニット	ニット製外衣	2.6	2.8	1.9	1.4	0.6
		ニット製アウターシャツ類	2.4	3.1	2.2	4.7	4.2
		セーター類	3.7	3.6	3.3	0.7	-
		その他のニット製	4.6	5.9	7.4	9.5	10.2
岐阜	布帛	メンズ	17.8	14.1	12.5	11.0	14.4
		レディース	73.7	76.2	77.2	75.3	70.8
		子供服	1.1	0.7	0.1	0.0	0.2
		シャツ	1.1	1.0	0.8	1.0	0.5
		ユニフォーム・スポーツ	1.8	2.5	2.5	] 2.9	2.5
		スクール	0.4	0.5	0.5		
	ニット	ニット製外衣	0.9	1.0	0.6	0.4	0.7
		ニット製アウターシャツ類	1.5	2.9	4.9	7.9	9.5
		セーター類	1.0	0.7	-	0.4	0.6
		その他のニット製	0.5	0.4	0.9	1.1	0.8
岡山	布帛	メンズ	16.6	15.3	10.8	10.9	13.0
		レディース	23.2	23.6	17.3	15.0	13.9
		子供服	2.8	1.2	0.8	0.7	0.8
		シャツ	4.4	4.6	5.1	7.3	4.3
		ユニフォーム・スポーツ	28.8	24.3	27.0	] 55.2	50.7
		スクール	16.5	19.6	25.9		
	ニット	ニット製外衣	0.8	2.1	1.3	1.0	2.0
		ニット製アウターシャツ類	1.9	2.7	2.7	2.2	1.8
		セーター類	0.9	0.7	0.6	0.4	0.4
		その他のニット製	4.0	5.9	8.6	7.3	13.2

注：1）小分類「外衣・シャツ製造業」を100%としたときの割合。県ベース。細分類によるデータのため、事業所ごとに主な算出品目によって細分類に割り当てている。

2）2005年以降は4人以上の事業所の集計値。1990年のデータは公表されていない。

3）ユニフォーム・スポーツ、スクールは2010年より統合された。

4）名称は、日本標準産業分類の名称を適宜イメージしやすい名称に変えている。たとえば、布帛―メンズは、正式には「織物製成人男子・少年服製造業（不織布製及びレース製を含む）」、布帛―ユニフォーム・スポーツ、スクールは「織物製事務用・作業用・衛生用・スポーツ用衣服・学校服製造業（不織布製及びレース製を含む）」である。

資料：経済産業省『工業統計調査』各年版より筆者作成。

向の強い製品の生産という役割が与えられていたことに加え、「出稼ぎ」からの関係を構築している地域も限られ、価格競争と人材不足のなかで海外生産化へ強く傾いていった。

(4) 生産品目の変化

海外生産が進展していくと、国内は、海外工場に対して何らかの要因によって優位性があるものに重点を置かざるを得ない。日本のアパレル産業が大きく海外生産依存へと舵を切るなか、各産地の生産品目はどのように変化したのであろうか。三産地が属する県をベースとした細分類別従業者構成比をみながら確認していきたい[18]（表７-６）。

①北埼玉

北埼玉を擁する埼玉県では、1995年時点ではレディースが約半分を占め、メンズ、ユニフォーム・スポーツがこれに次ぐ規模である。しかしレディースの割合は減少し、メンズとユニフォームの割合が相対的に上昇、2014年時点ではユニフォーム、レディース、メンズがほぼ拮抗し、この産地の主な生産品目となっている。

北埼玉では1960年代以降、アパレルが大きく学生服、作業服、そしてカジュアル衣料へと分化していったことは前述したが、1990年代以降、カジュアルは東京のアパレルや海外生産品との競合のなかで競争力が低下し、大きく縮小した[19]。くわえて、標準的な作業服やサービスユニフォームのような大量生産品も、広島や東京の大手企業との競争激化から減退していった。他方、学生服は、製品補充やマイナーチェンジなど各学校へのきめ細かな対応が必要なため、倉敷の大手が細かくカバーしきれない関東地方の学校を中心に重点的に受注活動を実施し、顧客を維持した。たとえばSA社やSK社は、企業規模はけっして大きくないが、倉敷との激しい競合のなかで生き残り、現在でも体操着を中心としたスクール分野の有力企業の一角を占めている。これらの企業の特徴は、北埼玉にある自社工場、東北の分工場を中心とした生産体制を採り、販売については学校への直接営業を行い、遠隔地など一部を除いて直販体制により付加価値を維持していることである。さらには、設備投資を積極的に行い、工場を自動化させ生産性を上げている点も共通している。埼玉県におけるこれらユニフォームの割合は、カジュアルを主力としていたアパレルが減少するなかで相対的に上昇し、2014年には約30%となっている。

一方、産地の縫製業は、地元アパレルからの受注が少なくなるなか、東京のアパレルとの結びつきを強め、メンズやレディースの高級品、小ロット品の縫製の受注を強化して生き残りを図った。2014年の埼玉県の細分類別従業者数構成比としては、メンズ26.3%、レディース27.8%と、それぞれユニフォーム28.2%に次ぐ割合となっているのはこのためである。

②岐阜

岐阜県は、1995年から2014年まで一貫してレディースが7割以上を占め、「レディース」の産地といっても過言ではない。そのほかとしては「ニット製アウターシャツ類」で緩やかな増加傾向がみえる程度である。「組合加入のアパレルは、子供服は3社ほどしかない。メンズはカジュアル中心で、スーツ類を手掛ける企業はほとんどない」（GA組合）という。1980年代までは一宮の毛織物産地を後背地としながらロードサイドの紳士服店向けに大量の仕事を受注していたが、現在では生地も縫製もそのほとんどが中国生産となっている。

③倉敷

他方、倉敷を擁する岡山県においては、1995年時点では、ユニフォーム・スポーツ（スクールを含む）が4割以上と最大品目であり、レディース、メンズがこれに次いでいたが、2005以降はユニフォーム・スポーツ（スクールを含む）が5割を超え、レディース、メンズは減少傾向にある。とくにレディースの減少が大きい。カジュアルに進出した学生服大手アパレルも、「カジュアル衣料のスピードの速さについていけず、縮小を強いられた」（KA社）という。なお「その他のニット製」がこの産地で上昇傾向にあるが、企業ヒアリング結果を参考にすると、具体的品目は学校用ベスト類と考えられる。2000年以降にニット製ベストが学校服とセット化されたことによる生産増加が反映されている。

ユニフォームでは作業服は標準的で大量生産の傾向が強まり、海外生産へと大きく舵を切っていったことから、倉敷での生産は縮小した。現在の主力は学生服である。倉敷が学生服において決定的な優位性を確立したのは、1990年代初めの学校服化（個別化）とそれに伴うデザイナーズブランドの採用であった。規模的優位であった倉敷の大手制服製造企業は、その資金力と信用力を背景に次々に東京の有名デザイナーと提携を結び、学校ごとの別注制服の受注を獲得していく。さらに体操着でも相次いで大手スポーツブランドと組み、学校内で着用する学校指定の体操着を生産し、産地での主要生産品目の一つとなった。一方、デニム・ジーンズはユニクロなどのSPAがPB商品を展開したことで一気に低価格化が進み、量産品は海外生産となったが、中量生産の一部と、ショップ形式で個性的なジーンズを販売する小規模アパレル（ジーンズショップ）が手掛ける少量品は産地内で生産している。

④若干の追加的考察

各産地の生産品目の変化をみてきたが、ここで注目すべきは、現在、各産地でアパレルの生産品目と、受託生産形態を採る縫製業の生産品目とが違いをみせていることである。たとえば、北埼玉では、アパレルがスクールや別注作業服を生産品目とするのに対して、縫製業はメンズやレディースあるいはスポーツウェアを主な生産品目としている。倉敷では、アパレルは作業服、学生服・体操着、デニム・ジーンズを扱うのに対して、縫製業は作業服を主力商品とする企業はほとんどない。岐阜は、アパレルも縫製業もレディースが中心である。

こうした状況を限られたデータで定量的にみるため、アパレルを主体とする組合名簿および縫製業の名簿によって生産品目を集計し、比較を試みた（表7-7）。これによると、北埼玉では、アパレルではユニフォーム・スポーツおよびスクールといったユニフォーム関係が主要な生産品目となっているのに対し、縫製業ではユニフォームの生産は６社中１社にすぎず、多くはレディースを生産している。岐阜においては、アパレル、縫製業ともレディースを主な品目としている点では一致しているが、メンズについては、アパレルは少ないが、縫製業は半数以上の企業が生産品目としている。他方、倉敷では、アパレルの半数はスクールを取り扱い、ユニフォーム・スポーツが36.5%、デニムが22.2%と続くが、縫製業ではデニムを生産する企業が最も多く54.2%、ユニ

表7-7　アパレル・縫製業別、品目別生産企業数の割合

取扱企業数の割合（%） ※複数回答	北埼玉		岐阜		倉敷	
	アパレル	縫製	アパレル	縫製	アパレル	縫製
メンズ	10.0	33.3	14.3	51.5	0.0	16.7
レディース	5.0	50.0	75.0	81.8	3.2	12.5
子供服	15.0	0.0	0.6	6.1	4.8	8.3
シャツ	0.0	0.0	0.0	3.0	11.1	0.0
ユニフォーム・スポーツ	85.0	16.7	0.0	0.0	36.5	20.8
スクール	60.0	16.7	0.0	0.0	50.8	12.5
デニム	0.0	16.7	0.0	0.0	22.2	54.2
ニット・カットソー	5.0	0.0	10.7	9.1	0.0	4.2
その他	0.0	0.0	10.7	0.0	4.8	8.3
集計企業数（N）	20	6	168	33	63	24

注：各名簿登載企業数を100%としたときの割合。
資料：アパレルについては、北埼玉は「埼玉県被服工業組合」、岐阜は「一般社団法人岐阜ファッション産業連合会」、倉敷は「岡山県アパレル工業組合」の名簿（2018年6月現在）より作成。
縫製業については、リサーチセンター（2016）『全国国内縫製業概況』より作成。

フォーム・スポーツが2割程度、スクールは12.5%となっており、アパレルでほとんど企業がなかったメンズ、レディースも、一定数の縫製業が存在している[20]。

3.「分離」の発生とその様態

(1)「分離」の発生

産地企業の海外生産とそれに伴う生産品目の変化をみてきたが、縫製・アパレル産地を構成していた二つの主軸的企業群であるアパレルと縫製業との取引関係の変化をここにみることができた。それは、産地の中核的機能を担ってきたアパレルと縫製業との取引関係の全部あるいは一部が途切れるというものである。本書ではこのような産業地域の構造の変化を「分離（unlinking）」と呼び、「地域内にリンケージに蓋然性のある両企業群がいまだ存在しているにもかかわらず、その企業群間の取引的結合（リンケージ）がなくなること」と定義する。類似した概念として、たとえば機械産業では、生産の海外化によって分業の産業地域内への依存度低下や取引の広域化が指摘されている（加藤2003)。しかし、これは産業地域内の取引割合が低下していることにその概念上の焦点があり、産業地域内に依然として取引可能な企業群が存在している

表７-８　産地別・縫製業の顧客分布および平均従業員数（2016年）

	集計企業数（N）	主な顧客（%）※複数回答		平均従業員数（人）
		産地内	産地外	
北埼玉	6	0.0	100.0	25.7
岐阜	33	54.5	84.8	23.5
倉敷	24	83.3	75.0	32.5

注：顧客分布は web 等での検索による。所在地を特定できなかったものを除く。
資料：リサーチセンター（2016）『全国国内縫製業概況』より作成。

か否かは焦点としていない。もっとも、近い概念は Tödtling & Trippl（2005）によってすでに示されている。彼らは都市部での研究機関と産業との分裂状態を念頭に置き、広く産地内の組織間のリンケージが途絶えている状態について「fragmentation」という言葉で表現する。ここで提示する産業地域の構造変化の一類型としての「分離」という概念は、本来であれば取引関係にあり、それぞれの取引主体となる企業群が残存しているのにもかかわらず、地域内のリンケージが弱くなり、解けていくという構造変化を意味している[21]。

この「分離」をデータで補完するため、縫製業名簿から各企業の主要顧客を抽出し、その顧客の所在地を web 等で特定してそれを再集計した（表７－８）。これによれば、「分離」が最も典型的に表れているのが北埼玉であり、産地内の縫製業の主な顧客は100％産地外となり、産地内とするのは0％であった。

岐阜は地域内の企業を主な取引先とするのは約半数であり、重複も含めて約85％の企業が産地外の企業を主な顧客としていた。一方、倉敷では産地内の企業を主な顧客とする企業は８割を超えており、「分離」の程度は小さい。なお、ここで示したデータが産地のアパレルと縫製業との取引関係を完全に写像しているわけではない。しかし、「分離」がみられることは、前述の各産地におけるアパレルと縫製業との生産品目の相違という結果とも符合する。

(2)「分離」の様態

「分離」はさまざまな状況によって発生する。産地内企業から産地外企業（あるいは産地外の自社工場）への受発注の変更は、生産品目の変更による必要技術、価格、納期、ロットサイズなどの条件の変化に加え、生産品目を変更しなくても産地間の相対的な各種条件の変動によって起こり得る。また、産地内企業から産地外企業（あるいは産地外の自社工場）への受発注の変更だけでなく、単なる需要の縮小による取引の打ち切りや垂直的統合、内製化、取引経路の短縮化によっても引き起こされる。こうしたことから、「分離」の様態は産地によって異なると考えられる。ここでは三産地における「分離」の様態の違いをみていく（表7-9および図7-4）。

①北埼玉

北埼玉では広範な「分離」がみられる。まず、産地の生産全体が縮小に向かうなか、アパレルは産地内あるいは東北地方の国内自社工場を保持し、自社工場中心のアパレル・縫製の産地を越えた垂直的統合モデルを採るようになった。たとえばSA社やSK社では、産地内外の自社工場での生産を主力とし、産地の縫製業への外注はほとんどないという。また、別注作業服を委託で生産しているSG社でも、海外は商社経由（70％程度）、国内生産委託先（30％程度）は東北地方の縫製業であり、産地内の縫製業への外注はない。東北地方の縫製業へは特殊ミシンの導入をサポートすることで信頼関係を築き、別注作業服の短納期対応を実現している。

こうしたなか、産地のアパレルからの生産受託が期待できない縫製業は、比較的近距離である強みを活かして東京のアパレルからの取引関係を強めた。結果、アパレルと縫製業との取引は産地内でみられなくなり、「分離」が発生した。たとえば、スポーツウェアを手掛ける縫製業のSO社は、以前は産地内のアパレルからの受託生産を主力としていたが、全国の中小スポーツアパレルに営業活動を行い、現在はこれらの企業からの受注を主力としている。このように、北埼玉における「分離」の要因は、産地外企業との競争による産地アパレルの縮小と、経営を維持したアパレルによる縫製工程の垂直的統合、縫製業による東京のアパレルからの受注強化などに求めることができる。

②岐阜

岐阜では、アパレル、縫製業ともレディース中心であるが、ロットサイズ（量産品か少量生産品か）で「分離」が生じている。産地内の大手アパレルは量産品を主力とし、産地の縫製業への委託生産ではなく、海外の協力工場または国内外の自社工場で生産する。一方、店舗型卸の形態を採る小規模アパレルでは産地内の協力工場か自社工場での生産を中心としている。たとえば、小規模アパレルのGH社では、ロットサイズが数十着の少量品や追加生産の別注品に特化し、地域の自社工場と協力工場を活用して、生地の手当てから1カ月以内で納品することができる短納期体制を整えている。また、中堅規模のGF社は、価格帯によって縫製地を分けている。カシミヤなど高価な生地を使用した製品は大阪、岡山、青森、普及品は中国で縫製しており、少量の地元アパレル業者からの仕入製品（仲間仕入品）があるだけで、地域の縫製業との繋がりはほとんどなくなっているという。

岐阜において最も特徴的なのは、本来は産地アパレルからの受託生産を主としていた大手縫製業が積極的に海外生産へと展開し、岐阜アパレルとの取引ではなく、東京などの商社やアパレルとの取引に移行したことである。東京のアパレルは、競合する岐阜のアパレルとは結びつかず、生産背景のみを持つ岐阜の縫製業と結びつき、その結果、量産品でも産地内で異なる顧客を持つグループが生まれた。すなわち、岐阜ではアパレル側からの能動的な動きだけではなく、受託生産側である縫製業側からの能動的な動きによって「分離」が発生したのである。一方、小規模な縫製業は、地域内アパレルからの受託生産のほか、メンズなど岐阜アパレルが比較的弱い分野を中心に、大阪や名古屋のアパレルなどから受注を確保している。このように、岐阜における「分離」は、量産品を中心とした海外生産と、東京など産地外のアパレルとの競合・連携による結びつきから生じたとみることができる。

③倉敷

倉敷は、前述のとおり縫製業において産地内の企業を顧客とする割合が最も高く、アパレルと縫製業との取引関係が維持されている産地であると推測されるが、ここでも品目による「分離」が部分的に発生している。まず、「分離」されているのが作業服である。当該品目は、標準的で定番の製品が中心で、量産品で価格競争が激しく、さらには大量の備蓄が必要となるため、そのほとんどが海外生産となっており、産地を含めて国内では縫製していない。たとえば作業服アパレルのKS社は、産地内に備蓄機能のみを有し、産地内の縫製業と

表7-9　三産地の「分離」の様態

	北埼玉	岐阜	倉敷
分離の様態	広範な分離	ロットサイズによる一部分離（量産品）	品目による一部分離（作業服）
アパレル	垂直的統合による産地外国内生産	量産は海外生産。非量産は産地を含む国内生産	一部品目は海外生産。他は産地を含む国内生産
縫製業	産地外アパレルからの受注、産地を含む国内生産	大手は産地外商社等からの受注で海外生産、中小は産地内外アパレルからの受注で産地内生産	産地内アパレルからの受注、一部は産地外からの受注で産地内生産

資料：筆者作成。

図7-4　三産地の「分離」の様態（イメージ）

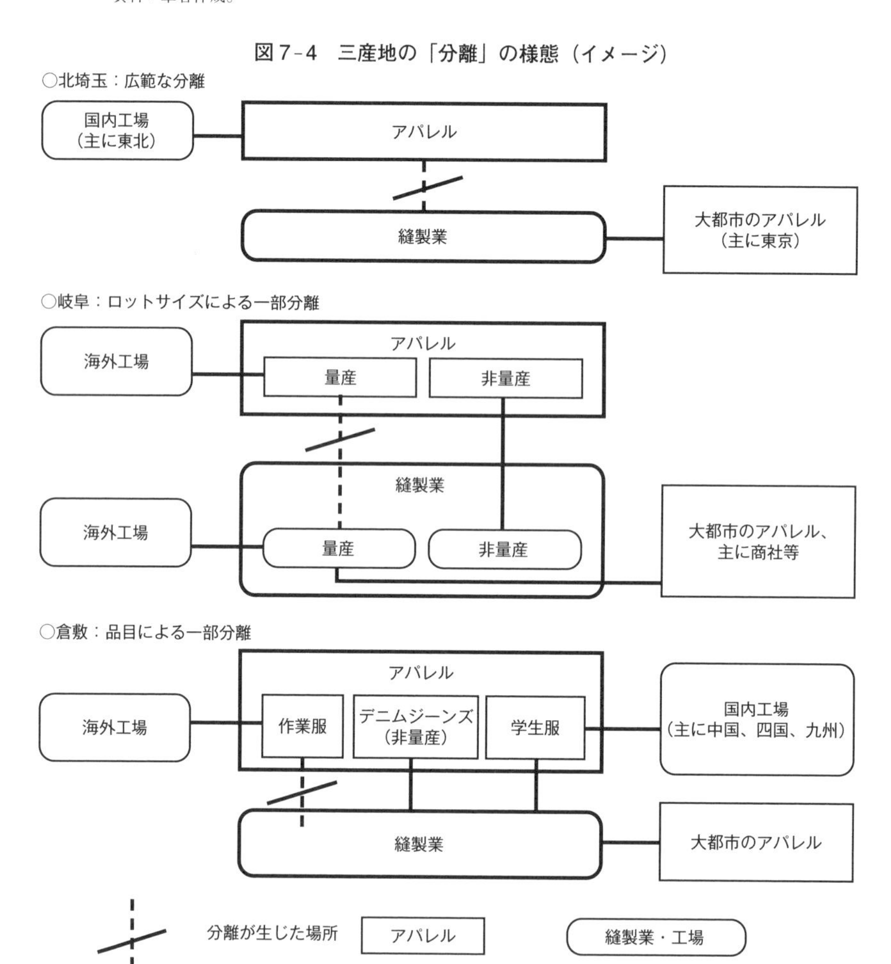

資料：筆者作成。

は「分離」されている。

デニム・ジーンズは、非量産分野での取引関係が維持されている。たとえばKB社が手掛けるような中量品で価格も中程度（上代で１万円以内）の個性的な製品である。KB社は四国の２工場を主力生産工場としているが、自社工場と産地内の協力工場も活用する。KJ社は、小売業までの垂直的統合によって高付加価値化に成功した企業であるが、自社の看板製品であるボトム（ジーンズ）は自社工場と産地内の協力工場、トップスは海外への委託生産というように産地と海外とを使い分けている。あわせて、市場とのリンケージ機能を担う新たな企業群として産地内に増加しているのが、観光・まちおこしの観点で2009年から取り組んだ「児島ジーンズストリート（味野商店街）」に誘致されたジーンズショップである[22]。これらは製造小売業であり、個性あるジーンズをデザインして自社の店舗で販売する。本格的な工場は保有しておらず、産地内の縫製業、染色加工業者などが生産・加工を受託する。

学生服は、域内でのアパレルと縫製業との分業体制が維持されている。たとえば、大手学生服アパレルKA社では、山陰、四国、九州などの工場を活用しながら、短納期の製品は産地内の協力工場や自社工場で生産を行う。しかし、学生服において短納期製品が生じるのは主に入学前の２月および３月のみであり、これだけでは縫製業の経営は維持されない。そこで、繁忙期における短納期発注に対応してもらうために、それ以外の時期においてもコンスタントに発注して縫製業の稼働を維持する方策を採るという。いわゆる発注量保証型の外注政策である。産地内の縫製業の存在が納期の厳しい学生服の生命線であるため、取引関係を強化して共存共栄を図っているといえる[23]。このように、倉敷における分離は、品目別の海外生産の強度によって生じている。

４．生産の海外化がもたらす「分離」

(1)「分離」が産地にもたらす影響

本章では、それぞれ異なった歴史的経路を有する三つの縫製・アパレル産地を対象とし、アパレル産業における生産の海外化、市場の変化といった外的変化に対応するため、産地内企業の経営行動（海外生産や生産品目の変化）を伴いながら、産業地域の構造としての「アパレルと縫製業との取引関係」がどのように変化したのかを観察した。国内の衣服製造業全体でみれば、アパレル機能は国内に保持しながら、各産地で少数の国内縫製と海外縫製とを使い分けするという「等縮尺的」な縮小パターンにとどまらず、北埼玉のように少数の国内縫製工程が産地外アパレルとの取引へと展開したり、岐阜のように縫製業も海外生産に向かい、アパレルと縫製業とが異なるタイプの製品を手掛けたりするといった現象が生じたことを示した。

産地内企業の海外生産や生産品目の変化により、取引関係にあったアパレルと縫製業との生産品目に違いが発生し、その結果、アパレルと縫製業との間に「分離」が生じたのである（図7-5）。

また、「分離」の様態は産地によって異なっていた。北埼玉では「分離」が進み、アパレルは産地を越えた垂直的統合へ、縫製業は東京のアパレルなど産地外企業との取引関係に移行している。岐阜ではロットサイズによる一部「分離」が生じた。アパレル、縫製業ともに海外生産へと移行する企業が出現し「分離」が発生したが、レディースを中心とした非量産分野では両者の関係は維持されている。倉敷においては、品目による一部「分離」がみられるものの、学生服アパレルによる縫製業への発注量保証型の取引形態が堅持されていることや、多品種少量のジーンズショップを産地内に包摂することなどにより、産地内の取引関係は保たれている。その結果、他産地に比べて「分離」は一部にとどまっており、アパレルと縫製業との間の地域内リンケージは維持されている。こうした分業体制がジーンズショップのインキュベーターとしての役割を果たし、市場とのリンケージ機能を有する新たな企業群を産地内に呼び込むことに成功した一因であると考えられる。さらに最近では、ジーンズの町として著名になった児島地区は海外からも注目され、海外からのデニム・ジーンズの縫製や受託加工にも踏み出している[24]。

「分離」により、さまざまな集積作用も変化する。まず、「分離」によってアパレルと縫製業との分業のなかで果たされていた需給調整機能や最適な企業の組み合わせによる柔軟性、新規企業のインキュベーターとしての役割などは弱まっていく。産地内の垂直的統合も分業の利益を低下させる構造変化の一形態であるが、同じ産地に存在しながらも取引が失われるという産地内の「分離」

図７-５　観察結果

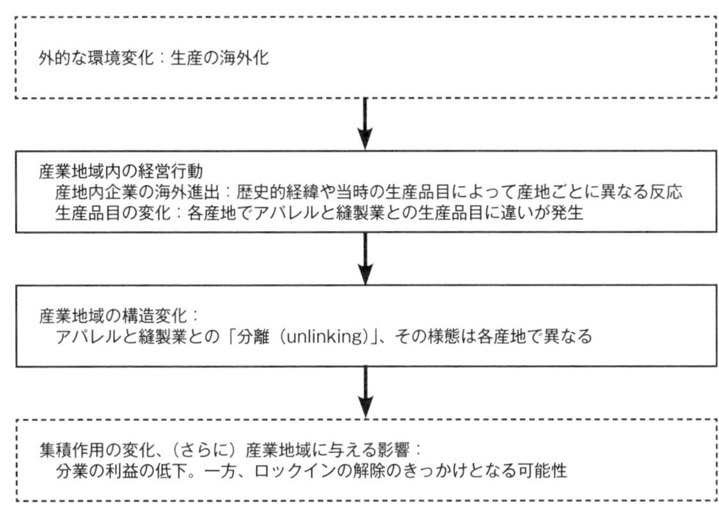

資料：筆者作成。

もまた、統合という形態を採らずに分業の利益を低下せしめる構造変化の一形態である。あわせて、集積における知識の内生的な創造は、単純な確率的接触だけでなく、地域特有のプロセス、すなわち集団的学習と関係的近接によっても発生する（Camagni & Capello 2002)。産業地域内の「分離」は、知識の内生的な創造にもマイナスの影響を及ぼすおそれがある。

一方「分離」は、取引のルーティンが解けることにより、集団的学習と関係的近接の再編成を妨げる「ロックイン」を解除する効果が期待できる。たとえば、北埼玉では、アパレルとの「分離」のなか、SO 社（縫製業）が、アパレルの代わりに市場とのリンケージ機能を担い、小規模な産地内縫製業への需要搬入を果たしている。同社はデザイン提案機能を包摂し、全国のスポーツアパレル向けの OEM へと脱皮した。現在、協力工場は関東、東北を中心に 30 社程度、北埼玉の産地内にも 10 社程度あるという。このように「分離」は、集積の再編成や再発展のスタートになる可能性もある。

(2) 到達点と残された課題

本章では、三つの縫製・アパレル産地を取り上げ、一つの産地ではなく、産業地域を横断的に観察することによって共通的な構造変化を観察した。ここで観察したのは、企業群間の取引的結合がなくなる「分離」であった。また、その様態も産地によって異なることが示された。

本章に関連したものとして、以下の三つの主要な研究課題が残されている。第一に、繊維・アパレル産業における縫製・アパレル産地以外の産地、たとえば織物産地でもこうした構造変化を観察することである。同じような構造変化が起こるのか否か、また構造変化の様態における共通点・相違点は何かを探ることが必要である。第二に、繊維・アパレル産業以外の産業分野、たとえば食産業分野や機械産業分野でも同様の集積の構造変化が観察できるかどうかである。機械産業においては、いわゆる山脈的構造の社会的分業（渡辺 1997）という考え方に基づけば、一部で「分離」が発生しても他の受注でカバーされるのかもしれない。倉敷では、作業服、デニム・ジーンズおよび学生服の各アパレルが「山脈」を形成していたとみることもできる。いずれにしても、ここで示した「分離」概念を軸に他の産業の構造変化を観察していくことが求められる。最後に、取引以外の関係性の変化に迫ることである。本章では、可視化が容易な取引関係に着目したが、集積作用の源泉として、取引以外の関係性も重要であることが指摘されている（Storper 1997）。その構造変化を描き出すことは容易ではないが、これも今後の課題と認識している。

［付記］本章は、奥山（2019）を加筆・編集したものである。奥山雅之（2019）「衣服製造産地の構造変化に関する一考察――北埼玉・岐阜・倉敷における『分離』とその様態――」明治大学政治経済研究所『政經論叢』第 87 巻第 3・4 号、pp. 321-369。

注

1　アパレルの小売市場の現況については第 4 章を参照されたい。

2　衣服生産の推移および縫製の海外化の状況については、第 1 章および第 3 章を参照されたい。

3　日本標準産業分類でいえば、「116 外衣・シャツ製造業（和式を除く）」「117 下着類製造業」「118 和装製品・その他の衣服・繊維製身の回り品製造業」「119 その他の繊維製品製造業」が縫製業に該当するが、卸売業を中心としているアパレルの中には「アパレル」としては小分類「512 衣服卸売業」「513 身の回り品卸売業」に分類される企業もある。

4　「リンケージ機能」の本質は、高岡（1998）によれば、集積外の需要を最適な産地内供給者に結び付ける「需給コーディネート機能」と、機会主義的行動を抑制して産地全体の評判を維持する「取引ガバナンス機能」である。産地としてこうした機能が失われれば、需給の最適マッチングの困難や産地全体としての評判の低下に直面する可能性がある。

5 「北埼玉」という名称は旧北埼玉郡に由来するものである。この地域を対象とした上野（1977）、荒木（1994）が、この３市および合併町域を北埼玉と称していることから本章でもこの名称を使用することとする。

6 倉敷市における衣服産地の中心地は 1967 年合併前の旧児島市（現在の倉敷市児島地区）である。児島地区はジーンズの町として近年有名となっており、産地の名称としても定着しつつある。このため本章では他の先行研究と同様、倉敷については児島を中心に取り上げる。

7 岐阜県ほか（1970）によれば、1969 年における製造卸の自家工場の製造品種別平均従業者数は紳士服で 27.3 人、婦人服で 19.3 人、子供服で 7.3 人となっている。協同組合はいくつか設立されたが、アウトサイダーが極めて多く、商工業組合法に基づく組合は 1974 年にはじめて発足した。スタート時の組合員数は 904 であった（岐阜市 ,1981）。

8 このほか、明治に入ると、海に近いことから帆船用帆布の製造が開始された。さらに大正時代の 1921 年には光輝畳縁の製造が松井武平によって開始され、昭和にかけて畳縁（光輝畳縁）の生産の大部分をこの地が担うこととなった。

9 倉敷産地の織物は合繊系列の登場により衰退したため、現在でもジーンズ生地の多くは、三備地区の他産地（福山、井原など）に求めざるを得ない。産地発祥の大手紡績会社倉敷紡績は、倉敷には記念館を残すのみである。

10 こうした歴史的な製品は、途絶えることなく現在でも生産が維持されている。例を挙げると、真田紐は坂本織物、畳縁は高田織物、帆布はタケヤリ、バイストンなどの企業である。

11 ここで付加価値を使用するのは、縫製業では「属工」など賃加工での取引形態が多く含まれるため、製造品出荷額等よりも産地間で比較可能な数値となるからである。ただし、2010 年以降は主に原料製造の「繊維工業」と数字を分けることができないため、比較には限界がある。

12 矢野経済研究所（1990）『1990 年版 アパレル産業白書』の 1989 年売上高ランキングでは、売上高 100 億円以上の企業は、岐阜では７社、倉敷では４社みられるのに対し、北埼玉では最大の企業でも 40 億円規模の企業がみられるにとどまる。

13 リサーチセンター（2016）『全国国内縫製業概況』によると、縫製業において、2016 年度時点での国内他県工場の保有状況は、北埼玉で６社中４社（秋田、秋田、秋田・福島、福島）、岐阜は 33 社中１社（青森に３工場）、倉敷は 24 社中１社（香川）であった。北埼玉の縫製業は、県外に縫製工場を持っている割合が高く、東北が展開地となっている。

14 関税暫定措置法第８条のことである。原材料を日本から送り、海外で加工した後、再度日本に輸入する場合、一定の条件を満たせば関税を軽減することができる。

15 また近年、縫製業では中国から東南アジアへのシフトが活発化している。

16 東洋経済新報社『海外進出企業一覧』各年版によれば、作業服の工場の海外進出は自重堂（広島）が 1991 年にタイでみられる。中国への進出は 1994 年以降に多い。

17 「止め柄（Exclusive Design）」とは、他の顧客へ販売しないデザインのことである。

18 この統計には二つの限界がある。一つは県ベースの統計ということである。産地別算出の基礎となる市町村別データが公表されていないのでやむを得ない。もう一つの限界は、細分類別に事業所を集計しており、一の事業所が複数の細分類の製品を生産している場合には、主たる細分類のほうに算入されてしまうことである。この欠点をなくすためには、品目別統計を再編するという方法もあるが、秘匿値が多く年次推移をみる統計に再編することが難しい。

19 行田の被服組合は 2015 年に解散したが、市内の若手経営者が率いる企業 10 社が任意団体「行田アパレルクラブ」を組織化、水着や小物などを取り扱うが、「カジュアル関係の業者はいない」（SO 社）という。北埼玉において、低価格競争の中で成長している企業としてフットウェア・肌着を製造するアパレルを挙げることができる。また、現在は本社を東京に移転しているが、加須市出身の医療用ユニフォームのアパレルである TF 社は大きく成長している。

20 ここで示したデータは、営業に使用される名簿からの集計という限界もある。縫製業のうち専属的な下請企業や内職的な企業はこの名簿に掲載していないという点である。たとえば、倉敷において、多数のデニム・ジーンズアパレルを顧客とする縫製業は、この名簿に積極的に搭載すると考えられるが、学校服では専属的な下請が多いため、掲載されていない企業が多いと推測される。

21 「fragmentation」は、サプライチェーンにおいてその一部の生産工程をオフショアリングした状態を示す言葉、つまり産地内の企業群の分離というよりも工程間の「分裂」といったニュアンスで使用されることが一般化している。このため、ここでは誤解を避ける意味で、取引というリンゲージがほどけた状態を意味する「unlinking」を使用した。

22 2018年6月現在、ジーンズショップ28店、雑貨店2店、飲食店4店、体験工房1店が商店街の空き店舗などに入居し、8～10店舗が入居待ちの状態である。「産地外からの起業家だけでなく産地内の縫製業からの転業もある」（児島商工会議所）という。

23 例外もある。たとえば前述のKN社のように短納期の製品についても中国で縫製する体制を整えている学生服アパレルもある。

24 「分離」によって産業地域内のすべての関係性資産が活用できなくなるわけではない。たとえば、倉敷では作業服ではアパレルから地域の縫製業への取引はなくなったが、依然として産地内に製品の備蓄倉庫は有しており、産地内での関係性資産の活用は行われていると考えるべきである。たとえば、産地内にあるネームの刺繍・プリントを行う企業では、学生服だけでなく作業服のネームも取り扱っており、周辺の加工企業までを含めると、受注が完全になくなったわけではない。作業服アパレルのKS社は、産地内の検品専門業者と継続的な取引がある。さらには、産地内の異なる企業の作業服倉庫（2002年リニューアル）と学生服倉庫（2013年竣工）を視察したが、在庫の姿置きや地番管理などでかなり類似したシステムを採用しており、産地内でスピルオーバーがあったと推測される。

第8章

生産技術の革新と構造変化

横編ニット産地：新潟・山形・群馬・山梨

本章では、新設備による生産技術の変化が産業地域の構造変化にどのような影響を与えるのかを考察する。具体的には、横編ニット産地を取り上げ、当該分野の革新的な生産技術である「ホールガーメント®」が、個別企業の経営行動を媒介としながら産業地域の構造変化に与える影響を観察・分析する。

集積が縮小している産地では新技術の積極的な導入があり、付加価値向上がみられた。一方、集積が厚い産地でも新技術を積極的に導入する企業はあるものの、産地全体として総体的にみると新技術の導入は限定されたか、あるいは遅れた。ただし、これらの産地では、新技術を導入しない企業にも旧技術の深化や自社ブランド化によって、新技術に対する差別化を図ろうとする企業があった。また、各産地において、複数工程の統合を可能にする技術により、当該工程の統合だけでなく、新技術によって直接統合されない前後の工程を含めた垂直的統合がみられた。具体的には、仕上加工工程を担う企業による編工程への参入などである。このように、革新的な生産技術が生まれたことによって、産業地域の構造に地域内の垂直的統合や地域内リンケージにおける非階層化がみられる。また、各産地の集積度による技術導入の程度の差もみられ、集積度が薄くなった産地に立地する企業の台頭など新たな産業立地秩序の形成に繋がる可能性がある。

1. 問題の背景と対象産地

(1) 問題の所在・背景と目的

衣服に使用される布地・生地（テキスタイル）は一般に織物、ニット（編物）および不織布に分類されるが、ニットはそのなかでも長い歴史を有している。それは古代から漁業に使用する網にその原型があり（藤本 1910）、エジプトのアンチーノで発見された子供用の靴下（レスター美術博物館蔵）は４～５世紀のものとされる。ニットは、時代とともにその技術を変化させながら現在に至っている。戦後、日本でニット（メリヤス）といえば肌着（下着）の代名詞であった。当時、ニットで外衣を生産するのは稀であり、外衣は織物によってつくられていた。その後、ベストやカーディガンの流行もあり、ニット外衣の生産は急速に拡大した。しかし、輸入の浸透もあり、近年では国内におけるニットの製造品出荷額等は減少が続いている[1]。

このようななか、機械制御技術の進展や精密部品の開発、ICT の進展などにより、ニット生産に使用される編機や周辺機器の開発が進み、新設備による生産技術の変化がみられる。とくに島精機製作所（和歌山）によって開発され、1995 年に発売された「完全無縫製型（ホールガーメント®；wholegarment®、以下®省略）横編機（以下、WG 機）」は、ニットの生産技術に大きな革新をもたらした。こうした新設備による生産技術の変化は、国内ニットの産業地域にどのような影響を与えるのであろうか。本章では、横編ニット産地を取り上げ、ホールガーメントによる生産技術の変化が産業地域の構造に与える影響を考察する。

(2) 先行研究と本章の位置づけ

近年、繊維産業全体を取り上げてその変化を論じたものは多いが、ニット産地に特化した研究は多くない。2000 年以降におけるニット産地の変化を取り上げた研究としては、新潟のニット産地を例に、産業地域内における企業の多様化の進展に伴う集積の単一的な方向性の困難を指摘した中小企業研究センター（2003）、山形のニット産地を例に、内製化の要因を OEM 生産のための短納期等の確保、技術的要件、差別化、産地の発展経路に求めた木村（2017）を挙げることができる。生産技術の変化がもたらす企業立地や産業集積の変化に言及した研究という意味では、Scott（2009）は、いわゆる「第三のイタリア」などの分業構造が注目を集めるきっかけとなった「柔軟な専門化」（Piore & Sabel 1984）という大きな潮流が再集積（re-agglomeration）や新たな産業空間（new industrial spaces）を発生させたと指摘する。

業種を広げれば、たとえば機械・金属産業における ME（マイクロ・エレクトロニクス）化に関して、赤池（1990）は、東京都大田区など都市の空間的制約が新設備の導入を妨げ、地方への分散の要因となっていると指摘した。一方、小田（1997）は、これを「技術革新が経営体の階層分化とそれに応じた立地対応を惹起し、そのもとで連関構造も再編された」とみる。加藤（2003）では、中小製造業において ME 化が人的技能の必要領域を縮小させる要因となり、地方産地の技術領域拡大と大田区など都市型産地の非量産領域への傾注に繋がったとする。このように、生産技術の変化と集積の変化との関係は複層的であり、先行研究によっても見方が分かれる。さらに、製造業以外においても、たとえば半澤（2013）は、従来は東京都の 23 区西部および多摩東部地域に集中立地し、分業が発達していたアニメ産業における二つの変化を描いている。これらは、デジタル技術への適応による工程の内製化・垂直的統合、web を通じたデータ交換の容易化による地方分散である。

(3) 研究方法および観察対象とする地域・事象

①ニットの概念と種類

冒頭でも述べたが、一般的に布地・生地（テキスタイル）は、織物（布帛）、ニット（編物、メリヤス）および不織布に分類できる[2]。このうちニットは、糸をループ状に編んで形成した布の総称である。ニットは、糸を縦横に組み合わせて形成する織物と異なり、経編を除き、基本的に経糸を整える必要がないため、融通性とスピードに富む（Lyle 1976）。

ニットは、大きく緯編と経編に分類される（図 8-1）。緯編は、糸が編地の幅方向に編目をつくって編む方法であり、編機の針床（針を設置している場所）の形によってさらに横編と丸編に分類される。横編は針床が横の平形で、横方向の往復によって編立していくのに対し、丸編は針床が円筒状で、円状に編み立てていく。横編の主力製品は、セーター類やニットワンピースなどであり、代表的な産地は、新潟、山形である。これに対し、丸編の主力製品は肌着、T シャツ、トレーナー等であり、代表的な産地は和歌山、福井、石川である。

図 8-1　布地・生地の分類とニットの種類

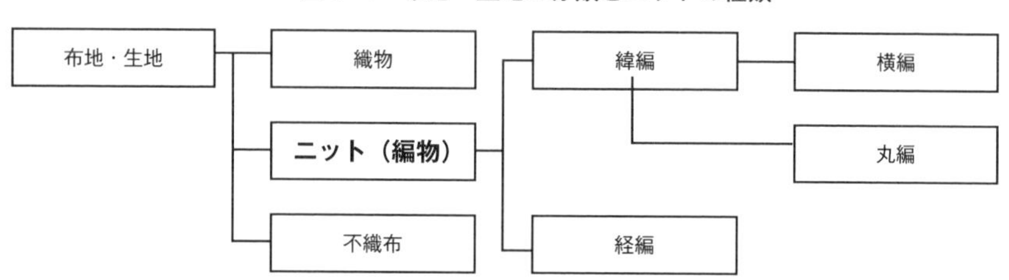

資料：筆者作成。

図 8-2　ニットの生産分業・流通の構造

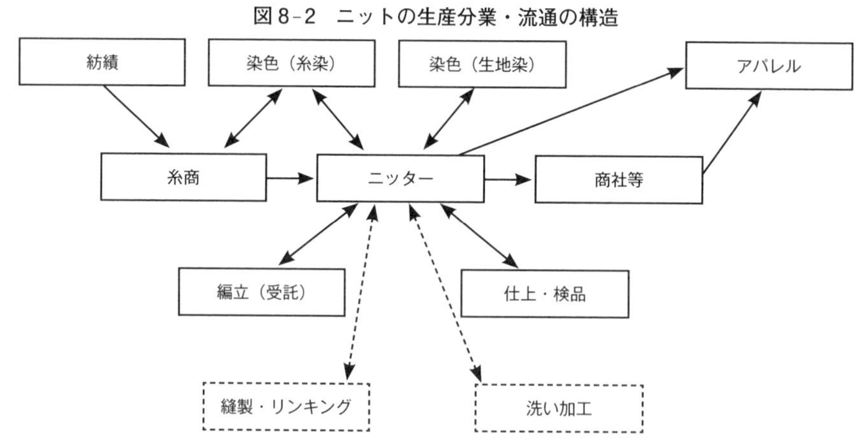

注：破線部分は横編のみにみられる構造である。
資料：筆者作成。

生産方法や生産性などにも違いがある。横編は、丸編に比べて生産スピードに劣るが、多品種少量の生産に適しており、1着ずつの生産が可能である。また、横編では反物状に編み上げられていく流し編だけでなく、服の形に添って編地の幅を増減しながら編んでいく成型編が1960年代頃から普及した。一方、丸編は、ガーメントレングス編[3]など一部を除き一般的には流し編を中心としている。量的生産性は高く、大ロットに適している。なお、経編は、基本的には多数の経糸を使用して経糸同士を編んでいくことによって編組織を形成する方法で、下着やスポーツウェアなどに利用されるほか、シューズやカーテン、さらにはカーシートなどの産業用にも幅広く使用される。織物と同様、経糸を揃えて準備（整経）する必要がある。経編の代表的産地は福井、富山である。

②横編ニットの基本構造

横編と丸編では、編立業者（ニッター）の業容にも大きな違いがある。横編では、ニッターがリンキング[4]や縫製工程を内製または外注によって主体的に担い、最終製品にして顧客に納品する。他方、丸編では、ニッターは生地を製造し、裁断、縫製などを行うのは別の業者（縫製業者）である。このため、横編産地では、編立から縫製までが産地で完結していることが多いのに対し、丸編産地では、縫製業者は比較的少なく、生地で客先（アパレル・商社等）に納入し、それらが縫製を外注して行う場合が多い（図８－２）。

また、サプライチェーン全体としての付加価値のニッターへの分配割合は、企画・デザイン、ブランドおよび在庫リスクをどこが保有するかによって大きく変わる。従来の一般的なニッターは、企画・デザインを担当するアパレルや商社等からの受注生産形態であった。この場合、基本的には在庫リスクを持たず安定した事業が可能となるが、下請形態のため付加価値の分配割合は低い。企画・デザイン機能の一部を保有し、ニッターの提案によって生産するOEM（Original Equipment Manufacturer）・ODM（Original Design Manufacturer）となれば、付加価値の分配割合は高くなる。さらに、自社で企画・デザインを完全な形で保有し、ブランドを創造、かつ在庫リスクも取って自社ブランド製品の製造・販売となれば、自社で価格を決定できるため、その分配割合はさらに高くなる。横編ニットは、生地生産と縫製の分化（分業）が織物ほど進んでいない。これは、糸から１着単位での生地生産が可能であるとともに、成形編など縫製工程の役割が編工程に一部統合され、地域内で完成品まで生産するため、産業地域としての完結性は高い。また、工程別に分化（分業）が進展し、地域内の結合は強く、ニッターが仕上や染色専門業者を支配する階層性の強い地域内リンケージとなっている。織物産地とは異なり地域外とのリンケージの主体は製造企業であるニッターが担うため、地域外とのリンケージは比較的分散されている。

③観察する事象・プロセス、分析のフレームワーク

技術変化に対応することは、大企業だけでなく中小企業にとっても戦略上重要であり（Raymond *et al.* 1996)、各企業の反応は、まず新技術を導入するか

どうか、またその程度を決めていくことから始まる。次に、競争戦略が再構築され、戦略に基づき実際の企業行動となり、それは立地の変化を伴うこともある。North（1974）は、企業の立地変化を、a. 生産政策の選択、b. その実行のための変化の必要性の評価、c. その評価で工場能力の増強などが必要となった場合の代替案の選択、d. 新たな立地が必要となった場合の立地の選択、というプロセスに沿って立地を変化させるとしている。

さらに、こうした経営行動は経営成果に結実する。たとえば、新技術を導入するのであればそれを活用した競争優位の確立に向け、さらなる知識の獲得、新たな販路などを模索するかもしれないし、導入しないのであれば、新技術に対抗できる差別化要素の獲得に動くであろう。いずれにしても、新技術に対する個別企業の反応は多様性に富むと考えられる。

また、こうした企業の反応が産業地域における構造、たとえば取引の変容、企業間関係の変化、創業・廃業、立地の変化、さらには生産性や立地企業の付加価値向上など、産地全体としての成果にも変化をもたらす可能性がある。同じように生産技術の変化を取り入れたとしても、企業の反応によって結果的に集積に集中がみられるのか、あるいは分散がみられるのかは一様ではない。労働費や輸送費など他の立地因子や他地域の収穫逓増の程度（Krugman 1991）にも影響を受ける。

そこで、本章では次のような分析フレームワークを設定する。それは「新設備による生産技術の変化」が、「企業の反応（経営行動）」を媒介にして、「産業地域にどのような構造変化」をもたらすのかというものである（図8-3）。各産地において異なる変化がみられれば、それは新たな産業立地秩序の形成にも繋がる。もちろん、これらの関係性は実際には一方向ではなく、双方向の作用を伴うものである。たとえば、企業の反応が構造変化をもたらし、それがさらなる企業の反応を引き起こすといった関係である。この意味では、本章では単純化したフレームワークを用いる。

ここでは、企業の反応を媒介として産業地域の構造変化に影響を与える生産技術の変化を６つのタイプに分け、これらの生産技術の変化が与える産業地域の構造への影響として可能性があるシナリオを設定する。６つのタイプとは、「Ⅰ　新しい品質の実現」「Ⅱ　高速化」「Ⅲ　フレキシブル化」「Ⅳ　自動化・技能

図８-３　分析のフレームワーク

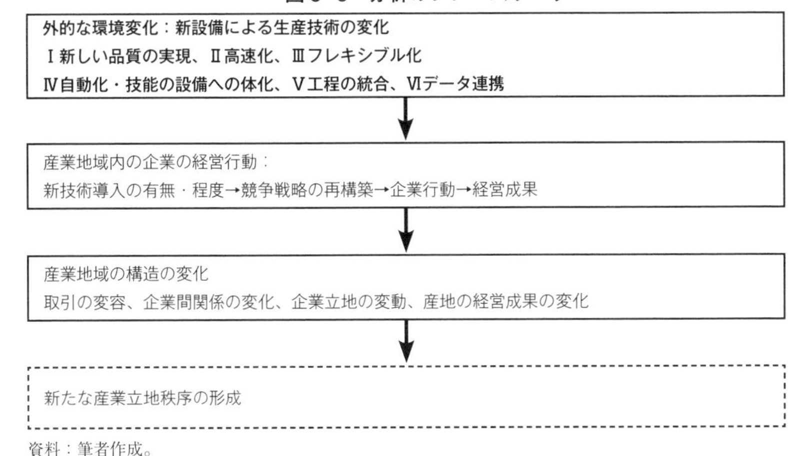

資料：筆者作成。

の設備への体化」「Ⅴ 工程の統合」「Ⅵ データ連携」である[5]。

「Ⅰ 新しい品質の実現」は、新しい生産技術によって新しい品質の製品が実現することであり、生産技術の変化が製品技術へ反映されるタイプである。たとえば、半導体分野では、ステッパーによる露光技術が半導体の性能においてかなりの部分を規定しており、次世代の高密度半導体は露光技術の進歩によって実現できる。この場合、露光技術の変化は半導体の新しい品質を実現しているといえる。「Ⅰ 新しい品質の実現」は、新しい生産技術を導入した企業の付加価値を高め、集積の付加価値向上に資する可能性がある。さらに新技術に関連する知識のスピルオーバーという集積作用を伴えば、集積が強化される。一方、新しい品質は従来の品質の製品を相対的に陳腐化させる。この場合、旧技術を基盤とする企業では、新しい品質に対抗するために別の差別化要素を希求するので、差別化要素の保有状況に伴い産業地域内の企業間関係に何らかの変化をもたらすと想定される。

「Ⅱ 高速化」は、新しい生産技術によって量的生産性が高まるタイプである。需給や顧客の取引交渉力の強さによるが、技術導入した地域に生産量増加とコスト低減が実現する一方、量的生産性の向上を通じて製品（加工）単価が低下する可能性がある。供給過剰となれば競争が激化して単価下落効果が生産性向上効果を上回り、付加価値は低下する。

「Ⅲ フレキシブル化」は、新しい生産技術によって生産の柔軟性が向上するタイプである。柔軟性の向上を通じて、多品種少量生産のコスト低減、受注生産におけるリードタイムの短縮などを実現する。具体的には、設備の段取替えの容易化、多機能化などがこれに該当する。一般的に、「Ⅱ 高速化」とトレードオフが生じる場合が少なくない。スピード化を実現する専用機とフレキシブル化を実現する汎用機との関係が典型例である。

「Ⅳ 自動化・技能の設備への体化」は、新しい生産技術による人的資源から設備への代替が実現するタイプである。このうち「自動化」は非熟練労働者の設備への代替、「技能の設備への体化」は新しい生産技術による熟練労働者の設備への代替を意味する。たとえば、NC（数値制御）、センサ、AI（人工知能）などが設備へ導入されることで、技能者が保有していた技能の一部が設備と非熟練労働者に代替される。これにより「技能者のプール」という集積作用は弱まり、企業立地の面では技能者の存在する立地に縛られるという条件が緩和され、立地の自由度が増す。技能者から非技能者の採用へとシフトする労働費指向（Weber 1909）が強まり、新たな生産地への立地移動や分散（Hoover 1948）が発生し、労働費の節約を通じて製品（加工）単価の低下をもたらす。新設備による技能の設備への体化は技術的同質化をもたらすが、他社との相互作用を重視する「コミュニケーション指向型」（Vernon 1960）など他の集積作用を重視する企業は集積地域にとどまる。一方、「自動化」によって全費用における労働費の割合が著しく低下すれば、労働費指向は逆に弱まる。たとえば、機械・金属工業においては、ME 化の進展により、量産領域は地方および海外へ、大田区などの大都市圏型集積は施策や多品種少量生産に傾注するなどの変化が生じた。さらに、技術面では同質化がみられ、価格競争に陥りやすくなる。

「Ⅴ 工程の統合」は、新しい生産技術によって複数工程が統合するタイプである。たとえば、アニメーションのデジタル化によってセル画や撮影の工程がデジタル制作・編集工程へと統合される場合が該当する。自動車部品におけるプラスチック複合材の一体成型機、印刷業界における刷版不要の印刷機などもこれにあたる。工程の統合が可能な設備の導入により、内製化は一般的に容易となり、産業地域内の分化（分業）が垂直的に統合される可能性が高まる。統

表8-1　生産技術変化のタイプとその効果、産業地域の構造への影響（仮説）

<table>
<tr><th>新設備による
生産技術の変化</th><th>その効果（QCD）</th><th>企業の反応</th><th>仮説：産業地域の構造への影響
（可能性あるシナリオ）</th></tr>
<tr><td>Ⅰ新しい品質の実現</td><td>品質</td><td rowspan="6">新技術導入の有無・程度
↓
競争戦略の再構築
↓
企業行動
↓
経営成果による戦略へのフィードバック</td><td>• 技術導入した集積の付加価値向上が可能となる。
• 旧製品は相対的に陳腐化し、企業が別の差別化要素を希求する。差別化要素の状況により企業間関係が変化する。</td></tr>
<tr><td>Ⅱ高速化</td><td>コスト、納期</td><td>• 技術導入した集積に生産量の増加とコスト低減が実現するが、供給過剰となれば競争が激化する。</td></tr>
<tr><td>Ⅲフレキシブル化</td><td>納期</td><td>• 技術導入すれば多品種少量生産に対応でき、技術導入した集積の付加価値向上が可能となる。</td></tr>
<tr><td>Ⅳ自動化・技能の設備への体化</td><td>コスト</td><td>• 集積における「技能者のプール」作用は相対的に減少し、立地が分散する。
• 労働費指向が強まる。一方、労働費の割合の低下が顕著となれば労働費指向は逆に弱くなる。
• 技術面での同質化がみられ、価格競争に陥りやすくなる。</td></tr>
<tr><td>Ⅴ工程の統合</td><td>コスト、納期</td><td>• 内製の容易化によって垂直的統合が進展し、集積における「分業」作用は相対的に減少、立地が分散する。</td></tr>
<tr><td>Ⅵデータ連携</td><td>コスト、納期</td><td>• 遠隔の企業同士の取引および情報交換の容易化により、立地が分散する。</td></tr>
</table>

<table>
<tr><th>設備そのものの特性による変化</th><th>企業の反応</th><th>仮説：産業地域の構造への影響
（可能性あるシナリオ）</th></tr>
<tr><td>A 大型化または小型化</td><td rowspan="2">（上表と同様）</td><td>• 大型化は場所コストの制約を強め、小型化は場所コストの制約を弱める。</td></tr>
<tr><td>B 設備価格</td><td>• 設備価格が一定以上の場合には投資可能な企業が限られ、小規模企業が生産技術による変化を取り込めず、規模間格差が拡大し、集積における小規模企業の力が低下する。その結果、地域内での小規模企業の減少がみられる。</td></tr>
</table>

資料：筆者作成。

合が進めば集積作用の一つである「分業の利益」は低下する。一方、個別企業の立地選択の側面からは、「分業の利益」の低下は立地の自由度の増大に繋がり、企業立地は分散する可能性がある。

「Ⅵ データ連携」は、新しい技術によるデータの作成・伝達の標準化、企業間の複雑なデータのやり取りを合理化するものである。たとえば、ME化による加工データは設計と生産との間のデータ連携を容易にした。これにより、遠隔の企業同士の取引および情報交換を容易化し、「リンケージ費用」（Scott 1988b）の一部を低減できる。その結果、各企業の取引可能範囲は広域化する。

表 8-2　セーター類製造業（細分類）の都道府県別従業者数上位（2017 年）

順位	都道府県	事業所数	従業者数
1	**新潟**	**87**	**2,270**
2	**山形**	**25**	**579**
3	大阪	34	382
4	福島	11	246
5	**山梨**	**10**	**222**
6	長野	10	192
7	**群馬**	**12**	**183**
8	富山	9	134
9	東京	11	95
10	石川	4	87

注：従業者数 4 人以上の集計。
資料：経済産業省「工業統計調査」2018 年調査版（2017 年実績）。

図 8-4　分析対象産地

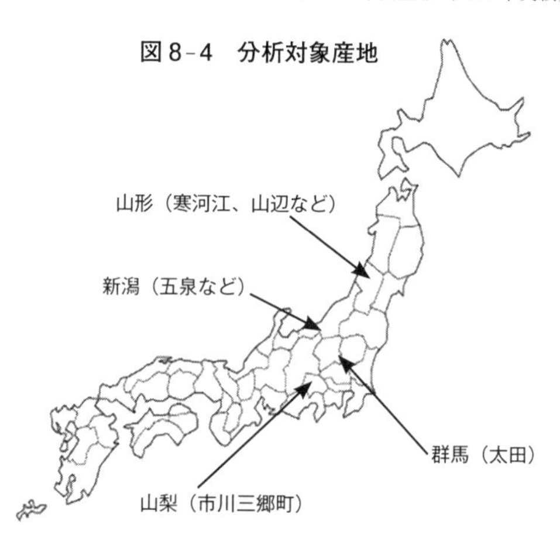

資料：筆者作成。

表 8-3　インタビュー先一覧

年月日	地域	訪問・インタビュー先
2016.10.16	東京	SG 社（OEM）
2016.10.24	東京	SN 社（OEM）、SF 社（生地商社）
2016.10.25	東京	SO 社（OEM）
2017.10.20	東京	SS 社（OEM・縫製）、ST 社（OEM）
2018. 1.17	東京	SM 社（縫製）
2018. 8. 6	新潟	GT 社（ニット）、G 組合
2018. 8. 7	新潟	GK 社（染色）、GF 社（仕上加工）、GN 社（一貫生産）、GD 社（刺繍）
2018. 8.22	和歌山	島精機製作所（編機：新しい生産技術の開発主体）
2018. 9. 7	東京	S 組合連合会
2019. 3. 4	群馬	HGI 社（ニット）
2019. 3. 7	山梨	HGT 社（ニット）
2019. 6.20	大阪	OA 社（アパレル）
2019. 7. 5	大阪	OH 社（OEM）
2019. 7.18	山形	YS 社（紡績・ニット）、YO 社（ニット）

資料：筆者作成。

また、取引先との物理的近接の必要性は小さくなり、分散立地も可能となる。たとえば、前述のアニメ産業においては、web を通じたデータ交換の普及によって東京以外への立地分散が図られた。

なお、生産技術の変化そのものではないが、生産技術を実現する設備の特性によっても産業地域の構造に影響を与える可能性がある。たとえば「A 大型化または小型化」は、場所コストの制約の強さを通じて企業立地の選択に影響を与える。さらに「B 設備価格」が一定以上の場合には投資可能な企業が限られ、小規模企業が生産技術による変化を取り込めず、規模間格差が拡大し、小規模企業の力が低下する。その結果、産業地域内での小規模企業の減少がみられる可能性がある。（表８-１）。

④対象とする地域および研究方法

本章で観察対象とするのは、横編ニット産地であり、セーター、カーディガン、ベスト類（以下「セーター類」）を生産する四つの地域を都道府県単位で横断的にみていく。そのうち二つは、セーター類の製造品出荷額で上位を占め、現在でも一定の集積規模を有する新潟（従業者数全国１位）および山形（同２位）である。ほかの二つは、従来は集積がみられたが、現在では「集積」と呼ぶのが難しくなるほど集積度が低くなった群馬（同７位）および山梨（同５位）である（表８-２および図８-４）。ここでは、こうした産地を「準集積」と呼ぶことにする。2016 年より、これらの産地を含むニット関連の企業等に対して非構造化インタビュー調査を実施した（表８-３）。もちろん、これら産地の変化は、産地自体が置かれている状況や経営者の意思決定、産地の制度やネットワークなどさまざまな要因によって規定されるものであり、それらをすべて洗い出すことはできないが、統計による俯瞰的な把握、組合など業界団体へのヒアリングを含めて総合的に観察することで、各産地の構造変化を多面的に捉えていくことを試みる[6]。

2．ホールガーメント横編機による技術変化

(1) 技術変化の概要

本章で分析対象とする新しい生産技術「ホールガーメント」は島精機製作所（和歌山）によって開発された。同社は1962年に設立され、1970年には指先の糸始末を必要としない無縫製の手袋編機の開発に成功する。この技術を応用・発展させたのが1995年に開発したホールガーメントである。当時、主流であった成型編機は、それ以前の流し編に比べて各パーツを型どおりに編むことを可能とした。これにより裁断工程が不要となり、生地の無駄が少なくなった。WG機は、糸からダイレクトに立体的な製品の形へと編み上げるため、さらにリンキングや縫製の工程が不要となる。

ホールガーメントは、さまざまな要素技術の開発によって初めて可能となった。たとえば「デジタルステッチコントロールシステム」と呼ばれる糸供給装置は、工場の温度・湿度に対応した糸供給の制御により型紙どおりの編立を可能とした（崔 2011)。同社は、1999年にはWG機のニードルベッドを4面化し、生産できるニットのパターンが増えた。ただし、この時点では生産スピードは遅く、「1着を完成させるのに1.5時間から2時間程度を要した」（同社インタビュー）という。ここまでを同社ではWG機の「第一世代」と呼んでいる。実用性という意味で完成度が高まったのは、2007年、スピードを2倍にしたWG機の開発・販売である（「第二世代」)。その後も機器の改善は継続しており、ダイナミックテンションコントロール（DTC）と呼ばれるシステムでは、伸縮性の高いゴム糸や強度の低い甘撚糸など、従来、編成が困難であった特殊糸の編成が容易になるだけでなく、糸への負荷を軽減することで編成の高速化が可能となった。さらに、2015年、可動式シンカーの採用により、糸のテンションを一定に保つ機能が付加され、品質を保持しやすくなった（「第三世代」)。なお、ホールガーメントの導入地域については、国内では「群馬および山梨の企業が最も多く導入している。次いで山形である。五泉（新潟）は徐々に浸透している感じ」（同社インタビュー）であるという。また、国別の導入状況は「イタリアが最も多く、中国が急追している。日本がこれに次ぐ」（同社インタビュー）としている。

表8-4　ホールガーメントによる工程の統合

流し編	成型編	ホールガーメント
編立	編立	編立
裁断	↓	↓
リンキング・縫製	リンキング・縫製	↓
洗い加工	洗い加工	洗い加工
仕上・検品	仕上・検品	仕上・検品

資料：筆者作成。

(2) 技術変化タイプへのあてはめ

ホールガーメントという技術変化（以下、「WG化」）を前節1（3）で掲げた分析フレームワークへあてはめる。生産技術変化のタイプとして6つを挙げたが、WG化によって実現したのは、このうち「Ⅰ 新しい品質の実現」「Ⅲ フレキシブル化」「Ⅳ 自動化・技能の設備への体化」および「Ⅴ 工程の統合」である。タイプとして最も適合するのは「Ⅴ 工程の統合」である。WG機によってリンキング・縫製工程が設備内で統合され、独立した工程として不要となる（表8-4）。また、「Ⅰ 新しい品質の実現」にも該当する。WG機によって製品は無縫製仕様となり、縫い目のないことが着心地の良さという品質に直結する。また、WG化は「Ⅳ 自動化・技能の設備への体化」にもあてはまる。これは「Ⅴ 工程の統合」とも関連し、網目一つ一つに針を通してつなぎ合わせるリンキング工程には一定程度の熟練技能が必要であったが、その工程が省略できるようになった。さらに、従来のリンキング・縫製工程では一定の段取替えが必要であったが、WG機では不要となり、仕上加工を除けば1着単位で生産可能となり「Ⅲ フレキシブル化」も実現される。一方、「Ⅱ 高速化」については、第二世代において第一世代機の約2倍にスピード化され、実用性が高まったものの、成型編機に比べて編工程の部分において高速化が実現したとはいえない。

なお、「Ⅵ データ連携」については、島精機製作所が同時期に開発・販売したトータルデザインシステムによって実現される。ニット分野において、1970年代まではパンチカードや紙テープによって柄データをコンピュータ制御横編機に反映させる方法が主流であったが、1980年代からは、柄データをダイレクトに編機に送る方法となった（日本機械工業連合会・日本繊維機械協会

2014)。これらの設備は横編機とパソコンとの社内でのデータ連携を可能にしたが、企業間のコミュニケーションツールとして機能するものではなかった。こうしたなか、1985年からテレビ局向けのコンピュータグラフィックシステムの開発にも携わってきた同社は、こうした異業種でのノウハウの蓄積を活用して2000年にアパレル業界向けのトータルデザインシステム「SDS-ONE」を発売する。2015年には3次元化のデザインシステムとして進化した。これは、編機のプログラミングやパターンCADに加えて、テキスタイルデザインのシミュレーションを可能にしたシステムであり、システム内で仮想のサンプルにより、サプライチェーン内の関連企業が共通のシステムでオンラインのコミュニケーションを行うことが可能となった。

あわせて、設備そのものの特性による変化である「A 大型化または小型化」「B 設備価格」も検討する。「A 大型化または小型化」については、従来型の成型編機とそれほど変わらないが、「B 設備価格」については1台1200万円以上と高価（企業家倶楽部2015）であり、投資余力のない小規模企業の導入は簡単ではない。

3．各産地の概況と技術変化への対応

(1) 新潟

①概要と産地の特徴

新潟の横編の中心地は五泉市、見附市および長岡市（旧栃尾市域）であるが、これらの周辺地域にも立地がみられる。センイ・ジヤァナル（2009）によって新潟県ニット工業組合の名簿をみると、五泉市26社、見附市18社、長岡市2社となっている。新潟県における2017年のセーター類製造業（従業者数4人以上）の事業所数は87カ所、従業者数は2,270人である。

中心地の一つである五泉のニット産地としてのスタートは戦後である。もともとは、精好織(せいごう)[7]でつくられた「五泉平」と呼ばれる絹製袴地などの高級品を製造していた。また、高級品ゆえ地元で販売できるわけではなく、ほとんどが江戸または京都向けとなっていたため、機業者による江戸・京都などへの直

接販売が認められていた（五泉市史編さん委員会編 2002）。織物は戦争によって大打撃を受け、戦争や大火で多くの織機を失った織物業者は、自らの手で衣料を編み出していったことからメリヤス業が展開されることになる。事業者は、モール編みと呼ばれる手編みからはじめ、徐々に手動の編機を導入する。1950年代初めに袖がゆったりとしたドルマンセーターが大ヒットし、生産量を拡大させていく。この頃、ドルマンセーターの量産化のため、横編機だけでなく丸編機も導入される。同年には製品のプレスや起毛を行う共同整理工場が発足、また、織物業者と連携して設立した共同施設染色工場が操業を開始するなど、分業体制が整備される。比較的歴史が古い東京の墨田区などのニット産地では、下着や肌着などからスタートし、それに適合した設備が導入されていたが、比較的歴史の浅いこの産地は、ニット外衣の需要拡大とともに発展し、外衣生産に適合した最新の設備が導入されてきた。なお、五泉はレディースの高級ニット製品に強く、見附はメンズニットを得意とするという特徴を持つ。

新潟産地の歴史的経路からの特徴をまとめると次の三点に集約される。第一に外衣に特化していたことであり、これが高付加価値をもたらし拡大再生産の源泉となった。第二に、横編機だけでなく丸編機も導入され「編機のデパート」と呼ばれるほど多様な編み方が産地内でみられたことである。第三には、リンキング・縫製も社内あるいは外注先で備えることにより、生地（非完結型）ではなく完成品（完結型）産地として特徴づけられたことである。しかし、1980年代以降、東京など大都市でアパレルが台頭し、企画・デザインをアパレルが実施するようになり、五泉のニッターの多くはアパレルからの受託生産形態を採るようになった。さらに生産の海外化により量産分野は激減、これに伴い量産に適した丸編機は減少し、多品種少量生産に適した横編機が主体となった。

②リンキング・縫製技術の深化による差別化：GT社

GT社（五泉市）は1955年創業のニッターである。レディースの高級ニットに強く、売上高全体の97％をレディースが占める。現在はメンズの拡大に力を入れており、メンズ向けニットジャケットの注文も増えている。編機は45台保有し、5ゲージ（太番手）から15ゲージ（細番手）まで取り揃える。

リンキング・縫製工程は自社内にも保有しているが、外注も活用する。成型編主体だが、WG機も一部導入し、多色のセーター類を生産している。小ロットが得意で、ロットサイズは50着から800着まで、平均ロットサイズは180着前後である。また、納期は平均3週間、最短で1週間程度である。

WG化後、WG機を活用する生産か否かにかかわらず、同社のビジネスは大きく変化した。一つは、単なる受注生産ではなく、ODMの割合が急速に増大したことである。売上高ベースでのODMの割合は、1995年時点では約5％であったのに対し、2017年は40％、2018年は50％へと高まった。二つ目は、ODMにおいても、布帛とニットを組み合わせた製品など、リンキング・縫製に高い技術を要する外衣の受注が増加した。「ストレッチするニットと、しない布帛との組み合わせは縫製が難しいが、産地が得意とする技術である」という。もう一つは、1990年代末から開始した自社ブランドの展開である。オリジナルのニット雑貨ブランドおよびwebショップも運営する。カシミヤを原料としたアームウォーマーは大ヒット商品となった。売上高ベースでの自社ブランド製品の割合は2018年に15％を占めるまでになっている。

GT社の技術変化に対する反応は、WG機を一部取り込みつつも、リンキング・縫製技術を深化させ、ニットによって1着丸ごと生産するWG機では実現できない「布帛とニットの組み合わせ」を強みにすることで差別化を図り、ODMの割合を増加させた。差別化の源泉となっているのが、WG機では不要になるリンキング・縫製工程であり、WG機に対する差別化としては有効である。なお、自社ブランドでは、ODMの客先と直接競合せず、かつ成型編機でもWG機と比べて遜色なく生産できる雑貨分野を選択している。

③仕上加工業者とニッターとの関係の変化：GF社

GF社（五泉市）は戦前、クリーニング店から出発した仕上加工業者である。セーター類などには、特殊な液体と一定の温度に保った水で洗い加工を行う「ソーピング」という仕上工程が製品の風合いを出すうえで重要となり、素材に合わせた液体の種類や温度、洗い時間の設定などが各加工業者のノウハウとなっている。現在、同社が取引しているニッターは約30社、産地外からの受注も5％程度ある。同社は、もともと加圧機、プリーツ加工機、起毛加工機な

図8-5　新潟産地における、アパレル・ニッターおよび加工業者の関係の変化

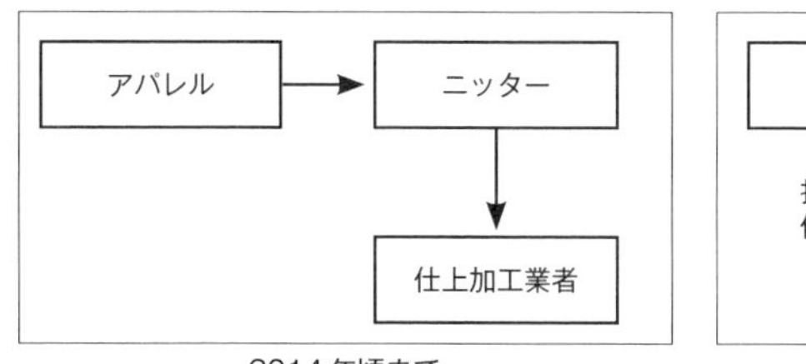

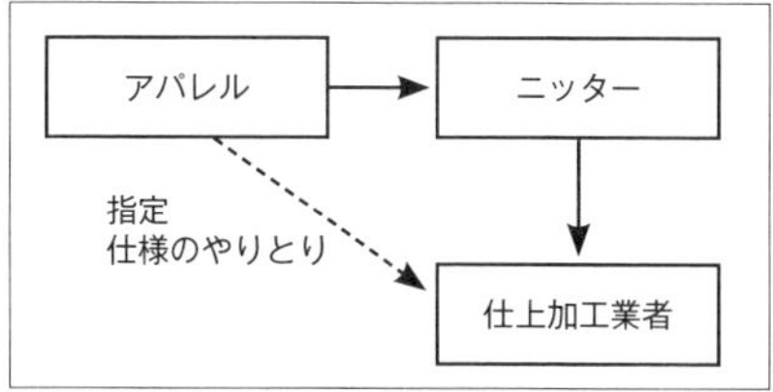

注：実線矢印は注文の流れを示す。
資料：筆者作成。

どを備え、多様な加工が強みとなっていたが、2004年に独自仕様の両面乾燥機、さらに2015年にインクジェットプリント機を導入し、オリジナル昇華転写プリントを始めるなど、加工の多様化を図っている。

もう一つの重要な変化は、産地外のアパレルおよび産地内のニッターとの関係である。形式的には現在でもニッターの下請加工形態ではあるものの、実質的にはアパレルに指名されて受注する形態に変わり、ニッターとは水平的な分業関係となった。すなわち、取引（モノの流れ）はニッターから仕上加工業者という形ではあるが、どのような仕上加工を施してどのような風合いを出すかはアパレルと仕上加工業者が直接やり取りして決めるようになった（図8-5）。このきっかけは、産地の組合の青年部で実施した展示会でアパレルの担当者に仕上加工工程について教えるようになったことである。2014年までは現場を見せることには消極的であったが、2015年以降はオープンにし、アパレル担当者向け見学会を頻繁に実施した。これによってアパレルとの関係を構築し、アパレルの指定工場となっていく。アパレル各社にはそれぞれ風合いの好みなどがあり、それにきめ細かく対応していくことが重要であるとしている。なお、五泉には、洗い加工は大手4社のほか27社あったが、現在は大手2社、中堅4社に集約された。洗い加工の設備が進化し、設備投資ができる企業だけが生き残ったという。

④他工程から編工程への参入：GN社

GN社（五泉市）は、ニットの原料となる糸の卸売（糸商）とニットの仕上

加工を手掛けるユニークな企業である。1973年、東京の大手繊維二次加工業者が五泉で整理加工を始めたのが同社の前身である。その後、繊維二次加工業者から独立し、同社からの撚糸加工受託、糸商、およびニットの仕上加工（アイロン、縮絨加工、プレス加工）という三つの事業を展開していた。その後、撚糸加工受託を止め、代わりに1988年からは山形県内に新たに縫製工程を保有し、縫製から仕上加工までを一貫して受注するようになった。県外からも注文が入る。従業者は81名（本社68名、山形工場13名）である。

近年の大きな変化は、2011年から編工程も自社で保有するようになったことである。産地内の他社を買収してまず編機6台を導入してスタートした。現在では16台、多様なゲージを揃えている。ただし、WG機は未導入である。これにより、ODMへと展開し、アパレルだけでなく百貨店との取引も増えた。さらには、大手アパレルと製品を共同開発して、利益が出たらシェアするという新しいビジネスモデルをスタートさせている。

WG化に対するGN社の反応は、WG機は未導入であるものの、成型編機を導入して、デザイン提案から糸の仕入、編立、リンキング・縫製、仕上加工に至るまでの垂直的統合により一貫生産体制を構築したことであるといえる。編工程を持たなければ、ニッターからの受注加工という立場にとどまるが、一貫生産化によってニッターよりも幅広い工程を持つODMとなった。

(2)　山形

①概要と産地の特徴

山形では、山形市から北西に延びるJR左沢線沿いの山辺町、寒河江市にかけてニット関連企業の集積がみられる。センイ・ジヤァナル（2009）によって山形県ニット工業組合の名簿をみると、山辺町15社、山形市13社、寒河江市8社、その他7社という分布である。山形県における2017年のセーター類製造業（従業者数4人以上）の事業所数は25カ所、従業者数は579人となっている。

山形はもともと綿織物の産地であったが、地域の農家が戦前から緬羊の飼育を行っており、その毛を使用して家庭用編機でニットを自家生産していた。農林省農政局（1940）『本邦ノ緬羊』によって都道府県別緬羊飼育頭数の推移をみると、1930 年代では東北地方における頭数は全国の 4 割を超え、1957 年には山形県で 59,530 頭、福島県で 106,250 頭の緬羊を飼育していたことがわかる。後述の YS 社はその当時、これら原糸を集めて紡績していた企業の一つであった。戦後、業者が糸を入手し、それを編む内職者を探してこれらに生産を委託し、完成したニット製品を近県や北海道などに販売した（山辺町史編纂委員会ほか 2005）。技能を短期間で習得でき、初期投資も比較的少額だったこともあり、織物業からの転業や新創業が増加し、ニット産地を形成するに至った。戦後に横編機メーカーの三ツ星製作所が山形市の南側に位置する上山市に立地したことも産地形成に寄与した（山形市市史編纂委員会ほか 1980）。産地の歴史的経路からの特徴をまとめると次の三点に集約される。第一に糸の産地でもあり、現在でも有力な紡績企業が産地内に立地していることである。このことは、この地におけるニット産地としての集積作用を高めるだけでなく、製品そのものの差別化に繋がったものと推測される。第二に、丸編機の導入は新潟よりも少なく、歴史的にも横編が中心であり、多品種少量を得意としてきたことである。第三には、新潟と同様、リンキング・縫製を備え、完成品（完結型）産地としての構造を有することである。

②糸のブランド化と衣服までの一貫生産：YS 社

YS 社（寒河江市）は、1932 年に紡績業からスタートした企業であり、現在では、紡績、ニットならびにアパレルブランドも手掛ける企業に成長している。従業者は 234 名と比較的大規模である。羊毛の紡績からスタートし、3 代目（現社長の父）の頃からニット事業を開始して売上高は拡大した。しかしバブル経済の崩壊とともに、生産の海外化、単価下落のダブルパンチとなった。「横編は労働集約的であるがゆえに海外生産のメリットが大きく、海外生産が急速に進んだ」ことが背景にあった。

転機が訪れたのは 1990 年代である。現経営者がイタリアの中小紡績業を見学する機会を得て、そこで紡績業者自らが機械を改造し、独自の糸をつくっている光景を目の当たりにした。これに触発され、撚糸の旧式機械を買い戻して、トレンドを追いかけるのではなく独自の糸をつくることに専念することとした。

1999年から特殊糸の生産を開始して展示会に出展、色をグラデーションにした糸や、柔らかい毛とバルキー（かさばる感じ）の毛を掛け合わせた独自の糸などが世界で高評価を得た。「世界で一番価格が高いといわれるが、最高級の糸を生産し、トレンドを追わない姿勢が認められた」という。続いて2001年にニューヨークで自社ブランド、さらにはニットアクセサリー、布帛のオリジナルテキスタイルなど数々の自社ブランドを立ち上げ、素材については2007年から海外市場向けに販売を強化した。現在、売上高の90%は自社ブランドであるという。

成型編機は1992年から導入、他社のようにトレンドを伴いゲージ（番手）を入れ替えるのではなく、多様なゲージができるように徐々に追加する方法を採った。それが功を奏し、糸使いや度目調整によって多様なニット製品を生み出せるようになった。

WG機を本格的に導入したのは、それほど早い時期ではないが、2016年にWG機専用工場を立ち上げ、5、7、12、15、18ゲージとローゲージからハイゲージまで揃え、その投資金額は4億円以上にのぼった（繊研新聞　2017）。WG機ではスポーツアパレルとの共同開発で無縫製パーカーなどを生産、セレクトショップ向けにも展開している。2014年、廃業した紡績工場2社を譲り受けて糸の品種を増やしたほか、染色工場も買収して糸染もグループ内でできるようにした。現在では、編機はWG機を含めて120台以上保有している。直営店を寒河江駅近くに設置し、地域の新たな集客施設となっている。

同社によれば、成型機からWG機に代えることで、縫製工程などが不要となるため「コストがかなり低減する」という。「世界的なブランド糸」という強力な差別化源泉を持つ同社は、原料製造から小売、さらには染色などを含めた「究極の一貫体制」づくりを進める。このなかで、WG機は工程の統合によりコスト低減を図り、国内でも持続的に生産を可能とするための重要な設備と捉えている。

③成型編技術の深化と自社ブランドへの展開：YO社

YO社（寒河江市）は、1951年に現経営者の父が創業したニッターである。創業当初は前述のYS社などから糸を買い、肌着、ゴム地などを手動の横編機で生産し、東京の馬喰町・横山町の問屋に販売していた。その後、徐々に商社経由のアパレル向けOEMに移行した。リンキング・縫製は社内、仕上加工は外注が中心である。

WG機は導入せず、現在も成型編機（16台）が主体だが、近年、ビジネスモデルとしては大きな転換を試みた。2013年から後継者が主担となって進めている自社ブランドへの転換である。原料にこだわりつつ、オーソドックスなデザインで品質の高い製品を適正価格で販売するコストパフォーマンスが強みとなり、自社ブランドの売上比率は金額ベースで85%、数量ベースで70%までに高まっている。コストパフォーマンスの源泉は、デザインの内製化と小売との直接取引にある。自社ブランド品の販路は百貨店、セレクトショップ30社、専門店60社、原則として委託販売は行わず買取にしか応じない。海外も約20社と取引があり、これらは前金制となっている。自社ブランド品は後継者自らがデザインを手掛ける。同社は、山形産地について「紡績、染色加工などが地域に存在し、相互の細かいコミュニケーションが集積のメリットとなっている。今でも集積のメリットは失われていない」と評価している。

WG機は未導入であるが、この背景には成型編機における同社の技術的な強みがある。同社の生産可能範囲は3ゲージの太番手から21ゲージの超細番手（ハイゲージ）までであるが、21ゲージという超ハイゲージの成型編機は「世界で4台しか稼働していないので、他社はほとんど手掛けていない」という。細番手は技術的にも難しく、糸切れを起こしやすいが、現場の生産ノウハウによって随時課題解決しながら技術を確立していったという。後述するが、WG機での実用化範囲は現時点では18ゲージまでであり、21ゲージの成形編機は、WG機にも対抗し得る強力な差別化要素となっている[8]。

(3) 群馬

①概要と産地の特徴

古くから養蚕が盛んであった群馬では、桐生市や伊勢崎市など織物の産地が知られているが、ニットは太田市を中心に広がっていった。

太田のニット産業も戦後からスタートし、これには太田の工業の基盤となっていた旧中島飛行機が大きく関係する。同社の離職者や復員者などが、当時統制品外であった屑繊維、古繊維、雑繊維を利用し、手紡糸によってニット製品を生産した（太田市 1994）。1949 年には「太田メリヤス工業協同組合」が創立され、1951 年には組合主導で共同施設染色工場が設立された。1978 年には商品企画開発力の強化を目標とした「太田ニットセンター」が設立され、1990 年代初めにはオーダーメイドのニットを手掛ける先進的な企業もあった。その後は、輸入品との競合による採算の悪化に加え、自動車など付加価値の高い工業が地域で大きな発展を遂げたことから、ニット関連業種は事業所数、製造品出荷額等とも大きな減少となった。2017 年のセーター類製造業（従業者数 4 人以上）の事業所数は 12 カ所、従業者数は 183 人である。

② WG 機の積極導入：HGI 社

HGI 社（太田市）は、ホールガーメントに特化した OEM 主体のニッターで、従業員は 72 名である。WG 機を 84 台保有し、これは国内最大級の保有規模である。年間生産可能枚数は 35 万枚を誇る。成型編機は 3 台のみである。そのほか、トータルデザインシステムを 10 台保有する。

同社の創業は 1989 年と、ニット産地太田市でも歴史が浅い会社である。設立当時の産地は、編機を持たない「テーブルニッター」が多く、これらは産地内のニッターへの外注によって製品を生産していた。同社も、設立当初はこうした「テーブルニッター」からの下請であった。しかし、下請では収益に限界があり、栃木県足利市のトリコット（経編）の生地でサンプルを製作してアパレルに提案するなどして徐々にアパレルとの直接取引へと移行した。また、この頃には後染のセーターが流行しており、編立後の製品の染色を外注する必要があったが、ロットが小さいため同社の製品の染色は後回しにされた。このことにより同社は「小ロットを維持するなら外注利用では難しい」と感じ、内製化・一貫生産化を志向するようになった。

同社は販売前の WG 機の存在を知り、島精機製作所に導入を要望し「世界第 1 号機が同社に導入」された。しかし、2 年程度は思うように動かず、「断続的に改造を試みた。島精機製作所からも多数のエンジニアが来社し、全面的に協力してくれた」という。こうしたプロセスを経て WG 機は順調に稼働するようになり、同社はこれに特化する。受注が急増したのは1990年代後半で、大手繊維商社から続々と仕事が入るようになり、約200ブランドから受注を得るようになった。この間、WG機への設備投資も積極的に実施した。2000年代はじめには年間売上高は約5億円となり、WG機は協力会社を含めて約80台となった。2000年代半ばには大手商社がWG機を購入して数十台同社に貸し出したこともある。一時期、リーマンショック後の急激な受注減によって資金繰りがひっ迫したが、取引銀行と保証協会、島精機製作所などの支援によって乗り切り、2010年以降は順調に業績を伸ばしている[9]。

WG機では3ゲージの太番手から15ゲージまでを取り扱い、多様なニーズに応える。一貫生産のため短納期であり、糸があれば2週間で製品化できる。短納期のため、顧客は売れ行きをみながら追加発注することが可能となり、在庫リスクも緩和される。業務拡大に伴い、取引している糸商も、受注生産ではなく見込生産で糸を用意してもらえるようになるなど、各業者が必要なリスクを取るサプライチェーンが形成されるようになった。

「WG機は導入したからといってすぐに使えるようになるわけではなく、そこには細かい技術・ノウハウが不可欠」という。たとえば、糸が切れやすいため、糸への特殊な前処理工程が必要なほか、機械の微調整など現場でのノウハウが重要となる。WG機の量的生産性はそれほど高くないため、「サンプルや極小ロットではよいかもしれないが、少ない台数では採算に合うのが難しい」という。同社では、1人の従業員が多くのWG機を同時に扱う「多台持ち」や「24時間稼働」によって量的生産性も継続的に改善している。

(4) 山梨

①概要と産地の特徴

山梨のニット生産も戦後からスタートしており、長い歴史がある同地の織物と対照的である。ニット業者の集積があった西八代郡市川三郷町では、軍需用物資であった原糸、原毛の払下げにより、チョッキの製造が始まる。1945年に従業員数十名と比較的規模の大きいニット工場である山梨内外編物株式会社が設立された。また、1955年に設置された県立メリヤス工業指導所が技術支援にあたった（市川大門町誌刊行委員会 1967)。1970 年代までは北海道向けの防寒着などをつくっていたニッターが集積していた。しかし、1960 年代後半から県全体で実施された他業種の「一村一工場」の誘致活動とバブル崩壊の影響もあり、その後は事業所数、製造品出荷額等とも大きな減少となった。2017 年のセーター類製造業（従業者数 4 人以上）の事業所数は 10 カ所、従業者数は 222 人となっている。

② WG 機の積極的導入：HGT 社

HGT 社（西八代郡市川三郷町）は、1975 年、兄弟で経営していたニッターから独立して創業した企業である。創業当時には、周辺に多くの縫製業が立地して外注できる環境にあったが、企業数は減少し続け、現在は近隣に 2、3 社しかないという。同社は、こうした状況に対応し、一貫生産を志向せざるを得ず、成型編機の時代からリンキング・縫製工程を内製化していた。1990 年代末から WG 機を導入し始め、2000 年代初めには約 60 台となり、群馬の HGI 社と並んでホールガーメントの国内二大業者としての地位を確立した（日本経済新聞　2006)。2002 年には 4 ヘッドの WG 機が開発・販売されたが、当初はニット製品に傷ができたり、編み出しにおけるループ（編による輪）の大きさが揃わなかったりと、生産上の課題がいくつか発生した。その都度、島精機製作所が、針の形状の変更など改造に協力し、共同で課題を順次解決していき、品質の高い製品が編めるようになった。2003 年にプリーツ仕様のホールガーメントニットがヒットし、大手商社や大手アパレルからの受注が急増した。ホールガーメントの製品は希少性があり、プロパー消化率（定価販売商品の売上比率）が 90% を超えるものも多いという。糸は糸商と共同で開発するケースも増加しており、こうした取組が同社の独自性を高めている。生産品種は、80% レディース、20% メンズとなっている。

風合いを決定づける大きな要因の一つは度目（ループの大きさ）だという。適正度目を常に考えながら編機をコントロールしていくところに独自のノウハウがある。また、工場の温度と湿度を常に一定に保っており、糸切れを防ぐ前処理にもノウハウを有し、機械のメンテナンスも独特の方法を採っている。ゲージは太番手の 3 ゲージから細番手の 18 ゲージまで、とくにハイゲージの

18ゲージが同社の特色であり、18ゲージ機を32台保有している。WG機だけでなく、これと連動するトータルデザインシステムにも積極的に投資するなど、年間億単位の投資を繰り返す。

ウールだけでなく絹、竹、麻などさまざまな素材を編み、年間生産枚数は約55万枚となっている。洗い加工を含めて仕上工程も内製化している。ただし、後染が必要な製品では、一部地域外の加工業者を活用する。現在、WG機を80台保有する。「すでに40台程度を入れ替えている」ので、累計120台以上購入している計算になる。現在の従業者数は約60名である。

今後は、ホールガーメントに大手SPA（アパレル製造小売）が本格的に参入し、コモディティ化する時代になると同社は予想する[10]。これを見据えて同社が注力するのは特色のある小規模なアパレルとの連携である。たとえば、竹の素材に強みを持つアパレルや福岡のweb販売専門のアパレルと共同で、小ロットながら特色のある製品を生み出している。

(5) 技術変化に対する各産地における企業の反応の相違

ここまで、セーター類を主に生産する新潟・山形産地（集積）の数社と、産地としてはすでに縮小した群馬・山梨産地（準集積）でWG機を積極的に導入している2社を観察した。

新潟の技術変化に対する反応は、① WG機を一部取り込みつつも、ニットによって一着丸ごと生産するWG機では実現しえない「布帛とニットの組み合わせ」をあえて強みにすることで差別化を図るという「一部導入→旧設備による差別化・自社ブランド化」(GT社)、②仕上加工業者の「アパレルとの実質的な直接取引化とニッターとのリンケージにおける非階層化」(GF社）がみられ、さらに③ WG機は未導入だが、糸商や仕上加工を営む企業が編工程をも取り込むという「未導入→一貫生産化」(GN社）という変化も観察することができた。なお、今回はWG機を積極的に導入する企業が含まれていないが、新潟にもWG機の積極導入企業がないわけではない。見附市のNM社は、自社に36台、外注に45台のWG機を保有しており（非WGの横編機は223台）[11]、長岡市のNS社はWG機を導入して自社ブランド製品を開発・販売している[12]。ただし、最も集積している五泉市では、導入企業の割合は少ない

表 8-5　観察結果

産地	集積状況	企業	業態	設備導入の程度	企業の反応
新潟	集積	① GT 社	ニッター	一部導入	旧設備による差別化・自社ブランド化
		② GF 社	仕上加工	—	実質的なアパレルとの直接取引化 ニッターとのリンケージにおける非階層化
		③ GN 社	糸商・仕上加工から一貫生産へ	未導入	一貫生産化
山形	集積	① YS 社	紡績・ニッターから一貫生産・販売へ	導入	一貫生産化 新設備によるコスト低減
		② YO 社	ニッター	未導入	旧設備による差別化・自社ブランド化
群馬	準集積	HGI 社	ニッター	導入	WG 機による差別化 短納期
山梨	準集積	HGT 社	ニッター	導入	WG 機による差別化 特徴ある中小アパレルとの共同開発

資料：筆者作成。

ようである。

他方、山形では、① WG 機は技術の同質化をもたらすものとしてではなく、工程の統合によりコスト低減を図り、国内でも生産できるツールと捉え、糸から小売までを手掛ける「導入→一貫生産化」（YS 社）、② WG 機では実用化していない 21 ゲージという超細番手を武器に自社ブランドの生産へと大きく舵を切る「未導入→自社ブランドの展開」（YO 社）を観察した。さらに、群馬と山梨において、共通して「積極導入→新しい品質の実現」というプロセスをたどった企業がみられた。これらは、単に WG 機を導入するのではなく、それを戦力化するために独自のノウハウをメーカーと共同して創造して差別化を図っている。ただし、2 社の戦略は異なる部分もある。群馬の HGI 社は短納期化を武器にアパレルへの販売を拡大している一方、山梨の HGT 社は、ホールガーメントへの大手参入を見据え、特徴ある中小アパレルとの共同開発にも力点を置いている（表 8-5）。

4．各地域の生産性および付加価値の動向

(1) 分析の枠組

前節では WG 化に対して各産地の個別企業がどのように反応したのかを観察したが、産地のいくつかの企業に対する定性的な観察にとどまり、各産地全

体の変化を示してはいない。そこで、産地の変化を定量的に捉えるため工業統計調査等の従業者数、製造品出荷額等、付加価値額などのデータを活用し、WG機が発売された1990年代半ばから現在までの産地の動向（集積規模と付加価値の変化）について、経年比較が可能なセーター類製造業に絞ってみていく[13]。

集積規模については、事業所数、従業者数および1事業所当たり平均従業者数でみる。また、付加価値については、その総合指数を「1人当たり付加価値(V)」とする。これを「1人当たり製造品出荷額等（S)」と「付加価値率（r)」に分解、さらに「1人当たり製造品出荷額等（S)」は「出荷単価（U)」と「1人当たり出荷量（Q)」に分解して「1人当たり付加価値（V)」の変化要因を分析する[14]。

分析する付加価値構造を算式にすると次のとおりである。

1人当たり付加価値額（V）＝1人当たり製造品出荷額等（S）×付加価値率（r）
1人当たり製造品出荷額等（S）＝出荷単価（U）×1人当たり出荷量（Q）
付加価値率（r）＝付加価値額（ΣV）／製造品出荷額等（ΣS）
＝｛出荷単価（U）－外部購入単価（C)｝／出荷単価（U）
外部購入単価（C）＝出荷単価（U）×｛1－付加価値率（r)｝

「付加価値率（r)」は、出荷額等から原材料や外注費などの外部購入費を差し引いた付加価値が出荷額等に占める割合によって算出され、一般的に「外部購入費単価（C)」の節減または「出荷単価（U)」の上昇によって改善される。「外部購入費単価（C)」の節減は、内製化、工程の統合・取り込み、工程の合理化などがその推進力となる。「出荷単価（U)」は、差別化などによる価格競争の緩和に加え、下請からODMや自社ブランドへの展開、多品種少量化、特殊化、高級化などによって上昇する。また、「1人当たり出荷量（Q)」は、量的生産性を示す指標であり、設備の高速化や生産方法の合理化などによって拡大する。

(2) 規模および付加価値等の推移

①全国

全国では、事業所数、従業者数とも一貫して減少傾向にある。2007年以降の最近10年間では事業所数は半減し、平均従業者数は上昇傾向にある。

「1人当たり付加価値額（V)」は2010年までは低下傾向にあったが、2010年の3,533千円を底に回復傾向にあり、2017年はわずかに低下した。「1人当たり製造品出荷額等（S)」も「1人当たり付加価値額（V)」と同様の変化をみせる。「付加価値率（r)」は2014年には40%を切ったが、長期的にみればほぼ横ばいとなっている。このことから「1人当たり付加価値額（V)」の変化の主要因は「1人当たり製造品出荷額等（S)」である。「1人当たり製造品出荷額等（S)」を分解すると、「出荷単価（U)」は1996年から2017年にかけて2,000円台から3,000円台へ上昇している一方、「1人当たり出荷量（Q)」は2017年にやや回復するまでは一貫して減少傾向にあった。また、「外部購入単価（C)」は上昇している。このことから、2010年以前の「1人当たり付加価値額（V)」の低下は、主に「1人当たり製造品出荷額等（S)」、さらには「出荷単価（U)」の上昇効果を上回る「1人当たり出荷量（Q)」の減少によるものと分析できる。しかし、2010年以降は「出荷単価（U)」の上昇効果が「1人当たり出荷量（Q)」の減少を上回り、「1人当たり付加価値額（V)」が回復している。すなわち、「1人当たり付加価値額（V)」の回復は、生産スピードなどによる量的生産性の向上や外部購入の節約ではなく、差別化や自社ブランド化、多品種少量生産や時間のかかる難しい製品の増加によりもたらされていると推測できる（表8-6)。

②新潟

セーター類の最大集積地であり従業者数の約4割を占める新潟の集積規模をみると事業所数、従業者数とも大幅に減少しており、事業所数は1996年に比べ2010年では73%減少したが、減少率は全国と比べて小さい。また、2010年以降、減少は緩やかとなっている。平均従業者数は上昇傾向にある。

「1人当たり付加価値額（V)」は、2010年から全国が回復傾向にあるのに対

表 8-6　全国・対象産地における規模・付加価値等の推移（セーター類製造業）

全国	単位	1996 年	2001	2005	2007	2010	2014	2016	2017	96-17
事業所数	所	1,806	1,063	639	511	372	315	267	257	▲ 86
従業者数	人	27,015	14,570	9,133	7,882	6,107	5,782	5,416	5,030	▲ 81
平均従業者数	人／所	15.0	13.7	14.3	15.4	16.4	18.4	20.3	19.6	+31
1 人当付加価値額（V）	千円／人	4,818	4,491	4,220	4,179	3,533	3,714	4,020	3,828	▲ 21
1 人当出荷額等（S）	千円／人	11,436	10,214	9,619	9,620	8,507	9,355	9,454	8,905	▲ 22
付加価値率（r）	%	42.1	44.0	43.9	43.4	41.5	39.7	42.5	43.0	+2
出荷単価（U）	円／点	2,069	2,078	2,544	2,743	2,524	3,181	3,282	3,054	+48
1 人当出荷量（Q）	点	5,529	4,914	3,781	3,508	3,370	2,941	2,881	2,916	▲ 47
外部購入単価（C）	円／点	1,197	1,164	1,428	1,551	1,476	1,918	1,886	1,741	+45

新潟	単位	1996 年	2001	2005	2007	2010	2014	2016	2017	96-17
事業所数	所	318	182	132	112	95	93	90	87	▲ 73
従業者数	人	7,012	4,116	2,999	2,680	2,353	2,253	2,344	2,270	▲ 68
平均従業者数	人／所	22.1	22.6	22.7	23.9	24.8	24.2	26.0	26.1	+18
1 人当付加価値額（V）	千円／人	4,688	4,208	4,054	4,081	3,539	3,524	3,527	3,280	▲ 30
1 人当出荷額等（S）	千円／人	11,429	10,044	9,485	9,695	8,438	8,827	8,949	8,411	▲ 26
付加価値率（r）	%	41.0	41.9	42.7	42.1	41.9	39.9	39.4	39.0	▲ 5
出荷単価（U）	円／点	3,419	2,713	2,807	3,120	2,863	4,136	4,318	4,003	+17
1 人当出荷量（Q）	点	3,343	3,703	3,379	3,108	2,947	2,134	2,073	2,101	▲ 37
外部購入単価（C）	円／点	2,017	1,576	1,607	1,807	1,663	2,484	2,616	2,442	+21

山形	単位	1996 年	2001	2005	2007	2010	2014	2016	2017	96-17
事業所数	所	155	88	55	50	37	34	26	25	▲ 84
従業者数	人	3,245	1,712	920	798	643	816	797	579	▲ 82
平均従業者数	人／所	20.9	19.5	16.7	16.0	17.4	24.0	30.7	23.2	+11
1 人当付加価値額（V）	千円／人	4,589	4,052	4,240	4,448	3,588	3,703	4,252	3,860	▲ 16
1 人当出荷額等（S）	千円／人	9,891	8,646	8,159	8,672	7,622	8,621	8,893	7,030	▲ 29
付加価値率（r）	%	46.4	46.9	52.0	51.3	47.1	43.0	47.8	54.9	+18
出荷単価（U）	円／点	2,905	3,084	3,585	4,205	4,022	5,006	4,033	3,912	+35
1 人当出荷量（Q）	点	3,405	2,804	2,276	2,062	1,895	1,722	2,205	1,797	▲ 47
外部購入単価（C）	円／点	1,557	1,639	1,722	2,048	2,128	2,856	2,105	1,764	+13

群馬	単位	1996 年	2001	2005	2007	2010	2014	2016	2017	96-17
事業所数	所	76	53	30	31	21	15	12	12	▲ 84
従業者数	人	847	590	300	326	202	180	173	183	▲ 78
平均従業者数	人／所	11.1	11.1	10.0	10.5	9.6	12.0	14.4	15.3	+37
1 人当付加価値額（V）	千円／人	5,543	4,993	4,324	3,527	2,736	3,906	4,918	5,020	▲ 9
1 人当出荷額等（S）	千円／人	13,083	10,486	9,273	7,951	6,832	8,980	9,960	10,082	▲ 23
付加価値率（r）	%	42.4	47.6	46.6	44.4	40.0	43.5	49.4	49.8	+18
出荷単価（U）	円／点	2,127	1,442	2,550	2,785	3,057	3,179	3,338	3,441	+62
1 人当出荷量（Q）	点	6,150	7,274	3,637	2,855	2,235	2,825	2,984	2,930	▲ 52
外部購入単価（C）	円／点	1,226	755	1,361	1,549	1,834	1,796	1,690	1,727	+41

山梨	単位	1996 年	2001	2005	2007	2010	2014	2016	2017	96-17
事業所数	所	68	54	33	26	17	13	12	10	▲ 85
従業者数	人	1,154	695	402	340	276	295	205	222	▲ 81
平均従業者数	人／所	17.0	12.9	12.2	13.1	16.2	22.7	17.1	22.2	+31
1 人当付加価値額（V）	千円／人	4,957	4,901	5,194	4,556	4,211	4,591	6,954	6,766	+36
1 人当出荷額等（S）	千円／人	10,229	9,834	9,698	9,413	7,839	8,593	12,092	12,013	+17
付加価値率（r）	%	48.5	49.8	53.6	48.4	53.7	53.4	57.5	56.3	+16
出荷単価（U）	円／点	1,922	2,820	2,684	2,963	2,274	2,875	2,982	2,953	+54
1 人当出荷量（Q）	点	5,322	3,487	3,613	3,177	3,448	2,989	4,055	4,068	▲ 24
外部購入単価（C）	円／点	991	1,415	1,247	1,529	1,053	1,339	1,267	1,290	+30

注：1）表の最右列は 1996 年に比べた 2017 年までの増加率（%）

2）「1 人当出荷量（Q）」については、細分類における製造品出荷額等を従業者数で除して「1 人当製造品出荷額等（S）」を算出し、さらにその額を品目別統計で算出した「出荷単価（U）」を除して算出した。

3）従業者数 4 人以上の集計および算出である。

4）出荷単価算出の基礎となる品目別統計において 2010 年および 2017 年の山梨の「ニット製成人男子・少年用セーター・カーディガン・ベスト類」は秘匿値（いずれも産出事業所は 1）であるため、当該年の出荷単価はこれを除いて算出している。

5）「1 人当付加価値（V）」の算出のもととなる付加価値額は、1996 年においては 10 人以下、2001 年以降においては 29 人以下は粗付加価値額である。

資料：経済産業省「工業統計調査」、総務省・経済産業省「経済センサス－活動調査」各年版より作成。

して、新潟は一貫して低下傾向にあり、2017年が最も低くなっている。また、その水準は全国よりも1割以上低い。その要因を分解してみると、「1人当たり製造品出荷額等（S）」は低下傾向、「付加価値率（r）」も若干低下しており、2014年からは40％を切っている。また、これらの水準も全国より低くなっている。

「1人当たり製造品出荷額等（S）」を分解すると「出荷単価（U）」は2010年までは3,000円前後であったが、それ以降は4,000円台まで上昇している一方、「1人当たり出荷量（Q）」は3,000点台から2,000点台まで大きく低下している。「外部購入単価（C）」は上昇傾向にあり、「出荷単価（U）」「外部購入単価（C）」とも全国を上回る。

このことから、まず新潟における事業所数および従業者数の減少率は全国と比べて緩やかであり、分業など集積作用がプラスに寄与しているものと推測される。また、新潟における「1人当たり付加価値額（V）」の低下傾向は、主に「1人当たり製造品出荷額等（S）」、さらには「出荷単価（U）」の上昇を上回る「1人当たり出荷量（Q）」の減少によるものと分析できる。「出荷単価（U）」をみても高単価の高級ゾーンの製品を生産している新潟であるが、「1人当たり出荷量（Q）」の落ち込みをカバーするほどの「出荷単価（U）」のさらなる上昇はみられない。

③山形

山形では、集積規模をみると事業所数、従業者数とも減少している。1996年から2017年にかけての減少率は新潟よりも大きく、全国とほぼ同等である。平均従業者数は各年で上下に変動があるものの、総じて上昇傾向にある。

付加価値をみると、「1人当たり付加価値額（V）」は全国と同様の傾向を示し、2010年までは低下傾向にあったが、2010年の3,588千円を底に、回復傾向にある。また、その水準も全国と同程度である。

これを分解すると、「1人当たり製造品出荷額等（S）」は低下傾向であるが「付加価値率（r）」は総じて上昇傾向を示しており、2017年には50％を超え、その水準は全国や新潟を大きく上回る。他方、「出荷単価（U）」は2014年まで上昇して約5,000円となったが、その後は低下して4,000円前後となっている。これは全国を上回り、新潟に迫る水準である。「1 人当たり出荷量（Q）」は減少傾向にあるものの、自社ブランド化などによる「出荷単価（U）」上昇がこれをカバーし、さらに 2014 年以降は「外部購入単価（C）」の低下も「1人当たり付加価値額（V）」の回復傾向に寄与している。

④群馬

次に、群馬、山梨をみることとしたい。両地域では 2010 年以降は従業者数の合計が 300 人を割り込んでおり、前章でみた WG 機の積極的導入企業 2 社（それぞれ 2010 年代では従業者数が 70 名から 80 名台で推移）が以下の分析に及ぼす影響は小さくない。群馬の集積規模をみると事業所数、従業者数とも減少しており、その減少割合は全国と同程度である。平均従業者数は全国と比べて少ない。事業所数の減少は継続しているものの 2010 年からの従業者数の減少は緩やかとなっており、2017 年にはやや回復した。これに伴い平均従業者数は上昇傾向にある。

「1 人当たり付加価値額（V）」は 2010 年で 3,000 千円を割り込むまでに落ち込んだが、その後は回復し、2017 年には 5,000 千円を超える。これは全国、新潟、山形を大きく上回る。群馬の HGI 社がリーマンショック後に経営危機を迎えたこと、それを克服して近年では業績を伸ばしていることと符合する。

これを分解すると、2010 年以降は「1 人当たり製造品出荷額等（S）」「付加価値率（r）」とも伸びており、「1 人当たり製造品出荷額等（S）」は 2017 年に 10,000 千円を超え、これも全国、新潟、山形を大きく上回る。「1 人当たり製造品出荷額等（S）」を分解すると、「出荷単価（U）」は大幅に上昇、「1 人当たり出荷量（Q）」も 2010 年から回復している。「外部購入単価（C）」も上昇していたが 2010 年以降はほぼ横ばいとなっている。

このように群馬では、2010 年以降「付加価値率（r）」「出荷単価（U）」および「1 人当たり出荷量（Q）」も上昇し、これらが「1 人当たり付加価値額（V）」の回復傾向に寄与している。とくに、2010 年に比べて 2017 年までに「出荷単価（U）」は約 1 割増なのに対し「1 人当たり出荷量（Q）」は約 3 割増となっているのが特徴的である。HGI 社はこの時期、受注を回復させ、WG 機の大量導入による「多台持ち」や「24 時間稼働」を実現している。

⑤山梨

山梨の集積規模をみると事業所数、従業者数とも減少しており、その減少割合は全国や群馬と同程度である。2017年の従業者数はやや回復しており、平均従業者数は上昇傾向にある。

付加価値をみると、「1人当たり付加価値額（V）」は2010年に落ち込んだが、その後は回復し、2017年には6,766千円と全国、新潟、山形、群馬を上回る。1996年から2017年にかけて36%伸びた。分解すると「1人当たり製造品出荷額等（S）」「付加価値率（r）」とも2割程度上昇している。「1人当たり製造品出荷額等（S）」は12,000千円を上回り、「付加価値率（r）」は50%を大きく超える。

山梨の高水準な「1人当たり付加価値額（V）」を支えているのは、「出荷単価（U）」の上昇と2016年以降の「1人当たり出荷量（Q）」の回復であると分析できる。「出荷単価（U）」は全国と同水準だが、「1人当たり出荷量（Q）」は全国および他の三産地を上回る。「外部購入単価（C）」は全国および他の三産地と比べても低く、これも高水準な「付加価値率（r）」の要因となっている。「外部購入単価（C）」の低さは、WG機による工程の統合が寄与しているものと推測される。

(3) 規模および付加価値の産地間比較

1996年および2017年の値で集積地である新潟、山形と、準集積地である群馬、山梨とを比較するため、全国の値を100として指数化した（表8-7）。

集積規模をみると、この間、全国での事業者数、従業者数が減少するなかで、最大産地の新潟は事業所数・従業者数のシェアが拡大している。これは、減少率が全国と比べて比較的緩やかであることを示している。山形、群馬、山梨も事業所シェアは若干の増加傾向となっている。平均従業者数をみると、1996年において群馬は全国より少なく、新潟、山形、山梨は全国より多かった。2017年においては、全国との相対的な比較で山形の減少が目立つ。

「1人当たり付加価値額（V）」をみると、全国と比べた新潟の低下が目立つ一方、群馬、山梨では上昇がみられ、2017年には全国を大きく上回る水準となっている。集積と準集積で差が生じているのは「1 人当たり製造品出荷額等(S)」である。2017 年において、新潟、山形は全国を下回る水準であるのに対し、群馬、山梨は全国を大きく上回る。「付加価値率（r)」は山形、群馬、山梨は高く、新潟はやや低い。これは、WG 機の導入程度と符合する。

一方で、「出荷単価（U)」は新潟、山形のほうが群馬、山梨より高いが、1996 年と比べると、産地間の差は縮まっている。一方、「1 人当たり出荷量(Q)」は 1996 年から群馬、山梨のほうが新潟、山形よりかなり高く、とくに山梨は、2017 年には新潟、山形のおよそ 2 倍となっている。これは労働集約的な要素の高いリンキング・縫製工程が不要となり、WG 機に統合されたこと

表 8-7　対象産地における規模・付加価値等の指数（セーター類製造業)

全国＝100	1996 年				2017			
	新潟	山形	群馬	山梨	新潟	山形	群馬	山梨
事業所数	17.6	8.6	4.2	3.8	33.9	9.7	4.7	3.9
従業者数	26.0	12.0	3.1	4.3	45.1	11.5	3.6	4.4
平均従業者数	147.4	140.0	74.5	113.5	133.3	118.3	77.9	113.4
1 人当付加価値額(V)	97.3	95.3	115.0	102.9	85.7	100.8	131.1	176.7
1 人当出荷額等（S)	99.9	86.5	114.4	89.4	94.5	78.9	113.2	134.9
付加価値率（r)	97.4	110.1	100.6	115.0	90.7	127.7	115.8	131.0
出荷単価（U)	165.3	140.4	102.8	92.9	131.1	128.1	112.7	96.7
1 人当出荷量（Q)	60.5	61.6	111.2	96.3	72.0	61.6	100.5	139.5
外部購入単価（C)	168.5	130.1	102.4	82.8	140.3	101.3	99.2	74.1

注：表 8 － 6 2) 3) 5) に同じ。
資料：経済産業省「工業統計調査」、総務省・経済産業省「経済センサス－活動調査」各年版より作成。

表 8-8　観察結果（まとめ)

産地	タイプ	企業の反応	産地の状況
新潟	集積	WG 一部導入：旧設備による差別化・自社ブランド化	• 全体の縮小のなかで事業所数・従業者数の全国シェアは拡大 •「1 人当たり付加価値額（V)」は低下 • 出荷単価の上昇は他産地よりも緩やか
		仕上加工業者とアパレルとの実質的な直接取引	
		WG 未導入：糸商・仕上加工業者による編工程進出。一貫生産化	
山形	集積	WG 導入：一貫生産化	• 集積規模は縮小 •「1 人当たり出荷量（Q)」は減少傾向にあるものの、「出荷単価（U)」上昇がこれをカバー
		新設備によるコスト低減	
		WG 未導入：旧設備による差別化・自社ブランド化	
群馬	準集積	WG 機導入：差別化、短納期	•「出荷単価（U)」も上昇しているが、2010 年以降「1 人当たり出荷量（Q)」の上昇が著しい
山梨	準集積	WG 機導入：差別化、特徴ある中小アパレルとの製品の共同開発	•「付加価値率（r)」が高く、「出荷単価（U)」も上昇、さらに 2014 年以降は「1 人当たり出荷量（Q)」も回復。

資料：筆者作成。

が寄与しているものと考えられる。

このように、WG 化に伴い、集積（新潟、山形）と、WG 機を積極的に導入している企業が存在する準集積（群馬、山梨）との間に、付加価値に関する指標において特徴的な差異を見いだすことができる。また、これらの結果は、前節 3. で観察した個別企業の反応とも符合している（表 8-8）。

5．生産技術の変化がもたらす多様化、垂直的統合、非階層化

(1) 本章で観察できたいくつかのパターン

本章は、新設備による生産技術の変化が産業地域にどのような影響を与えるのかを明らかにすることを目的とした。具体的には、横編ニット産地である新潟、山形、および群馬、山梨の 4 つの地域を対象とし、横編ニットにおける革新的な技術変化である WG 化がこれらの産業地域に与える影響を考察した。

本章で観察された各企業の反応は、当然のことながら各地域・各企業の状況によって異なっていた。観察できたパターンは大きく次の四つである。

第一に、新潟や山形でみられたのは、WG 機を積極的に導入し、それによって付加価値向上を図る企業と、旧設備によって差別化を図ろうとする企業である。産地、企業の反応は多様であり、技術変化は各産地の特徴を生み出すほか、産地内の各企業の相互差別化を通じて産業地域に多様性をもたらす。山形では、大規模なニッターが一貫生産化を志向して WG 機を積極的に導入する一方、小規模なニッターは成型編機による技術的差別化を強みとして自社ブランド製品へ比重を置くなど、各企業の規模や特性に応じた多様な展開をみせている。

第二に、新潟でみられたのは、垂直的統合の動きである。これは、WG 機導入企業だけではなく、未導入企業にもみられた。WG 機による工程の統合により、一貫生産化が容易となった。これにより、産業地域内の分業体制は変容し、集積作用は減少するおそれがある。

第三に、仕上加工など、他工程を受け持つ企業の力の増大がみられた。これは、WG 化によって技能が設備に体化することで編工程の同質化をもたらし、他工程の差別化要素が重視されるようになったことが要因と考えられる。新潟

において、仕上加工を営む企業が、編工程に参入したり、アパレルと直接対話したりするようになった。こうした産業地域内の力関係の変化は、地域内リンケージの階層を解除し、フラットな非階層（ネットワーク）構造への変化（非階層化）を促し、地域内の付加価値分配の変化をもたらす可能性がある。

そして第四には、WG 機を積極的に導入する企業が、集積ではなく準集積から生まれていることに着目せざるを得ない。群馬と山梨がこれに該当する。これらの企業は工程の統合による付加価値の向上を図るとともに、WG 機導入による試行錯誤のなかで得たノウハウを模倣困難な経営資源として蓄積し、WG 機によって差別化を図っている。このように、準集積から新しい技術を積極的に取り入れる企業が出現するのは偶然ではない。こうした企業はニットに対するノウハウを持ちつつ、集積のメリットが失われつつあるなかで操業しており、集積のメリットも享受していない反面、産業地域内の分業体制に規定されにくい。新しい生産技術の導入に伴い犠牲にするメリットが少ない分、新しい技術を積極的に取り入れる行動を選択しやすい。むしろ、集積が薄れていくなかで分業体制が崩れ、工程の統合が可能な WG 化を推し進めていくことで生産を維持・発展させたといえる。反面、地域内で分業のメリットを受けている企業は、そのメリットが犠牲になるような行動にブレーキがかかる。これは、ロックインの一種である。もちろん、新潟や山形にも WG 化を進める企業はあるが、新潟では企業数が比較的少ない地域である見附や長岡でみられたほか、山形でも規模の大きな企業が中心となっている。付加価値分析では、新潟や山形は、WG 機積極導入企業が立地していた群馬や山梨に１人当たり付加価値額で引き離されていた。この状況が続けば、産地全体として新技術に関する周辺知識の創造やスピルオーバーが生じにくくなることで、付加価値や競争力の面で後れを取っていく可能性はある。

(2) 技術変化のタイプと集積への影響

WG 機で実現した技術変化のタイプは「Ⅰ　新しい品質の実現」「Ⅲ　フレキシブル化」「Ⅳ　技能の設備への体化」「Ⅴ　工程の統合」であり、本章では産業地域の構造変化への影響をタイプ別に仮説として提示した。ここでは、観察できた事象を仮説と突合させ、その検証を試みる（表８-９)。

「Ⅰ 新しい品質の実現」に関しては、群馬や山梨など技術変化を積極的に取り入れた地域の付加価値向上がみられた。また、導入に積極的でない産地においては、積極的導入地域と比べて相対的な付加価値額の低下はみられたが、こうした地域でも、旧設備による差別化や自社ブランド化が観察された。さらに、他工程での差別化要素が重視され、差別化要素となる工程を担う企業の力が産業地域内で増大した。

「Ⅲ フレキシブル化」では、HGI社はリードタイムの短縮により短納期化を実現したため、顧客は売れ行きをみながら追加発注することが可能となり、在庫リスクが緩和した。またHGT社は、小規模なアパレルと連携し、小ロット

表8-9　観察結果の仮説との突合

新設備による生産技術の変化	仮説：産業地域の構造への影響（可能性あるシナリオ）	観察結果との突合および観察された地域 ○観察できた ×観察できなかった
Ⅰ新しい品質の実現	・技術導入した集積の付加価値向上が可能となる。	○群馬、山梨
	・旧製品は相対的に陳腐化し、企業が別の差別化要素を希求する。差別化要素の状況により企業間関係が変化する。	○新潟
Ⅱ高速化	（WG化では非該当）	
Ⅲフレキシブル化	・技術導入すれば多品種少量生産に対応でき、技術導入した集積の付加価値向上が可能となる。	○群馬
Ⅳ自動化・技能の設備への体化	・集積における「技能者のプール」作用は相対的に減少し、立地が分散する。	○群馬、山梨
	・労働費指向が強まる。一方、労働費の割合の低下が顕著となれば労働費指向は逆に弱くなる。	（前段）× （後段）○山形
	・技術面での同質化がみられ、価格競争に陥りやすくなる。	×（ただし、今後のコモディティ化を予想している企業もあった）
Ⅴ工程の統合	・内製の容易化によって垂直的統合が進展し、集積における「分業」作用は相対的に減少、立地が分散する。	○新潟、山形、群馬、山梨
Ⅵデータ連携	（WG化では非該当）	

設備そのものの特性による変化	仮説：産業地域の構造への影響（可能性あるシナリオ）	観察結果との突合 ○観察できた ×観察できなかった
A大型化または小型化	（WG化では非該当）	
B設備価格	・設備価格が一定以上の場合には投資可能な企業が限られ、小規模企業が生産技術による変化を取り込めず、規模間格差が拡大し、集積における小規模企業の力が低下する。その結果、地域内での小規模企業の減少がみられる。	○山形

資料：筆者作成。

ながら特色のある製品を生み出している。HGI 社や HGT 社が立地する群馬・山梨では付加価値が回復した。

「Ⅳ 自動化・技能の設備への体化」については、群馬や山梨といった準集積での積極的導入がみられるという点では、被統合工程（今回はリンキング・縫製工程）における「技能者のプール」メリットは低下したとみることができる。ただし、こうした企業が成長した群馬や山梨はけっして非集積地域ではなく、かつての集積が縮小した「準集積」であることに注目せざるを得ない。企業が WG 化を進めるにあたって、ニット生産に関する技能の蓄積が一定程度必要なのはある意味当然といえる。準集積では「技能者のプール」メリットは低下しているものの、「技能者」そのものは一定程度存在する。これは、実際に群馬、山梨で WG 機を積極導入した２社が、WG 機を戦力化するために試行錯誤し、関連するノウハウを蓄積させていたことからもいえる。一方で、新潟や山形などの集積では、群馬、山梨に比べ WG 機の積極的導入は限定されたか、あるいは遅れた。従来の生産技術に最適化された分業体制が構築されているため、それが新技術導入に対するロックインの要因となっていることが示唆された。なお、WG 機の導入には一定の技術・ノウハウが必要なこともあり、技能の設備への体化による労働費指向の強まりは観察できなかったが、逆に山形では、自動化による労働費割合の低下を見込み、WG 機を導入して国内生産を存続させようとする意図がみられた。

「Ｖ 工程の統合」については、リンキング・縫製工程の技能が不要になることにより、他工程を担う企業による編工程への参入や垂直的統合がみられた。これは、WG 機未導入企業においてもこうした動きがみられたのである。また、準集積においても、WG 機による一貫生産体制の整備がみられた。

なお、「B 設備価格」に関して、山形では大規模なニッターが WG 機を積極的に導入する一方、小規模なニッターは成型編機による技術的差別化を重視するなど、規模による相違がみられた。山形の大規模な企業、および群馬、山梨の２社でも、かなりの大規模投資を伴って WG 化を推進している。規模の大きい企業のほうが WG 化に取り組みやすく、小規模な企業はこれに対抗し得る別の要素によって差別化を図る傾向がみられた。

(3) 到達点と残された課題

本章は、新設備による生産技術の変化が産業地域の構造にどのような影響を与えるのかについて、横編ニット産地を取り上げ、当該分野の革新的な生産技術であるホールガーメントが、個別企業の戦略や行動の変化を媒介としながら産業地域の構造に与える影響を考察した。集積が縮小している産地では新技術の積極的な導入があり、付加価値向上がみられた。一方、集積が厚い産地でも新技術を積極的に導入する企業はあるものの、産地全体として総体的にみると新技術の導入は限定されたか、あるいは遅れた。ただし、これらの産地では、新技術を導入しない企業にも旧技術の深化や自社ブランド化によって、新技術に対する差別化を図ろうとする企業があった。また、各産地において、複数工程の統合を可能にする技術により、当該工程の統合だけでなく、前後の工程を含めた垂直的統合がみられた。具体的には、仕上加工工程を担う企業による編工程への参入などである。

このように、新しい設備による生産技術の変化は、産地にさまざまな変化をもたらすだけでなく、各産地の集積度による技術導入の程度にも差がみられ、集積度が低くなった産地（準集積）の台頭など、新たな産業立地秩序の形成に繋がる可能性があることが示唆された。

一方、研究上の限界もある。たしかにホールガーメントは画期的なものであり、業界全体に影響を及ぼすものであるが、個別企業や地域全体の変化は一つの技術変化で起こるものではなく、海外化や市場の変化など多様かつ重層的なさまざまな諸要因によって複合的に起こるものである。本章では、分析を単純化するため生産技術の変化のみを源泉的な説明変数として設定し、他の要因はやや捨象して分析を試みた。こうした分析では、現実を正確に投影できているとは言い難い。これは本章の限界と認めざるを得ない。

また、本章に関して、以下の四つの主要な研究課題が残されている。

第一に、観察の結果、群馬や山梨など技術変化を積極的に取り入れた地域の付加価値向上はみられたが、現時点では再集積化まではみられなかった。今後、業容を拡大している企業からのスピンオフなどによって再集積化が実現し、全体として新たな産業立地秩序の形成に繋がるのか、その動向を今後、継続的に観察したい。

第二に、今回はニット産地のなかでも横編ニット産地に焦点を絞って分析したが、丸編や経編、さらにはニットではなく織物の分野でも観察することである。同じような変化が起こっているか否か、変化の程度や内容における共通点・相違点を探ることも必要であろう。

第三には、準集積として群馬、山梨を対象としたが、これは、これらの地に WG 機を積極的に導入する企業が存在していたからである。したがって今回は、なぜ準集積のなかでも二産地にこうした企業が生まれたのかについての分析はできなかった。これを分析するためには、福島や長野など他の準集積もみていく必要がある。くわえて、ニット製造業は大阪や東京など都心部にも存在する。たとえば都心部では、以前は東京や千葉にも WG 機を積極的に導入する企業があったが現在では少なくなったという指摘がある一方、東京の OEM 企業である AZ 社が 2017 年より千葉県で WG 専用工場を稼働させ[15]、大阪で OEM を展開する OH 社は社内に WG 機を設置してサービスを主体とする新たなビジネス開発とノウハウ蓄積を図っている。さらには、大手百貨店がオーダーメイド専用売場に WG 機を設置し、ニットセーター等のセミオーダーを受け付けるなど、ホールガーメントによる新たなビジネスモデルが模索されている。こうした動きもまたニット産地を揺るがし、企業立地の新たな秩序を生み出す可能性がある。

第四には、海外との関係である。日本で導入されている WG 機は、生産される WG 機の約 1 割である。たとえば、WG 機が日本よりも多く導入されている中国では、主に中国国内の富裕層向けのセーター類やニットシューズなどの生産に利用されているが、今後は、日本向けのセーター類などの生産に大きく踏み出す可能性もある。その場合、海外製品との競合を含めて技術変化をめぐる新たな地域間競争が発生する。今後は、こうした状況も描き出してく必要がある。

[付記] 本章は、奥山（2020）を加筆・編集したものである。奥山雅之（2020）「生産技術の変化が産業集積に与える影響に関する一考察――日本のニット産地を例に――」明治大学政治経済研究所『政經論叢』第 88 巻第 5・6 号、pp. 101-152。

注

1　ニット生産の推移や現況については、第2章および第3章を参照されたい。
2　これ以外にも、レースなどがある。
3　小型の丸編機を使用して1着分ごとの身丈を編む方法である。
4　リンキングは、本体と付属編みパーツとをチェーンステッチでつないでいく工程である。
5　この類型化は先行研究で挙げたME化を参考として類型化したものであり、網羅性があるわけではなく、また相互に重複している部分もあることから、暫定的な類型である。本章では技術変化の類型化自体が主旨ではないため、ここではこの分類を用いる。
6　前章までと異なり、ニット産地について市町村単位ではなく、都道府県単位で分析するのは、ニット企業が複数市町村をまたがり、かなり分散して立地しているためである。
7　精好（せいごう）織とは、横糸に太い絹糸を使用した伝統的な織布方法である。
8　新潟県見附市にも21ゲージの成型機を保有している企業（ND社）をみることができる。当該企業は30ゲージのフルファッション機も保有し、ハイゲージを得意としている。なお、フルファッション機とは、多数セクションの編針にトッピング編地を掛けた後に、ストレートバーに連結した編成操作部及び編目増減機構が駆動され、成形編地を作る編機（日本工業規格）であり、編み方は限定されるものの、毛番手からみてこの30ゲージは通常の横編機の21ゲージと同等のハイゲージとみられる。ND社ホームページ参照。
9　同時期にホールガーメントを積極的に導入していた馬渕繊維（高松市）が2009年に倒産するなど、設備投資にはリスクが伴う。同社のホールガーメント工場は、兵庫県の別の企業が引き継いでいる。
10　島精機が2015年12月に設立したイノベーションファクトリー（和歌山市）に2億円弱を出資した。出資比率は島精機が51%。残りをファーストリテイリングが持つが、人員は派遣しない。ユニクロを中心にファーストリテイリンググループのニット商品を生産する。日経MJ（2016）参照。
11　NM社ホームページ参照。
12　NS社ホームページ参照。
13　WG機の発売は1995年であるが、当該年には比較可能な従業者数4人以上の統計がないため、1996年からの推移を観察する。
14　出荷量などの数値は兼業者も集計範囲としている品目別統計によって採取しているため、細分類別集計の従業者数とは完全には接続しない。また、比較可能な数値を採取するため4人以上の数値が公表されている年について集計・表記しているため、各年の間隔は統一されていない。
15　AZ社ホームページ参照。

参考文献

【第Ⅰ部】
青野壽彦・合田昭二編著（2015）『工業の地方分散と地域経済社会』古今書院。
阿部武司（1989）『日本における産地綿織物業の展開』東京大学出版会。
安泰ニット株式会社（1998）『安泰激動百年史』。
猪木正実（2013）『繊維大国おかやま今昔－綿花・学生服そしてジーンズ』日本文教出版。
板木雅彦（1984）「韓国繊維産業の発展と国際的連関」『経済論叢』第133巻第4･5号、pp.362-384。
板倉勝高・北村嘉行編著（1980）『地場産業の地域』大明堂。
出石邦保（1972）『京都染織業の研究－構造変化と流通問題』ミネルヴァ書房。
伊勢崎織物協同組合（1966）『伊勢崎織物史』財団法人伊勢崎銘仙会館。
岩本真一（2014）『ミシンと衣服の経済史－地球規模経済と家内生産』思文閣出版。
岩崎剛幸（2017）『最新アパレル業界の動向とカラクリがよ～くわかる本（第4版）』秀和システム。
株式会社インターアパレルパブリケーション（1986）『創立30周年記念 輸縫連史：追補版（昭和51年度～同60年度）』日本輸出縫製品工業協同組合連合会・日本輸出縫製品工業組合。
上田和宏（1992）「アパレル産業の海外展開－岐阜アパレル産業を中心として」『日本福祉大学経済論集』第5号、pp.111-125。
上野和彦（1970）「米沢織物地域における機業労働力の動向」『学芸地理』第25号、pp.50-62。
上野和彦（1977）「北埼玉縫製業地域の成立とその構造」『地理学評論』第50巻第6号、pp.319-334。
上野和彦（1984）「遠州別珍・コール天織物業の生産構造」『経済地理学年報』第30巻第1号、pp.66-76。
上野和彦（2011）「別珍・コール天織物産地の変容」『学芸地理』第66号、pp.27-38。
大田康博（2007）『繊維産業の盛衰と産地中小企業－播州先物織物業における競争・協調』日本経済評論社。
大田康博（2008）「日本・イタリア繊維企業のネットワーク戦略－尾州・プラート産地の中心に」『徳山大学論叢』第66号、pp.45-103。
小川静夫編纂（1962）『米沢織物同業組合史』米沢織物同業協同組合。
荻久保嘉章・根岸秀行編（2003）『岐阜アパレル産地の形成－証言集・孵卵器としてのハルピン街』成文堂。
奥山雅之（2018）「需要縮小期における和装産業の取引変容と集積―リスク増大と分業構造変化が集積に与える影響」『地域活性研究』第9号、pp.5-14。
奥山雅之（2019）「衣服製造産地の構造変化に関する一考察―北埼玉・岐阜・倉敷における『分離』とその様態」明治大学政治経済研究所『政經論叢』第87巻第3・4号、pp. 321-369。
奥山雅之（2020）「生産技術の変化が産業集積に与える影響に関する一考察―日本のニット

産地を例に」明治大学政治経済研究所『政經論叢』第 88 巻第 5・6 号、pp. 101-152。
奥山好男（1967）「近世末における甲州郡内領と上州桐生領の織物の生産構造」『地理学評論』第 40 巻第 4 号、pp.17-44。
小原久治（1991）『地場産業・産地の新時代』勁草書房。
柿野欽吾（1992）「技術革新と伝統産業－西陣意匠紋（紙）業を中心に」同志社大学人文科学研究所『社会科学』第 50 号、pp.69-100。
樫山純三（1976）『走れオンワード－事業と競馬に賭けた 50 年』日本経済新聞社。
勝俣達也（2017）「生産・流通構造の再編に向き合う横編ニットメーカーの試みとその構造的位置づけ」『専修大学社会科学研究所月報』第 648 号、pp.1-27。
加藤秀雄（2008）「福井繊維産業の構造変化と非衣料分野への展開―衣料分野と非衣料分野の発展に向けて」商工総合研究所『商工金融』第 58 巻第 5 号、pp.5-28。
加藤秀雄（2016）「繊維産業都市桐生市の構造変化と今後の発展に向けての分析視角」埼玉大学経済学会『社会科學論集』第 148 号、pp.81-111。
加藤秀雄（2017）「日本アパレル産業における商社等の海外製品生産事業の分析」『埼玉学園大学紀要．経済経営学部篇』第 17 号、pp.27-40。
加藤秀雄（2018）「繊維・アパレル産業をめぐる生産・流通構造変化の特質と分析視角」『埼玉学園大学紀要．経済経営学部篇』第 18 号、pp.57-70。
加藤秀雄（2019）「わが国アパレル産業の国内生産拡大期における縫製業の立地特性」『埼玉学園大学紀要．経済経営学部篇』第 19 号、pp.39-52。
金子精次編（1982）『地場産業の研究－播州織の歴史と現状』法律文化社。
鐘紡株式会社社史編纂室（1988）『鐘紡百年史』鐘紡株式会社。
北野裕子（2013）『生き続ける 300 年の織りモノづくり－京都府北部・丹後ちりめん業の歩みから』新評論。
木下明浩（2009）「日本におけるアパレル産業の成立－マーケティング史の視点から」『立命館経営学』第 48 巻第 4 号、pp.191-215。
木下明浩（2011）『アパレル産業のマーケティング史－ブランド構築と小売り機能の包摂』同文館出版。
木野龍太郎（2013）「小規模繊維企業における産地間連携による市場開拓及び製品開発の取り組みに関する考察」『立命館経営学』第 52 巻第 2・3 号、pp.217-233 頁。
木野龍太郎（2017）「繊維産地における企業間分業を通じた染色加工技術形成－福井産地の事例より」『福井県立大学経済経営研究』第 36 号、pp.27-44。
京都市商工局（1962）『京都の伝統産業－その構造と実態』。
桐生織物史編纂会編（1974）『桐生織物史　上巻・中巻・下巻』国書刊行会（復刊）。
桐生織物組合組合統合 10 周年記念誌編纂委員会（1998）『桐生織物組合史－統合 10 年昭和から平成へ』桐生織物組合。
桐生内地織物協同組合三十周年記念誌編纂委員会（1985）『続々十年一糸』。
経済産業省（2016）『アパレル・サプライチェーン研究会報告書』。
小島正憲（2002）『10 年中国に挑む－長征とビジネス』パル出版。
小林進編（1970）『香港の工業化』アジア経済研究所。
斎藤忠男・長井謙介・細川雅章・小杉憲明（2005）「構造不況のニット地場産業と地方財政

－グローバル経済下の五泉市」『新潟大学経済論集』第79号、pp.63-97。
佐藤可士和・四国タオル工業組合（2014）『今治タオル　軌跡の復活－起死回生のブランド戦略』朝日新聞出版。
佐藤忍（2013）「日本における縫製業と外国人労働者」『大原社会問題研究所雑誌』第652号、pp.46-62。
島田克美・藤井光男・小林英夫編著（1997）『現代アジアの産業発展と国際分業』ミネルヴァ書房。
週刊東洋経済編集局（2017）『ｅビジネス新書No.251　アパレル産業は本当に死んだのか』東洋経済新報社。
杉田宗聴（2016）「国内ファストファッションにおけるクイック・レスポンスとグローバル化の現状」『阪南論集　社会科学編』第52巻第1号、pp.31-61。
杉山慎策（2009）『日本ジーンズ物語－イノベーションと資源ベース理論からの競争優位性』吉備人出版。
住友商事株式会社史編纂室（1972）『住友商事株式会社史』住友商事株式会社。
政治経済研究所（1960）『日本羊毛工業史』東洋経済新報社。
繊維産業構造改善事業協会（2006）『アパレル産業概論』。
株式会社センイ・ジヤァナル（1968）『福島メリヤス産業史』。
株式会社センイ・ジヤァナル編集（2005）『創立50周年記念　輸縫連史：追補版（昭和61年度～平成16年度）』日本輸出縫製品工業協同組合連合会・日本輸出縫製品工業組合。
繊研新聞編集部（1981）『繊維問屋の苦悩と活路』日本実業出版社。
繊研新聞社編著（2009）『繊維・ファッションビジネスの60年』繊研新聞社。
第一研究産業構造班・前川享一（1962）「丹後先染機業の存立形態とその存立基盤－西陣着尺機業との関連において」『同志社大学人文科学研究所紀要』第5号、pp.149-175。
瀧定株式会社（1996）『瀧定百三十年史』。
タキヒヨー株式会社（2002）『創Dream250』。
タキヒヨー株式会社経営企画部ライセンス・広報課（2012）『創260 － 1751-2011』。
竹田秀輝（1976）『戦後日本の繊維工業』大明堂。
立川和平（1997）「福井合繊織物産地の構造変化」『経済地理学年報』第43巻第1号、pp.18-36。
立川和平・山田和利・沖田耕一・遠山恭治（2001）「八王子織物産業における産地衰退化と機屋の機能変容」『学芸地理』第56号、pp.25-35。
中小企業基盤整備機構（2008）『全国繊維産地概況－各産地の総合力を結集するために』。
中小企業研究センター（2003）『産地縮小からの反攻－新潟県ニットメーカーの多元・多様な挑戦』同文舘。
蝶矢シャツ八十八年史刊行委員会（1974）『蝶矢シャツ八十八年史』株式会社蝶矢シャツ。
通商産業省生活産業局（1999）『繊維ビジョン』通商産業調査会出版部。
塚田朋子（2016）「Amazon. comのアパレル販売とわが国百貨店」『東洋大学大学院紀要』第53号、pp.183-209。
辻本芳郎（1958）「関東西北部山麓における機業の生産構造（その2）」日本地理教育学会『新地理』第6巻第4号、pp.221-245。

辻本芳郎・北村嘉行・上野和彦（1974）「両毛地方の機業圏の変容」『新地理』第21巻第4号、pp.15-44。
辻本芳郎（1978）『日本の在来工業』大明堂。
土田邦彦（1990）『新潟県織物史－明治・大正・昭和期の展開』野島出版。
東京織物卸商業組合（1969）『東京織物卸業界百年のあゆみ』。
東京ニット卸商業組合（1991）『東京ニット卸商業組合30年史』。
東京丸編メリヤス工業組合記念誌編纂委員会（1974）『東京丸編メリヤス産業史－東京丸編メリヤス工業組合設立25周年記念出版』東京丸編メリヤス工業組合。
同志社大学人文科学研究所編（1982）『和装織物業の研究』ミネルヴァ書房。
東棉四十年史編纂委員会（1960）『東棉四十年史』東洋棉花株式会社。
東洋紡績株式会社社史編纂室（1986）『百年史東洋紡（上）（下）』東洋紡績株式会社。
東レ株式会社（2018）『東レ90年史』。
十日町市史編さん委員会（1997）『十日町市史　通史編6　織物』十日町市役所。
「遠江織物戦後の歩み」編集委員会（1974）『遠江織物戦後の歩み』遠州織物工業協同組合。
富澤修身（2003）『ファッション産業論－衣服ファッションの消費文化と産業システム』創風社。
富澤修身（2005）「福井繊維産地の構造調整史－産業集積のダイナミズム」大阪市立大学経営学会『経営研究』第56巻第3号、pp.17-43。
富澤修身（2013）『模倣と創造のファッション産業史』ミネルヴァ書房。
富澤修身（2018）『都市型中小アパレル企業の過去・現在・未来－南都大阪の問屋ともの作り』創風社。
中込省三（1975）『日本の衣服産業』東洋経済新報社。
中島茂（2001）『綿工業地域の形成－日本の近代化過程と中小企業生産の成立』大明堂。
長田華子（2014）『バングラデシュの工業化とジェンダー－日系縫製企業あの国際移転』お茶の水書房。
仲村和代・藤田さつき（2019）『大量廃棄社会－アパレルとコンビニの不都合な真実』光文社新書。
中村宏治（1972）「室町繊維卸売市場の構造と室町商社の動向」『同志社商学』第24巻第1号、pp.173-197。
中村宏治（1987）「染加工元卸問屋と室町市場の構造変化－星久社長・松井久左衛門氏聞き書き」『同志社商学』第39巻第4号、pp.173-197。
中村宏治（1989）「室町繊維卸売市場の歴史的構造と織物問屋－明治末葉と昭和10年代初頭を中心として」『同志社商学』第40巻第5号、pp.293-334。
中村宏治（1999）「和装産業の産業集積と流通システム」『同志社商学』第51巻第1号、pp.436-462。
並木信義編（1977）『日本の繊維産業－構造改善の可能性を探る』日本経済新聞社。
西脇市史編纂委員会（1983）『西脇市史　本篇』西脇市役所。
日本貿易振興機構（2012）『韓国の繊維・アパレル産業』。
日本紡績協会（1962）『戦後紡績史』。
財団法人日本ファッション教育振興協会監修・日本ファッション教育振興協会教材開発委員

会編著（2003）『ファッションビジネス概論』日本ファッション教育振興協会。
社団法人日本ボディファッション協会編集委員会（1987）『日本洋装下着の歴史』文化出版局。
日本輸出縫製品工業協同組合連合会・日本輸出縫製品工業組合（1976）『輸縫連二十年史』。
花房征夫（1978）「韓国輸出衣服業の発展過程と成長要因」『アジア経済』第19巻第7号、pp.15-32。
尾西毛織工業協同組合編纂委員会（1992）『毛織のメッカ尾州－尾西毛織工業九十年のあゆみ』。
社団法人福井県繊維協会（1971）『福井県繊維産業史』社団法人福井県繊維協会。
福島県メリヤス振興会（1969）『福島県メリヤス産業発達史』。
藤田敬三（1973）「輸出縫製品製造業の現状と転換問題」『中小企業金融公庫調査時報』第14巻第5号、pp.52-73。
堀江英一・後藤靖（1950）『西陣機業の研究－中小工業の実態』京都大学経済調査所。
細川進（1995）「徳島県アパレル縫製産地の動向と未来像」『香川大学経済論叢』第68巻第2・3号、pp.211-248。
丸紅株式会社社史編纂室（1984）『丸紅本史－三十五年の歩み』丸紅株式会社。
宗藤圭三・黒松巌編（1959）『伝統産業の近代化－京友禅業の構造』有斐閣。
明治大学商学部編（2015）『ザ・ファッション・ビジネス—進化する商品企画、店頭展開、ブランド戦略』同文館出版。
メルボ紳士服株式会社（1970）『メルボ50年の歩み』。
モリリン社史編纂委員会（2003）『モリリン百年史』モリリン株式会社。
安井國雄・富澤修身・遠藤宏一編著（2003）『産業の再生と大都市－大阪産業の過去・現在・未来』ミネルヴァ書房。
康上賢淑（2016）『東アジアの繊維・アパレル産業研究』日本僑報社。
山本又六（1966）『遠江織物史稿』遠江織物史稿刊行会。
吉田昇三・安藤清一・殿井一郎（1977）『和歌山県繊維産業史』和歌山県繊維工業振興対策協議会。
吉田元工業株式会社（1993）『吉田元70年史』。
李雪（2009）「アメリカにおけるSPAモデルの生成と発展－ギャップの事例研究」『早稲田商学』第420・421合併号、pp.127-169。
株式会社良品計画（2017）『無印良品の業務標準化委員会－働く人が仕事を変え、オフィスを変え、会社を変える』誠文堂新光社。
株式会社ワコール社長室社史編纂事務局（1999）『ワコール五十年史－こと－女性美追求』。

各種統計類については、本文図表の「資料」に記載しているので省略している。

【第Ⅱ部】
青野壽彦・合田昭二（2015）『工業の地方分散と地域経済社会―奥能登織布業の展開』古今書院。
青野壽彦・和田明子・内藤博夫・小金澤孝昭（2008）『地域産業構造の転換と地域経済―首都周辺山梨県郡内地域の織物業・機械工業』古今書院。
赤池光子（1990）「技術革新に伴う大都市既存工業集積地の変化」『地域学研究』第21巻第1号、pp.17-43。
赤松要（1965）『世界経済論』国元書房。
荒木美智子（1994）「北埼玉における衣服製造業の生産・流通構造とその変容」『お茶の水地理』第35号、pp.12-22。
池田敬正（1960）「丹後ちりめん」地方史研究協議会編『日本産業史大系 近畿地方篇』東京大学出版会、pp.70-89。
板倉勝高（1981）『地場産業の発達』大明堂。
伊丹敬之・伊丹研究室（2001）『日本の繊維産業―なぜ、これほど弱くなってしまったのか』NTT出版。
市川大門町誌刊行委員会（1967）『市川大門町誌』。
市川孝正（1959）「桐生の織物」地方史研究協議会編『日本産業史大系 関東地方篇』東京大学出版会、pp.287-310。
伊藤暁（1998）「繊維の50年を振り返る（その８）ニット」『繊維機械学会誌（繊維工学）』第51巻第7号、pp.393-396。
伊藤忠夫（1984）「ニット製品の輸入問題について」『日本紡績月報』第448号、pp.11-20。
伊藤正昭（2011）『新地域産業論―産業の地域化を求めて』学文社。
乾友彦・戸堂康之・Hijzen, A.（2008）「グローバル化が国内企業の生産性に与える影響」深尾京司・宮川努編『生産性と日本の経済成長』東京大学出版会、pp.319-341。
植田浩史（2004）『「縮小」時代の産業集積』創風社。
上田和宏（1992）「アパレル産業の海外展開―岐阜アパレル産業を中心として」『日本福祉大学経済論集』第5号、pp.111-125。
上野和彦（1977）「北埼玉縫製業地域の成立とその構造」『地理学評論』第50-6号、pp.319-334。
上野和彦（1989a）「北関東機業地域の分化と変容：桐生紋織物産地（第3章第1節）」辻本芳郎・北村嘉行・上野和彦『関東機業地域の構造変化』大明堂、pp.47-58。
上野和彦（1989b）「関東機業地域の構造変化（第7章第3節）」辻本芳郎・北村嘉行・上野和彦『関東機業地域の構造変化』大明堂、pp.222-228。
大沢俊吉（1971）『行田足袋工業百年のあゆみ』行田足袋商工協同組合。
大阪府立産業開発研究所（1997）『衣料品産業の生産・流通ネットワーク』。
大阪府立商工経済研究所（1976）『国際分業の進展と繊維産業の構造変化』。
太田市（1994）『太田市史 通史編 近現代』。
岡本義行（1994）『イタリアの中小企業戦略』三田出版会。
岡山県アパレル工業組合（2018）「岡山県アパレル工業組合名簿」。
荻久保嘉章・根岸秀行（2003）『岐阜アパレル産地の形成―証言集・ふ卵器としてのハルピ

ン街』成文堂。
奥山雅之（2018）「需要縮小期における和装産業の取引変容と集積―リスク増大と分業構造変化が集積に与える影響」『地域活性研究』第9号、pp.5-14。
奥山雅之（2019）「衣服製造産地の構造変化に関する一考察―北埼玉・岐阜・倉敷における『分離』とその様態」明治大学政治経済研究所『政經論叢』第87巻第3・4号、pp.321-369。
奥山雅之（2020）「生産技術の変化が産業集積に与える影響に関する一考察―日本のニット産地を例に」明治大学政治経済研究所『政經論叢』第88巻第5・6号、pp.101-152。
奥山好男（1966）「近世における甲州郡内領と上州桐生領の織物の流通構造」『経済地理学年報』第12巻第2号、pp.8-35。
小田宏信（1997）「ME技術革新下における大都市機械工業の変容―京浜地域のプラスチック金型製造業を事例にして」『地理学評論 Ser. A』第70巻第9号、pp.555-576。
小野文雄（1959）「行田の足袋」地方史研究協議会編『日本産業史体系　関東地方篇』財団法人東京大学出版会、pp.130-137。
角田直一（1975）『児島機業と児島商人』児島青年会議所。
数納朗・范作冰・小野直達編著（2009）『絹織物産地の存立と展望』農林統計出版。
勝俣達也（2017）「生産・流通構造の再編に向き合う横編ニットメーカーの試みとその構造的位置づけ」『専修大学社会科学研究月報』第648号、pp.1-27。
加藤和暢（2018）『経済地理学再考：経済循環の「空間的組織化」論による統合』ミネルヴァ書房。
加藤秀雄（2003）『地域中小企業と産業集積　海外生産から国内回帰に向けて』新評論。
加藤秀雄（2016）「繊維産業都市桐生市の構造変化と今後の発展に向けての分析視角」埼玉大学経済学会『社会科学論集』第148号、pp.81-111。
加藤秀雄（2017）「日本アパレル産業における商社等の海外製品生産事業の分析」『埼玉学園大学紀要　経済経営学部篇』第17号、pp.27-40。
加藤秀雄（2018）「繊維・アパレル産業をめぐる生産・流通構造変化の特質と分析視角」『埼玉学園大学紀要　経済経営学部篇』第18号、pp.57-70。
河内保二（1997）「縫製の50年」『繊維機械学会誌』第50巻第6号、pp.41-46。
菅野博史（1991）「アンソニー・ギデンズの権力論―構造化理論における資源の概念をめぐって」『慶應義塾大学大学院社会学研究科紀要：社会学・心理学・教育学：人間と社会の探究』第31号、pp.29-36。
機械振興協会経済研究所（1990）『我が国繊維機械の技術発展調査研究報告書（Ⅱ）（製織機械・編組織機械編）』。
企業家倶楽部（2015）『企業家倶楽部2015年8月号：島精機製作所特集』。
岐阜県・岐阜市・岐阜市中小企業経営問題研究会（1970）『岐阜既製服産業の実態』。
岐阜市編（1981）『岐阜市史』大洋堂。
岐阜ファッション産業連合会（2018）「岐阜ファッション産業連合会名簿」。
木村福成（2006）「東アジアにおけるフラグメンテーションのメカニズムとその政策的含意」平塚大祐編『東アジアの挑戦―経済統合・構造改革・制度構築』アジア経済研究所、pp.87-107。

木村元子（2017）「産地の縮小過程における中小企業の戦略と社会的分業の変容：山形県ニット産地の事例から」明治大学政治経済研究所『政經論叢』第85巻第5・6号、pp.639-665。
桐生市ホームページ（http://www.city.kiryu.lg.jp/sangyou/1012348/1012405/1012412/index.html）2020年2月17日閲覧。
桐生織物史編纂会（1974a）『桐生織物史　上巻』図書刊行会。
桐生織物史編纂会（1974b）『桐生織物史　下巻』図書刊行会。
倉敷市史研究会編（2001）『新修倉敷市史』山陽新聞社。
黒松巌編（1965）『西陣機業の研究』ミネルヴァ書房。
経済産業省（2016）『アパレル・サプライチェーン研究会報告書』。
経済産業省・株式会社ローランド・ベルガー（2017）「ファッションデザイナーと繊維 産地との連携促進に資するITプラットフォームの有効性 に係る実証事業（詳細版）」。
小島清（2007）『雁行型経済発展論〈第3巻〉国際経済と金融機構』文眞堂。
小谷健一郎（2013）「地方型アパレル産業の形成と発展：産地企業の協調と競争・組織能力」名古屋市立大学博士学位論文乙第1843号。
後藤靖（1960）「西陣織」地方史研究協議会編『日本産業史大系 近畿地方篇』東京大学出版会、pp.32-57。
埼玉縣北埼玉郡役所（1923：復刻版1987）『北埼玉郡史』臨川書店。
埼玉県被服工業組合（2018）「埼玉県被服工業組合名簿」。
斎藤忠男・長井謙介・細川雅章・小杉憲明（2005）「構造不況のニット地場産業と地方行財政」『新潟大学経済論集』第79号、pp.63-97。
財務省（2016）「平成29年度関税率・関税制度改正要望事項調査票」。
榊原忠造（1981）「関東地方における織物業地域の分化（第2章第2節）」辻本芳郎編『工業化の地域的展開―東京大都市圏』大明堂、pp.53-64。
佐藤彰彦（2011）「日本企業の生産連鎖の中国立地―繊維・アパレル生産連鎖の地理的配置と製造企業・商業企業の機能変化」『大阪産業大学経営論集』第13巻第1号、pp.21-42。
佐野良吉（1985）『きもの十日町　五十年のあゆみ』十日町織物工業協同組合。
末吉健治（1999）『企業内地域間分業と農村工業化』大明堂。
杉山慎策（2009）『日本ジーンズ物語』吉備人出版。
関満博（1978）「地場産業における社会的分業体制の基礎構造：多摩結城の衰退過程」『成城大學經濟研究』第62巻、pp.43-65。
関満博（1985）『伝統的地場産業の研究―八王子機業の発展構造分析』中央大学出版部。
センイ・ジヤァナル編（1966）『東京メリヤス百人史』センイ・ジヤァナル。
センイ・ジヤァナル編（1968）『福島メリヤス産業史』センイ・ジヤァナル。
センイ・ジヤァナル（2009）『アパレル総覧　2009年版』。
繊研新聞（2017）「YS社　ホールガーメント工場を本格稼動」2017年4月13日付電子版（https://senken.co.jp/posts/satoseni-wholegarment-expansion）2019年8月25日参照。
高岡美佳（1998）「産業集積とマーケット」伊丹敬之・松島茂・橘川武郎編著『産業集積の本質：柔軟な分業・集積の条件』有斐閣、pp.95-129。
竹内淳彦（1973）「被服と足袋の町行田」古今書院『地理』第18巻第9号、pp.75-81。

竹内淳彦（1978）『工業地域構造論』大明堂。
立見淳哉（2004）「産業集積の動態と関係性資産―児島アパレル産地の「生産の世界」」『地理学評論』第77巻第4号、pp.159-182。
立見淳哉（2006）「産業集積地域の発展におけるローカルな慣行」大阪市立大学創造都市研究会『創造都市研究』第2巻第1号、pp.1-16。
田中英式（2018）『地域産業集積の優位性：ネットワークのメカニズムとダイナミズム』白桃書房。
崔裕眞（2011）「島精機製作所ニット製品の最先端生産方式開発の技術経営史：手袋編機用半自動装置（1960年）からMACH2シリーズまで（2010年）」一橋大学イノベーション研究センター。
中小企業総合事業団調査・国際部（2000）『平成11年版海外展開中小企業実態調査　撤退編』。
中小企業研究センター編（2003）『産地縮小からの反攻―新潟県ニットメーカーの多元・多様な挑戦』同友館。
中小企業総合研究機構・全国信用金庫連合会総合研究所（2000）『ニット企業・産地に関する実態調査研究』中小企業総合研究機構。
塚本僚平（2016）「地場産業産地における構造変化と産地維持：岡山県倉敷市児島地区におけるジーンズ生産を事例に」九州産業大学商学会『商経論叢』第57巻第2号、pp.89-106。
辻本芳郎・北村嘉行・上野和彦（1974）「両毛地方の機業圏の変容」『新地理』第21巻第4号、pp.15-44。
辻本芳郎（1978）『日本の在来工業―その地域的研究』大明堂。
辻本芳郎・北村嘉行・上野和彦（1989）『関東機業地域の構造変化』大明堂。
土田邦彦（1969）「十日町機業地域の形成過程」『新地理』第16巻第4号、pp.1-18。
東京商工リサーチ（2006）「倒産情報」（http://www.tsr-net.co.jp/news/flash/1197861_1588.html）2017年7月24日閲覧。
東京ニット卸商業組合編（1991）『東京ニット卸商業組合30年史』。
東京丸編メリヤス工業組合記念誌編纂委員会（1974）『東京丸編メリヤス産業史―東京丸編メリヤス工業組合設立25周年記念出版』。
東京造形大学ホームページ（www.zokei.ac.jp/activity/community_introduction/-case_29/）2018年8月19日閲覧。
同志社大学人文科学研究所編（1982）『和装織物業の研究』ミネルヴァ書房。
遠山恭司（2010）「産業集積地域における持続的発展のための経路破壊・経路創造」植田浩史、粂野博行、駒形哲哉編著『日本中小企業研究の到達点』同友館、pp.91-123。
十日町織物協同組合（2016）「地域と産業：染と織の複合産地としての十日町産地」。
十日町織物協同組合（2017）「十日町織物の歴史―新潟県十日町市」。
十日町市史編さん委員会（1997）『十日町市史　通史編6　織物』十日町市役所。
十日町市博物館（1983）『織物　生産工程（十日町市博物館常設展示解説書／3）』十日町市博物館友の会。
ナイガイホームページ「靴下博物館」（https://www.naigai.co.jp/museum/）2019年8月6日

参照。
中村剛治郎（1990）『地域経済学』有斐閣。
中込省三（1975）『日本の衣服産業』東洋経済新報社。
中林真幸（2006）「問屋制の柔軟性と集積の利益」伊丹敬之・藤本隆宏・岡崎哲二・伊藤秀史・沼上幹編『リーディングス日本の企業システム第２期第１巻：組織とコーディネーション』有斐閣、pp.74-103。
中込省三（1975）『日本の衣服産業』東洋経済新報社。
中島茂（2007）「岡山県児島地方の繊維産業と地域経済―学生服生産を中心にして―」『山陽論叢』第14巻、pp.1-18。
西口敏宏（2003）『中小企業ネットワーク』有斐閣。
西陣機業調査委員会『西陣機業調査の概要』各年版。
21世紀中国総研（2017）『中国進出企業一覧』2016･17年版。
日経ＭＪ（2016）「島精機と共同出資会社、ファストリ、高品質ニット生産」2016年10月31日付、6面。
日経ＭＪ（2017）「縫い目のないニット伸びる、ゴールドウイン、デザイン追求、街着にも、ユニクロ、ワンピース立体的に、体にフィット動きやすく」2017年7月24日付、7面。
日本経済新聞社「日経テレコン」2017年10月30日閲覧。
日本化学繊維協会（2015）『繊維ハンドブック2016年版』。
日本繊維輸入組合（2016）「日本のアパレル　市場と輸入品概況」。
日本経済新聞（1990）「SG社、インドネシアに工場」1990年2月2日付、地方経済面、山梨、25面。
日本経済新聞（2006）「HT社、年産能力２割増へ―無縫製自動編みで攻勢、着心地良く、輸出も視野」2006年6月30日付朝刊地方経済面、山梨、25面。
日本機械工業連合会・日本繊維機械協会（2014）『平成15年度 繊維機械における技術革新と今後の方向性に関する調査研究報告書』。
日本手編協会（1974）『日本手編産業史　続編』。
農商務省工務局編（1925）『織物及莫大小に關する調査』社団法人工政會出版部。
農林省農政局（1940）『本邦ノ緬羊』。
野田隆弘（2004）「岐阜アパレル産業の現状と今後の方向」岐阜市立女子短期大学『研究紀要』第53号、pp.153-159。
羽生市史編集委員会編（1975）『羽生市史　下巻』羽生市役所。
羽生市史編集委員会編（1976）『羽生市史　追補』羽生市役所。
羽生市役所秘書広報課（2004）『はにゅう　市勢要覧』ぎょうせい。
福田稔（2017）「国内アパレルの課題と進むべき道」Roland Berger / CGR Japan。
原真（1964）「山形県村山地方における戦後の毛メリヤス工業の立地要因と発生機構について」『東京学芸大学研究報告』第15巻第9号、pp.1-9。
半澤誠司（2013）「創造性と文化産業の立地―アニメ産業を例に」松原宏編著『現代の立地論』古今書院、pp.139-150。
范作冰・数納朗・小野直達（2005）「米沢織物産地の現状と課題」『日本シルク学会誌』第14巻、pp.3-8。

藤井大児・戸前壽夫・山本智之・井上治郎（2007a; 2007b; 2008）「産地力の持続メカニズムの探求　ジーンズ製販ネットワークのフィールド調査（1）（2）（3）」『岡山大学経済学会誌』第39巻（1）第2号、pp.1-20、（2）第3号、pp.23-42、（3）第4号、pp.177-187。
藤井光男（1997）「日本アパレル・縫製産業の新展開」島田克美・藤井光男・小林英夫『現代アジアの産業発展と国際分業』ミネルヴァ書房、pp.91-128。
藤川昇悟（1999）「現代資本主義における空間集積に関する一考察」『経済地理学年報』第45巻第1号、pp.21-39。
藤田昌久（2003）「空間経済学から見た産業クラスター政策の意義と課題」石倉洋子・藤田昌久ほか『日本のクラスター戦略－地域における競争優位の確立』有斐閣、pp.211-261。
藤本昌義（1910）『日本メリヤス史 上巻』東京莫大小同業組合。
布施鉄二（1992）『倉敷・水島／日本資本主義の展開と都市社会　第2分冊』東信堂。
細谷秋（1944）『行田足袋組合沿革史』行田足袋被服工業組合。
本多徹（1997）「我が国の縫製業―その再生の道を探る」『繊維機械学会誌』第50巻第6号、pp.34-40。
松原宏（2013）「経済地理学方法論の軌跡と展望」『経済地理学年報』第59巻第4号、pp.419-437。
松下義弘（2017）「繊維産地の盛衰（21）ニット産地の発展 上（戦前編）」『繊維学会誌』第73巻第12号、pp534-541。
水岡不二雄（1992）『経済地理学―空間の社会への包摂』青木書店。
峰山町（1963）『峰山郷土史　上巻』。
宮津市編さん委員会（2004）『宮津市史　通史編　下巻』。
村上眞知子・久保村里正（2006）「岐阜アパレルの現状調査―その3：岐阜アパレル産地におけるIT技術導入・商品開発に関する調査」岐阜市立女子短期大学『研究紀要』第55巻、pp.119-128。
森下正（2008）『空洞化する都市型製造業集積の未来』同友館。
安田充（2001）『実践ネットワーク分析―関係を築く理論と技法』新曜社。
矢田俊文（1979）「地域的不均等論批判」一橋大学『一橋論叢』第79巻第1号pp.79-99。
矢田俊文（1982）『産業配置と地域構造』大明堂。
矢田俊文（1990）『地域構造の理論』ミネルヴァ書房。
矢野経済研究所（1990）『1990年版 アパレル産業白書』。
矢野経済研究所（2017）『2017年版 きもの産業年鑑』。
山形市市史編纂委員会・同編集委員会（1980）『山形市史　近現代編』山形市。
山川充夫編著（2014）『日本経済の地域構造』原書房。
山口平八著・行田市史編纂委員会編（1964）『行田市史』東京印書館。
山崎充（1977）『日本の地場産業』ダイヤモンド社。
山下裕子（1998）「産業集積“崩壊”の論理」伊丹敬之・松島茂・橘川武郎編著『産業集積の本質：柔軟な分業・集積の条件』有斐閣、pp.131-200。
山梨県産業技術センター（2017）「山梨産地資料」。
山田都一（1970）「岡山・広島地方のワーキングウェアの現状について」『繊維製品消費科学』第11巻第9号、pp.464-467。

山田浩久（2004）「基幹産業の変遷に伴う都市空間の変容—山形県米沢市の事例」『山形大学人文学部研究年報部』第 1 巻、pp.139-157。
山辺町史編纂委員会・同編集委員会（2005）『山辺町史』山辺町。
山本俊一郎（2011）「産地縮小期における神戸ケミカルシューズ産地の社会的分業構造の変容」『大阪経大論集』第 62 巻第 2 号、pp.43-56。
横山岳・数納朗・関上哲・小野直達（2013）「米沢繊維工業の地位と絹織物業後継者の経営行動」『日本シルク学会誌』第 21 巻、pp.15-22。
横山岳・数納朗・范作冰・小野直達（2014）「十日町織物産地における戦後展開と機業の生産対応」『日本シルク学会誌』第 22 巻、pp.93-99。
吉田昇三・安藤清一・殿井一郎（1977）『和歌山県繊維産業史』和歌山県繊維工業振興対策協議会。
米沢織物工業組合（2017）「米沢織物工業組合の推移」。
米沢繊維協議会（2017）「米沢織物について」。
リサーチセンター（1973）『リサーチニュース』第 764 号。
リサーチセンター（2016）『全国国内縫製業概況』2016 年版。
若林直樹（2009）『ネットワーク組織—社会ネットワーク論からの新たな組織像』有斐閣。
和歌山ニット工業組合ホームページ（http://www.knit-net.com/wakayama-knit/）2019 年 8 月 10 日閲覧。
渡辺幸男（1997）『日本機械工業の社会的分業構造』有斐閣。
渡辺幸男（2007）『日本と東アジアの産業集積研究』同友館。
渡辺幸男（2011）『現代日本の産業集積研究』慶應義塾大学出版会。
渡部恵吉・小沢静夫（1980）『米澤織物史』米沢織物協同組合連合会。

Asheim, B. T. (2007) “Differentiated Knowledge Bases and Varieties of Regional Innovation Systems. Innovation”, *The European Journal of Social Science Research*, 20 (3), pp. 223–241.
Asheim, B.T. and L. Coenen (2005) “Knowledge Bases and Regional Innovation Systems: Comparing Nordic Clusters”, *Research Policy* Vol. 34, pp. 1173-1190.
Arthur, W. B. (1989) “Competing Technologies, Increasing Returns, and Lock-In by Historical Events”, *The Economic Journal*, Vol. 99, No.394, pp.116-131.
Autio, E (1998) “Evaluation of RTD in Regional Systems of Innovation,” *European Planning Studies* 6, pp.131-140.
Bathelt, H., Malmberg, A. and P. Maskell (2004) “Clusters and knowledge: Local buzz, global pipelines and the process of knowledge creation”, *Progress in Human Geography*, 28(1), pp.31-56.
Bonacich, E., Cheng, L., Chinchilla, N., Hamilton, N. and P. Ong (eds.) (1994) *Global Production: The Apparel Industry in the Pacific Rim*, Philadelphia: Temple University Press.
Camagni R. and R. Capello (2002) “Milieux Innovateurs and Collective Learning: From Concepts to Measurement”, In: Acs Z.J., de Groot H. L. F., and P. Nijkamp (eds.), *The*

Emergence of the Knowledge Economy, Berlin: Springer, pp.15-46.

Clark, C. G. (1940) *The Conditions of Economic Progress*, London: Macmillan. (大川一司・小原敬士・高橋長太郎・山田雄三訳編（1955）『経済進歩の諸条件』（上・下）勁草書房。）

Cooke, P. and K. Morgan (1994) “Growth Regions under Duress: Renewal Strategies in Baden-Württemberg and Emilia-Romagna”, In: Amin, A. and N. Thrift (Eds.), *Globalization, Institutions and Regional Development in Europe*, Oxford: Oxford University Press, pp.91-117.

Cooke, P., Uranga, M. G. and G. Etxebarria(1997) “Regional Innovation Systems: Institutional and Organisational Dimensions”, *Research Policy* Vol.26, No.4-5, pp.475-491.

David, P. A. (1985) “Clio and the Economics of QWERTY”, *American Economic Review* 75, pp .332–337.

Dicken, P. (2003) *Global Shift: Transforming the World Economy*, London: Paul Chapman Publishing.（宮町良広監訳（2001）『グローバルシフト　変容する世界経済地図〈上〉〈下〉』古今書院。）

Dunning, J. H. (2001) “The Eclectic (OLI) Paradigm of International Production: Past, Present and Future”, *International Journal of the Economics of Business*, Vol. 8, No. 2, 2001, pp. 173-190.

Durkheim, É. (1984) *The Division of Labor in Society*, New York: Free Press. Translation of: Durkheim, É. (1893) *De la division du travail social*.（井伊玄太郎訳（1989）『社会分業論』上・下、講談社。）

Giddens, A.(1984) *The Constitution of Society: Outline of the Theory of Structuration*, Cambridge: Polity Press.（門田健一訳（2015）『社会の構成』勁草書房。）

Granovetter, M.(1985)“Economic Action and Social Structure: The Problem of Embeddedness,” *American Journal of Sociology*, Vol.91, pp.481-510.（渡辺深訳（1998）『転職―ネットワークとキャリアの研究』ミネルヴァ書房。）

Heinze, R., Hilbert, J., Nordhause-Janz, J. and D. Rehfeld(1998) "Industrial Clusters and the Governance of Change: Lessons from North Rhine-Westphalia (NRW)", In: Braczyk, H.-J., Cooke, P. and M. Heidenreich (Eds.), *Regional Innovation Systems*, London: Routledge, pp. 263-283.

Hoover, E. M. (1948) *The Location of Economic Activity*, New York; McGraw-Hill.（春日茂雄・笹田友三郎訳（1970）『経済活動の立地―理論と政策』大明堂。）

Jacobs, J. (1969) *The Economy of Cities*, New York: Random House.（中江利忠・加賀谷洋一訳（2011）『都市の原理』鹿島出版会。）

Jacobs, J. (1984) *Cities and the Wealth of Nations: Principles of Economic Life*, New York: Random House.（中村達也・谷口文子訳（1986）『都市の経済学―発展と衰退のダイナミクス』TBS ブリタニカ。）

Kaldor N. (1970), “The Case of Regional Policies”, *Scottish Journal of Political Economy*, Vol.17, No. 3, pp. 337-348.

Krugman, P (1991) *Geography and Trade*, London: MIT Press.（北村行伸訳（1994）『脱「国境」の経済学　産業立地と貿易の新理論』東洋経済新報社。）

Lundvall Bengt-Å. (1992) *National Systems of Innovation: Toward a Theory of Innovation and Interactive*, New York and London: Anthem Press.

Lyle, D. S. (1976) *Modern Textiles*, New York: John Wiley & Sons.（藤本晨教ほか訳（1979）『繊維製品総説』建帛社。）

Markusen, A. (1996) "Sticky Places in Slippery Space—A Typology of Industrial Districts", *Economic Geography*, Vol.72, No. 3, pp. 293-313.

Marshall, A. (1890; 1922) *Principles of Economics (8th Edition)*, London: Macmillan and Co., Limited.（馬場啓之助訳『経済学原理』東洋経済新報社、1966 年。）

Massey, D. B. (1984; 1995) *Spatial Divisions of Labor: Social Structures and the Geography of Production (2nd edition)*, New York: Routledge.（富樫幸一・松橋 公治訳 (2000)『空間的分業—イギリス経済社会のリストラクチャリング』古今書院。）

Nauwelaers, C. and R. Wintjes(2003) “Towards a New Paradigm for Innovation Policy? ”. In: Asheim, B., Isaksen, A., Nauwelaers, C. and F. Tödtling (Eds.), *Regional Innovation Policy for Small-Medium Enterprises*, Cheltenham: Edward Elgar, pp.193-220.

Nooteboom, B., Harverbeke, W. V., Duysters, G., Gilsing V., and A. Oord (2007) “Optimal cognitive distance and absorptive capacity”, *Research Policy*, Vol.36, Issue7, pp.1016-1034.

North, D. C. (1990) *Institutions, Institutional Change and Economic Performance*, Cambridge, Cambridge University Press.（竹下公視訳（1994）『制度・制度変化・経済成果』晃洋書房。）

North, D. J. (1974) “The Process of Locational Change in Different Manufacturing Organisations”, In: Hamilton F. E. I. (ed.), *Spatial Perspectives on Industrial Organisation and Decision Making*, pp.213-245. London: Wiley.

Park, S. O. and A. Markusen (1995) “Generalizing New Industrial Districts: A Theoretical Agenda and an Application From a Non-Western Economy”, *Enviroment and Planning A*, Vol. 27, pp.81-104.

Park, S. O. (1996) "Networks and embeddedness in the dynamic types of new industrial districts", *Progress in Human Geography*, Vol.20, No.4, pp.476-493.

Petty, Sir W. (1690) *Political Arithmetic*, London, Reprinted in The Economic Writings of Sir William Petty.（大内兵衛・松川七郎訳（1955）『政治算術』岩波書店。）

Piore, M.J. and C. F. Sabel (1984) *The Second Industrial Divide: Possibilities for Prosperity*, New York: Basic Books.（山之内靖・永易浩一・石田あつみ訳（1993）『第二の産業分水嶺』筑摩書房。）

Polanyi, K.(1957) "The Economy as Instituted Process", In: Polanyi, K., Arensberg, C. and H. Pearson (eds.), *Trade and Market in the Early Empires*, New York: Free Press, pp. 243–270.（玉野井芳郎・平野健一郎編訳（1975）『経済の文明史：ポランニー経済学のエッセンス』日本経済新聞社。）

Porter, M. E.(1998) "Clusters and the New Economics of Competition", *Harvard Business Review*, November–December 1998, Reprint Number 98609, pp.77-90.

Porter, M. E. (2000) “Location, Competition, and Economic Development: Local Clusters in a

Global Economy", *Economic Development Quarterly*, Vol. 14, Issue 1, pp.15-34.

Raymond, L., Julien, P.A., Carriere, J.B. and R., Lachance (1996) "Managing Technological Change in Manufacturing SMEs; A Multiple Case Analysis", *International Journal of Technology Management* 11(3-4), pp.270-285.

Scott, A. J. (1988a) *New Industrial Spaces (Studies in Society and Space, 3)* , London: Pion Ltd.

Scott, A. J. (1988b) *Metropolis：From the Division of Labor to Urban Form*, Oakland: University of California Press.（水岡不二雄訳（1996）『メトロポリス―分業から都市形態へ』古今書院。）

Scott, A. J. (2009) "Flexible Production Systems and Regional Development: The Rise of New Industrial Space in North America and Western Europe", *International Journal of Urban and Regional Research* 12(2), pp.171-186.

Setterfield, M. (1993) "A Model of Institutional Hysteresis", *Journal of Economic,* Issues 27, pp.755–774.

Stigler, G. J. (1951) "The Division of Labor is Limited by the Extent of the Market", *Journal of Political Economy*, Vol.59, pp.185-193.

Storper, M. (1997) *The Regional World: Territorial Development in a Global Economy*, New York: Guilford Press.

Storper, M. and B. Harrison (1991) "Flexibility, Hierarchy and Regional Development: the Changing Structure of Industrial Production Systems and Their Forms of Governance in the 1990s", *Research Policy*, Vol.20, pp.407-422.

Tödtling F. and M. Trippl (2005) "One Size Fits All?: Towards a Differentiated Regional Innovation Policy Approach", *Research Policy*, Vol. 34, Issue 8, pp.1203-1219.

Vernon, R. (1960) *Metropolis 1985: An Interpretation of the Findings of the New York Metropolitan Region Study*, Cambridge: Harvard University Press.（蝋山政道監訳（1986）『大都市の将来』東京大学出版界。）

Walker, R. (2000) "The Geography of Production", In: E. Sheppard and T. J. Barnes, (eds.), *A Companion to Economic Geography*, Oxford: Blackwell, pp.113–132.

Weber, A (1909) *Über den Standort der Industrien: Vol. 1: Reine Theorie Des Standorts: Mit Einem Mathematischen Anhang*, Verlag von J.C.B. Mohr.（篠原泰三訳（1986）『工業立地論』大明堂。）

各種統計類については、本文図表の「資料」に記載しているので省略している。

索　引

タ行

ナ行

ハ行

マ行

ヤ行

ラ行

【著者紹介】
加藤 秀雄（かとう・ひでお）［第Ⅰ部：第1章～第4章］
1950年　香川県生まれ
1974年　法政大学工学部経営工学科卒業
トーヨーサッシ株式会社、東京都商工指導所（都庁）、九州国際大学経済学部教授
福井県立大学経済学部教授、大阪商業大学総合経営学部教授、埼玉大学経済学部教授
埼玉大学大学院人文社会科学研究科教授を経て
現　在　埼玉大学名誉教授、埼玉学園大学特任教授
著　書　『変革期の日本産業』新評論、1994年
『ボーダレス時代の大都市産業』新評論、1996年
『地域中小企業と産業集積』新評論、2003年
『日本産業と中小企業』新評論、2011年
『外需時代の日本産業と中小企業』新評論、2015年

奥山 雅之（おくやま・まさゆき）［第Ⅱ部：第5章～第8章］
1966年　東京都生まれ
1989年　明治大学商学部商学科卒業
2015年　埼玉大学経済科学研究科博士課程修了、博士（経済学）
東京国税局、東京都商工指導所、東京都庁（産業労働局、財務局）
多摩大学経営情報学部准教授を経て
現　在　明治大学政治経済学部准教授
著　書　『中小企業のイノベーションⅡ—事業創造のビジネスシステム』（共著）中央経済社、2003年
『第14次業種別審査事典』（共著）金融財政事情研究会、2020年
『先進事例で学ぶ 地域経済論×中小企業論』（共著）ミネルヴァ書房、2020年
『地域中小企業のサービス・イノベーション—「製品＋サービス」のマネジメント』ミネルヴァ書房、2020年

繊維・アパレルの構造変化と地域産業
—海外生産と国内産地の行方—

2020年8月10日　第1版第1刷発行　　検印省略

著　者　加藤秀雄
　　　　奥山雅之
発行者　前野　隆
発行所　株式会社 文眞堂
東京都新宿区早稲田鶴巻町533
電　話 03（3202）8480
FAX 03（3203）2638
http://www.bunshin-do.co.jp/
〒162-0041 振替 00120-2-96437

製作・モリモト印刷

定価はカバーに表示してあります
ISBN978-4-8309-5093-3　C3033